재난관리론

도서출판 윤성사 066
재난관리론

초판 1쇄 2020년 8월 3일
    2쇄 2022년 8월 31일

엮 은 이 국가위기관리학회
펴 낸 이 정재훈
디 자 인 (주)디자인뜰

펴 낸 곳 도서출판 윤성사
주 소 서울특별시 서대문구 서소문로 27, 충정리시온 제지층 제비116호
전 화 편집부_02)313-3814 / 영업부_02)313-3813 / 팩스_02)313-3812
전자우편 yspublish@daum.net
등 록 2017. 1. 23

ISBN 979-11-88836-56-7 (93350)
값 20,000원

© 국가위기관리학회, 2020

저자와의 협의에 따라 인지를 생략합니다.

이 책의 전부 또는 일부 내용을 재사용하려면 반드시 사전에 저작권자와 도서출판 윤성사의 동의를 받아야 합니다.

잘못 만들어진 책은 구입하신 서점에서 교환 가능합니다.

이 도서의 국립중앙도서관 출판예정도서목록(CIP)은 서지정보유통지원시스템 홈페이지(http://seoji.nl.go.kr)와 국가자료종합목록시스템(http://www.nl.go.kr/kolisnet)에서 이용하실 수 있습니다. (CIP제어번호 : CIP2020031285)

재난관리론

Digester Management

국가위기관리학회 엮음

정찬권 · 권건주 · 김용균 · 김정아
노황우 · 라정일 · 류상일 · 박덕근
백진숙 · 성기환 · 양기근 · 오재호
이범준 · 이주호 · 임상규 · 임수정
정용진 · 조민상 · 조성제 · 채 진

| 머리말 |

    오늘날 세계화와 정보·통신 및 수송 체계의 빠른 발전, 급격한 기후 변화 등의 영향으로 테러, 환경오염, 전(감)염병, 미세먼지와 같은 초국가적 재난(trans-national disease)의 확산과 피해를 입을 가능성이 매우 높아지고 있다. 더욱이 이러한 재난은 사전 예측이 곤란할 뿐만 아니라 선제적 대응도 쉽지 않기 때문에 피해 또한 기하급수적일 수밖에 없다. 그러므로 지금까지 해오던 단순한 재난관리 패러다임은 한계에 봉착했다고 볼 수 있다. 변화된 재난환경에 부합된 통합적 재난관리 체제 구축과 운영을 위하여 다학제적(multi-disciplinary)인 학문이 연계·통합된 연구와 교육의 필요성이 제기되고 있는 것이다. 우리나라의 재난관리 관련 분야별 교육과 학문의 수준은 매우 높다고 볼 수 있지만, 재난관리의 큰 그림(big picture)을 그리기에는 여전히 미흡하다는 것이 대부분 전문가의 견해이다.

    현재 국내에서 출간된 재난관리 관련 서적은 대략 10여 가지 정도이며, 책의 구성과 내용은 저자의 전공에 따라 각양각색이다. 저자별로 개념과 구성 체계가 상이하여 자칫 독자들이 편향적 단편 지식을 습득할 수밖에 없고, 기존 연구에 대하여 다시 연구를 하여야 하는 부작용도 만만치 않다. 이처럼 분절·파편화된 교재로 활용한 학교 강의와 연구는 분야별 전문가(specialist) 양성은 몰라도 총체적 전문가(generalist) 육성은 나무에서 고기를 구하는 것(緣木求魚)과 다름없다고 본다. 또한 현실과 거리가 있는 재난관리 교재와 교육 현장의 부조리를 고르디우스 매듭(Gordian knot)같이 해소하기도 어렵다. 그럼에도 불구하고 연구자로서 막연한 책임감과 부담을 이기지 못하고 무모한 도전을 하게 되었다.

    오직 우리 편저자들은 그간 재난관리에 대한 강의와 연구를 하면서 연구자, 학생, 재난 현장 실무자에게 꼭 필요한 재난관리론을 엮어내 보자는 학문적 열정만으로 의기투합하였다. 이 책이 재난관리를 공부하는 대학(원)생, 연구자뿐만 아니라 행정기관 및 기업체의 실무자에게 조금이나마 보탬이 되었으면 하는 마음 간절하다.

    이 책은 총 12장으로 구성되었으며, 재난관리 기초이론, 조직 체계, 외국 사례, 교육훈련, 민관 협력, 재난 사후처리 등을 담았다. 이런 맥락에서 각 장별 편성 내용은 다음과 같다.

제1장 재난 및 재난관리의 개념, 제2장 재난관리 법령, 제3장 재난관리 단계별 활동, 제4장 외국의 재난관리 체계, 제5장 재난 현장 리더십, 제6장 재난관리와 민관 협력, 제7장 재난대비 훈련, 제8장 재난정보통신시스템, 제9장 국가핵심기반 체계 보호와 정부 기능 영속성, 제10장 재난관리 커뮤니케이션, 제11장 재난안전산업의 현재와 미래, 제12장 위험사회와 재난관리 발전 방향으로 이루어져 있다.

　우리 편저자들은 각자의 전공 분야에 대하여 사명감과 열정을 쏟아 집필하였으나 여전히 부족하고 아쉬움도 적지 않았음을 고백한다. 이 책이 앞으로 수준 높은 재난관리론이라는 옥동자의 마중물이자 밀알의 역할을 할 수 있기를 기대하면서 많은 독자의 질정(叱正)과 학문적 발전에 분투(奮鬪)를 기대한다. 그리고 부족한 부분은 추후 적절한 시기에 개정할 것을 약속드린다.

　이 책이 나오기까지 많은 분의 수고와 열정이 있었다. 편집위원장을 맡아 열과 성을 아끼지 않은 오재호 교수님, 편집실무위원장 류상일 교수님, 기획위원장 이주호 교수님께 감사드린다. 또한 세심하게 교정을 보아준 도서출판 윤성사의 편집팀과 이 책이 세상에 나올 수 있게 해준 정재훈 사장님께도 감사를 드린다.

2020년 8월

엮은이를 대신하여
제10대 국가위기관리학회 회장　정 찬 권

| 목차 | 　　　　　　　　Digester

머리말　　　　　　　　　　　　　　　　　　　　　　4

제1장 재난 및 재난관리의 개념　　　　　　　　　　11
　　제1절 재난의 개념 이해 / 11
　　제2절 재난의 특성 / 16
　　제3절 재난관리의 의의 및 단계 / 21
　　제4절 재난관리의 방식 / 27

제2장 재난관리 법령　　　　　　　　　　　　　　　31
　　제1절 재난 및 안전관리 기본법 / 31
　　제2절 자연재난 관련 법령 / 45
　　제3절 사회재난 관련 법령 / 49

제3장 재난관리 단계별 활동　　　　　　　　　　　53
　　제1절 재난관리 단계 주요 모형 / 53
　　제2절 재난관리 단계별 주요 내용 / 57

제4장 외국의 재난관리 체계　　　　　　　　　　　65
　　제1절 미국의 재난관리 체계 / 65
　　제2절 일본의 재난관리 체계 / 79

제5장 재난 현장 리더십　　　　　　　　　　　　　95
　　제1절 리더십의 의의 / 95
　　제2절 재난 현장 리더십 / 96
　　제3절 재난 현장 리더십에 대한 연구 / 98
　　제4절 효과적인 재난관리 리더십 / 102

제6장 재난관리와 민관 협력　　　　　　　　　　　105
　　제1절 민간 부문 협력 체계 / 105
　　제2절 민관 협력 체계 / 109

제7장 재난대비훈련   119

    제1절 재난대비훈련 이론 / 119
    제2절 재난대비훈련의 실제 / 127
    제3절 훈련행정 / 138

제8장 재난정보통신 시스템   141

    제1절 재난안전 정보통신 개요 / 141
    제2절 재난관리 성격별 정보통신 / 146
    제3절 우리나라 시스템 및 통신재난 / 158
    제4절 국제 협력 및 국제표준화 / 161

제9장 국가핵심기반 체계 보호와 정부 기능 연속성   165

    제1절 국가핵심기반 체계 보호의 의의와 현황 / 165
    제2절 정부의 기능연속성 계획 / 172

제10장 재난관리 커뮤니케이션   181

    제1절 재난 및 재난관리 커뮤니케이션 / 181
    제2절 재난관리 커뮤니케이션의 전략과 방향 / 184
    제3절 재난관리 커뮤니케이션과 언론 관계 / 189
    제4절 재난관리와 SNS / 201

제11장 재난안전산업의 현재와 미래   207

    제1절 재난안전산업의 현황 / 207
    제2절 재난안전산업의 미래 / 223

제12장 위험사회와 재난관리 발전 방향   231

    제1절 위험사회의 이해 / 231
    제2절 재난관리 주요 제도와 발전 방향 / 235

참고 문헌   261
찾아보기   275

Digester

제 1 장_ 재난 및 재난관리의 개념
제 2 장_ 재난관리 법령
제 3 장_ 재난관리 단계별 활동
제 4 장_ 외국의 재난관리 체계
제 5 장_ 재난 현장 리더십
제 6 장_ 재난관리와 민관 협력
제 7 장_ 재난대비훈련
제 8 장_ 재난정보통신 시스템
제 9 장_ 국가핵심기반 체계 보호와 정부 기능 연속성
제10장_ 재난관리 커뮤니케이션
제11장_ 재난안전산업의 현재와 미래
제12장_ 위험사회와 재난관리 발전 방향

M a n a g e m e n t

재난관리론

재난관리론

재난 및 재난관리의 개념

제1절 재난의 개념 이해

재난은 꾸준히 발생하고 있으며, 오늘날 우리는 각종 재난의 위험 속에 살고 있다. 매년 발생하여 피해를 주는 태풍과 호우 등을 비롯한 자연재난과 거의 1년 내내 우리를 괴롭히는 미세먼지, 화재, 교통사고 등 다양한 사회재난이 발생하고 있다.

2019년 12월 중국 우한(武漢)에서 시작된 코로나 19,[1] 2018년 밀양 세종병원 화재(2018. 1. 26), 2017년 제천 화재(2017. 12. 21)와 포항지진(2017. 11. 15), 2016년 경주지진(2016. 9. 12),

---

[1] 코로나바이러스감염증-19(COVID-19)는 2019년 12월 중국 우한에서 처음 발생한 뒤 전 세계로 확산된, 새로운 유형의 코로나바이러스(SARS-CoV-2)에 의한 호흡기 감염질환이다. 코로나바이러스감염증-19는 감염자의 비말(침방울)이 호흡기나 눈·코·입의 점막으로 침투될 때 전염된다. 감염되면 약 2~14일(추정)의 잠복기를 거친 뒤 발열(37.5도) 및 기침이나 호흡 곤란 등 호흡기 증상, 폐렴이 주증상으로 나타나지만 무증상 감염 사례도 드물게 나오고 있다(네이버 지식백과, 검색일: 2020.2.21).

2015년 메르스[2] 사태(2015. 5. 20)와 의정부 화재사고(2015. 1. 10), 2014년 세월호 참사(2014. 4. 16)와 경주 마우나오션 리조트 강당 붕괴사고(2014. 2. 17), 판교 환풍기 붕괴사고(2014. 10. 17) 등이 재난의 사례들이다. 이처럼 재난은 그 원인과 종류도 다양하다. 또한, 재난은 지역과 대상을 구분하지 않고 늘 우리 곁에서 발생하고 있다. 문제는 시간이 조금 지나면 언제 그랬냐는 듯이 쉽게 잊어버리는 것이다. 그래서 늘 근본적인 대책보다는 사후대응적 복구에 급급하여 왔다(양기근 외, 2017).

재난에 대한 논의를 시작하기에 앞서 재난에 대한 정의부터 이해하는 것이 순서일 것 같다. 재난에 대한 정의는 다양하다. 그 이유는 재난의 개념은 재난 현상에서 무엇이 중요한 것인가에 대한 기술이나 인식의 변화에 의존하므로 재난은 동시대의 이슈 맥락(issue context)에서 해석되고 끊임없이 재해석되어야 하기 때문이다(Alexander, 2005: 25-38; 양기근 외, 2016).

보통 재난이란 인명이나 재산의 커다란 손실을 야기하는 갑작스러운 참사를 뜻한다(Amanda Repley, 2008).[3] 미국 국토안보부(Department of Homeland Security: DHS) 산하의 연방재난관리청(Federal Emergency Management Agency: FEMA)[4]은 재난을 "사망과 상해, 재산 피해를 가져오고 일상적인 절차나 정부의 자원으로는 관리할 수 없는 심각하고 규모가 큰 사건"으로 규정하고 있다. 또한, 유엔기구는 재난이란 "사회의 기본 조직 및 정상 기능을 와해시키는 갑작스러운 사건이나 큰 재해로서 재해의 영향을 받는 사회가 외부의 도움 없이 극복할 수 없고, 정상적인 능력으로 처리할 수 있는 범위를 벗어나는 재산, 사회간접시설, 생활수단의 피해를 일으키는 단일 또는 일련의 사건"으로 정의하고 있다(양기근 외, 2016).

또한, 우리의 「재난 및 안전관리 기본법」[5]은 재난을 "국민의 생명·신체 및 재산과 국가에 피해를 주거나 줄 수 있는 것"으로 정의하고 있다. 「재난 및 안전관리 기본법」은 재난에 대한 정의와 함께 재난의 유형을 자연재난과 사회재난으로 분류하고 있다(동법 제3조).[6] 자연재난

---

[2] 중동호흡기증후군(MERS)은 중동호흡기증후군 코로나바이러스(Middle East Respiratory Syndrome Coronavirus)에 의한 호흡기감염증으로 2013년 5월 국제바이러스 분류위원회(ICTV)에서 이 신종 코로나바이러스를 메르스 코로나바이러스(MERS-CoV)라 명명하였다.

[3] The unthinkable, who survives when disaster strikes and why(Amanda Repley, 2008)는 국내에도 「언씽커블, 생존을 위한 재난재해 보고서」(아만다 리플리 지음, 조윤정 옮김, 2009, 다른세상)로 번역·출간되어 읽히고 있다.

[4] www.fema.gov

[5] [시행 2019. 12. 3.] [법률 제16666호, 2019. 12. 3., 일부 개정]

[6] 재난의 유형은 일반적으로는 재난의 발생 원인에 따라 자연재난, 인적재난, 사회재난으로 구분되나, 2013년 8월

은 태풍, 홍수, 호우, 강풍, 풍랑, 해일, 대설, 한파, 낙뢰, 가뭄, 폭염, 지진, 황사, 조류 대발생, 조수, 화산활동, 소행성·유성체 등 자연우주 물체의 추락·충돌, 그 밖에 이에 준하는 자연 현상으로 인하여 발생하는 재해를 말하며, 사회재난은 화재·붕괴·폭발·교통사고(항공사고 및 해상사고를 포함)·화생방사고·환경오염사고 등으로 인하여 발생하는 대통령령으로 정하는 규모 이상의 피해와 에너지·통신·교통·금융·의료·수도 등 국가 기반 체계의 마비, 「감염병의 예방 및 관리에 관한 법률」에 따른 감염병 또는 「가축전염병예방법」에 따른 가축전염병의 확산, 「미세먼지 저감 및 관리에 관한 특별법」에 따른 미세먼지 등으로 인한 피해를 말한다.

그리고 '해외재난'이란 대한민국의 영역 밖에서 대한민국 국민의 생명·신체 및 재산에 피해를 주거나 줄 수 있는 재난으로서 정부 차원에서 대처할 필요가 있는 재난을 말한다.

〈표 1-1〉「재난 및 안전관리 기본법」상의 재난의 개념 및 유형

재난의 정의		국민의 생명·신체·재산과 국가에 피해를 주거나 줄 수 있는 것
재난 유형	자연재난	자연재난: 태풍, 홍수, 호우, 강풍, 풍랑, 해일, 대설, 한파, 낙뢰, 가뭄, 폭염, 지진, 황사, 조류 대발생, 조수, 화산활동, 소행성·유성체 등 자연우주 물체의 추락·충돌, 그 밖에 이에 준하는 자연 현상으로 인하여 발생하는 재해
	사회재난	화재·붕괴·폭발·교통사고(항공사고 및 해상사고를 포함)·화생방사고·환경오염사고 등으로 인하여 발생하는 대통령령으로 정하는 규모 이상의 피해와 에너지·통신·교통·금융·의료·수도 등 국가 기반 체계의 마비, 「감염병의 예방 및 관리에 관한 법률」에 따른 감염병 또는 「가축전염병예방법」에 따른 가축전염병의 확산, 「미세먼지 저감 및 관리에 관한 특별법」에 따른 미세먼지 등으로 인한 피해
	해외재난	대한민국 영역 밖에서 대한민국 국민의 생명·신체 및 재산에 피해를 주거나 줄 수 있는 재난으로서 정부 차원에서 대처할 필요가 있는 재난

출처: 「재난 및 안전관리 기본법」 제3조 정리.

국내에도 많이 소개된 존스(David K. C. Jones)와 아네스(Br. J. Anesth)의 재난 분류를 잠시

6일 개정되어 2014년 2월 7일 시행된 재난안전법의 개정으로 인적재난과 사회적 재난을 사회재난으로 통합하여 규정함으로써 자연·인적·사회재난의 3개 재난 형으로 구분하였던 것을 자연재난과 사회재난의 2개 유형으로 단순화하였다(양기근 외, 2016).

살펴보면 다음과 같다.

먼저, 존스는 재난을 재난의 발생 원인과 재난 현상에 따라 자연재난, 준자연재난, 그리고 인위재난으로 대분류하고, 자연재난은 다시 지구물리학적 재난과 생물학적 재난으로 구분하였다(〈표 1-2〉 참조).

〈표 1-2〉 존스의 재난 분류

재난						
자연재난					준자연재난	인위재난
지구물리학적 재난				생물학적 재난	스모그 현상, 난화 현상, 사막화 현상, 염수화 현상, 사태, 산성화, 홍수, 토양 침식 등	공해, 광화학연무, 폭동, 교통사고, 폭발사고, 전쟁 등
지질학적 재난	지형학적 재난		기상학적 재난	세균 질병, 유독식물, 유독동물 등		
지진, 화산, 쓰나미 등	산사태, 염수 토양 등		안개, 눈, 해일, 번개, 토네이도, 폭풍, 태풍, 이상기온, 가뭄 등			

출처: Jones(1993: 35).

이러한 존스의 재난 분류는 장기간에 걸쳐 진행되는 완만한 환경 변화 현상인 공해, 온난화, 염수화, 토질 침식 등까지 재난에 포함시키고 있으므로 위기관리적 측면에서 볼 때 일반행정관리 분야까지도 재난으로 분류하고 있기 때문에 이를 위기관리 분야에 그대로 적용시키기에는 너무 광범위하다는 문제점이 있다(양기근 외, 2016: 80).

다음으로 아네스는 자연재난을 기후성 재난과 지진성 재난으로 분류하고, 인위재난은 고의성 유무에 따라 교통사고, 산업사고, 기계시설물사고, 폭발사고, 생물학적 사고, 화재사고, 화학적 사고, 방사능 사고, 환경오염 등의 사고성 재난과 테러·폭동·전쟁 등의 계획적 재난으로 분류하고 있다. 아네스의 재난 분류는 미국의 지역재난계획에서 주로 원용하고 있으며, 존스의 재난 분류에 포함된 대기오염, 수질오염 등과 같이 장기간에 걸쳐 완만하게 진행되고, 인명 피해를 발생시키지 않는 일반행정관리 분야의 재난을 제외하고 있다는 점이 특징이다(양기근 외, 2016: 81).

〈표 1-3〉 아네스의 재난 분류

대분류	세분류	재난의 종류
자연재난	기후성 재난	태풍 · 수해 · 설해
	지진성 재난	지진 · 화산 폭발 · 해일
인위재난	사고성 재난	- 교통사고(자동차 · 철도 · 항공 · 선박사고) - 산업사고(건축물 붕괴), 기계시설물사고 - 폭발사고(갱도 · 가스 · 화학 · 폭발물) - 생물학적 사고(박테리아 · 바이러스 · 독혈증 · 기타 질병) - 화재사고 - 화학적 사고(부식성 물질 · 유독물질) - 방사능 사고, 환경오염(대기 · 토질 · 수질 등)
	계획적 재난	테러 · 폭동 · 전쟁

출처: 김경안 · 류충(1998: 14).

현행 법제도에서 재난 · 재해 및 안전과 관련된 법령은 소관 부처별, 사회 영역별, 안전관리 대상별로 흩어져 있다. 따라서 이러한 법령들은 헌법 제34조 제6항을 체계적으로 구체화하기보다는 위험성의 정도와 법적 대응 필요에 따라 법정책학적으로 제도화되는 경향이 있다고 할 수 있다. 따라서 위험사회에 대한 대응이 필요할수록, 국민들의 안전에 대한 기대가 클수록 안전 관련 법령이 확대되어 왔다. 그러면서도 재난에 관한 개념은 「재난 및 안전관리 기본법」에 규정되어 있으나 안전에 관한 개념은 명확하게 규정되어 있지 않다.

재해란 사전적 의미로 "재앙으로 말미암아 받는 피해. 지진, 태풍, 홍수, 가뭄, 해일, 화재, 전염병 따위에 의하여 받게 되는 피해"[7]를 말한다. 우리 헌법 제34조 제6항은 "국가는 재해를 예방하고 그 위험으로부터 국민을 보호하기 위하여 노력하여야 한다."[8]라고 규정하고 있어 재해의 용어를 사용하고 있다. 반면, 「재난 및 안전관리 기본법」 제3조 제1호에서는 재해가 아닌 재난의 개념을 사용한다.

재난 개념과 더불어 안전(safety) 개념에 대하여 살펴볼 필요가 있다. 안전은 재난안전관리, 「재난 및 안전관리 기본법」 등에서 보듯이 재난의 개념과 늘 함께 사용되는 경향이 있기 때문이다.

---

[7] 국립국어원 표준국어대사전(http://stdweb2.korean.go.kr).
[8] 대한민국헌법[시행 1988. 2. 25.] [헌법 제10호, 1987. 10. 29., 전부 개정].

안전의 사전적 개념은 "위험이 생기거나 사고가 날 염려가 없는 것, 또는 그러한 상태"[9]라고 정의되는데, 학자들은 안전을 "위험에서 오는 사망이나 상해, 질병 혹은 재산상의 손실 등의 손해를 방지하거나 최소화하려는 상태"(권봉안·정순광, 2001: 106), 또는 "위험 요소로부터 자유로운 것으로 인적·물적 피해를 가져올 수 있는 모든 상태의 조성을 사전에 방지하는 근원적 안전성 확보 방법"(Malaskys, 1974), "사고를 방지하는 것으로 교육훈련, 홍보, 정리정돈 등 다양한 방법으로 인간의 불안전 행동과 불안전 상태를 제거하는 것"(Heinrich, 1959) 등으로 정의한다(김은성·안혁근, 2009: 13).

학자들의 정의를 종합하면, 안전은 "위험이나 사고의 발생이 완전히 차단된 상태 또는 위험과 사고로부터의 피해와 손실을 최소화하려는 상태" 정도로 정의할 수 있다(이광희·이환성, 2017: 15). 그러나 위험이나 사고의 발생이 '완전히 차단된 상태'는 현실적으로 불가능하다. 즉, 재난과 사고 같은 불가항력적인 현상은 언제나 발생가능성이 존재하기 때문에 안전을 단순히 재난이나 사고가 발생할 염려가 없는 상태로 정의하는 것은 바람직하지 않다. 오히려 안전은 "단순히 위해(危害) 요인이 없는 상태에서 나아가 위해 요인의 발생에 대한 대비체제가 갖추어져 있는 상태"(정지범·라휘문, 2015: 13)로 개념 정의하는 것이 정책적 관점에서 더 유용한 개념이라 할 수 있다.

제2절 재난의 특성

국민의 생명·신체·재산과 국가에 피해를 주거나 줄 수 있는 것으로서 정의되는 재난(disaster)은 다양한 특성을 가진다.[10] 학자들 또한 재난의 특성을 다양하게 제시하고 있는데,[11] 이러한 재난의 특성을 잘 고려하여야만 효율적인 재난관리가 가능하다는 점에서 재난

---

9) 국립국어원 표준국어대사전(http://stdweb2.korean.go.kr/search/View.jsp).
10) 재난의 특성은 양기근(2004a)과 류상일 외(2018)의 내용을 중심으로 정리 및 보완한 것이다.
11) 컴포트(Comfort, 1988)는 재난의 속성을 상호작용성, 불확실성, 복잡성 등으로 구분하였고, 터너(Turner, 1978)는 이 세 가지에 재난의 비가시적인 특성을 나타내는 누적성을 추가하였으며(최연홍 외, 2002: 1에서 재인용), 김주찬·김태윤(2002)은 누적성에서 비롯된 인지성을 별도의 속성으로 제시하는(김종성, 2008:7) 등 재난의 속성

의 특성에 대한 이해는 매우 중요할 수밖에 없다.

재난은 다양한 특성을 가지고 있는데, 학자들이 일반적으로 제시하는 재난의 특성으로는 누적성, 불확실성, 복잡성, 인지성 등의 특성(Turner, 1978; Comfort, 1988; 이창원 외, 2003; 김태윤, 2000; 양기근, 2004a)을 들 수 있다. 이러한 특성으로 인하여 재난은 우발적 혹은 통제 불가능한(accidental or uncontrollable) 성질을 가지게 된다.

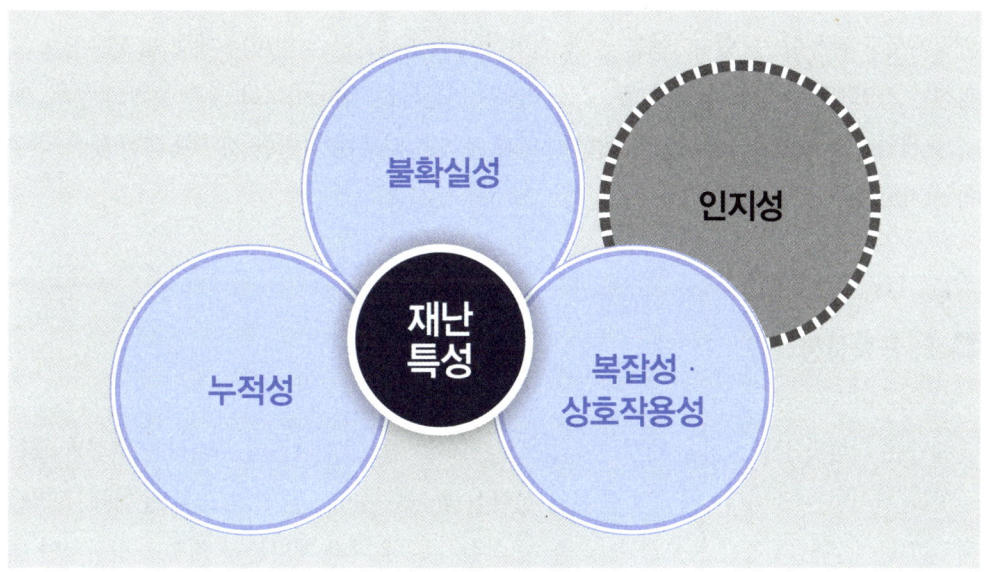

[그림 1-1] 재난의 특성

1. 누적성

터너(Turner, 1978)는 재난을 청천벽력의 뜻밖의 사고가 아니라 일련의 배양 과정을 통한 누적성에 의하여 발생한다고 하였다.[12] 터너(Barry A. Turner)에 따르면, 재난은 가시적 발생 이전부터 오랜 시간 동안 누적되어 온 위험 요인이 특정한 시점에서 표출된 결과이다. 즉, 비

에 대하여 다양한 시각이 존재한다.

12) 국립국어원의 표준국어대사전에 따르면 누적은 "포개어 여러 번 쌓음, 또는 포개져 여러 번 쌓임"을 의미한다.

가시적으로 누적되고 있는 위험 발발 요인이 재난을 발생시키는 중요한 요인이다. 사람도 피로가 누적되면 병이 생기게 되고, 건강을 잃게 되듯이 재난의 취약성을 사전에 관리하지 못하고, 취약성이 누적되면 결국 재난으로 이어지게 된다.

인적재난(Man-Made Disaster: MMD) 모형에 따르면, 기술적·사회적·제도적·행정적 장치가 재난을 발생시키게 된다. 제천 화재사고, 세월호 침몰사고, 삼풍백화점 붕괴,[13] 그리고 성수대교 붕괴[14] 등 인적재난의 대부분이 MMD 모형에 의하여 설명될 수 있다. 또한 비가시적으로 누적되고 있는 위험 발발 요인은 단순히 재난의 발생에만 작용하는 것은 아니며 전개 과정에서도 작용할 수 있다. 예를 들어 전형적인 자연재난인 지진이나 태풍의 경우에도 그 피해는 자연재난의 강도와 규모 등 그 자체에만 의존하는 것이 아니라 예측 능력의 부족, 관리 체계의 구조적인 결함, 재난에 대한 개인과 조직의 타성에 기인한 재난에 대한 낮은 수준의 인지도 등에 의존하게 된다.

2. 불확실성

재난은 위험과 불확실성을 내재적 속성으로 지니고 있고, 재난관리는 이러한 위험과 불확실성을 관리하는 것이다. 재난의 특성인 불확실성(uncertainty)은 거의 모든 문헌에서 언급되고 있듯이 재난의 가장 중요한 특성 중 하나이다. 그에 따라 재난관리 조직도 정상적인 대응의 단순한 확대를 넘어선 기존의 선례가 없는 조치를 취할 수밖에 없게 될지도 모른다. 따라서 재난은 선형적(linear)·기계적(mechanical)인 과정만을 따르는 것이 아니라 비선형적(non-linear)·유기적 혹은 진화적(evolutionary)인 과정을 따를 수도 있다(Hills, 1998).

미국 내의 위험에 대한 대응에서 나타나는 특성을 네 가지로 분류한 드라벡(Thomas E. Drabek)에 따르면, 비교적 분권화가 잘 이루어진 미국의 경우 지방정부의 역할이 중요하고(localism), 불확실성으로 인하여 표준화가 어렵다(Drabek, 1985). 즉 연방·주·시정부에 따

---

13) 1995년 6월 29일 오후 5시 57분경 서울 서초동 소재 삼풍백화점이 붕괴된 사건으로, 건물이 무너지면서 1,438명의 종업원과 고객이 다치거나 사망하였으며, 삼풍백화점 주변, 서울고등법원, 우면로 등으로 파편이 튀어 주변을 지나던 행인 중에 부상자가 속출해 수많은 재산상, 인명상의 피해가 발생하였다.

14) 1994년 10월 21일 오전 7시 38분경에 제10, 11번 교각 사이 상부 트러스 48m가 붕괴되어 무너지는 사고로 무학여자고등학교 학생들(9명)을 포함한 32명이 숨지고, 17명이 부상을 입은 사고이다.

라 대응의 양상이 다르며, 또한 각각의 정부가 재난에 대하여 계획을 세우나 매년 이를 점검하지는 못한다. 또한 다양한 기관(unit diversity)이 참여하게 된다. 즉, 재난이 발생하면 소방기관, 군·경찰, 법집행기관과 같은 다른 공공기관뿐만 아니라 자원집단도 참여하게 되고, 그에 따라 재난 발생 전의 재난관리 조직의 권한과 범위를 넘어선 대안적인 역할 정의(alternative role definition)가 요구된다. 그리고 이러한 특성으로 인한 파편화(fragmentation)의 특징이 있다. 즉, 수직적·수평적으로 파편화가 발생한다. 그에 따라 재난관리 조직은 많은 잠재적인 긴장을 내재하게 되고 참여한 많은 기관과의 협력이 어렵게 된다.

국내 문헌 역시 불확실성을 재난의 주요한 특성으로 들고 있다. "위기관리 조직의 경계성"(김영평, 1994), "위험의 가장 주된 내재적 속성 혹은 인간의 예측 능력의 한계"(최병선, 1994), "위험의 사전적 의미로서의 불확실성"(정익재, 1994), "위기 발생의 예측 불가능성"(이재은, 2000) 등이 그것이다.

또한, 불확실성은 누적성이나 복잡성과는 달리 재난의 모든 과정에 걸쳐 나타난다는 점이 중요하다. 즉, 위험 발생 전의 경우 비가시적인 요인들은 누적되고 배양되면서 발생 가능성이 커지는데, 이때 이런 요인 간의 상호작용은 예측할 수 없고, 또한 재난 자체가 언제 어디서 발생할지 정확하게 예측할 수도 없게 된다. 그리고 재난 발생 후의 경우엔 위험 자체가 기존의 기술적·사회적 장치와 맞물려 어떻게 전개될지 알 수 없을 뿐만 아니라 재난관리 조직 외의 다른 기관의 참여로 인하여 기관 간의 권한과 범위 설정이 새로이 요구되고, 그에 따라 재난의 대응·복구 단계의 진행 방향 또한 정확하게 예측할 수 없게 된다. 결국 불확실성은 재난 발생 전에는 '누적성'과 발생 후에는 '복잡성'과 함께 작용하면서 재난 상황을 특징짓게 된다.

3. 복잡성

복잡성(complexity)은 갈피를 잡기 어려울 만큼 여러 가지가 얽혀 있거나 어수선한 성질을 말한다. 재난 특성으로서의 복잡성은 재난 자체의 복잡성과 재난의 발생 후에 관련된 기관 간의 관계에서 야기되는 복잡성으로 나눠 살펴볼 수 있다.

첫째, 재난 자체의 복잡성이다. 재난의 강도, 규모, 그리고 최초 재난과 관련된 다른 재난의 발생이 그것이다(Hills, 1998). 예를 들어, 지진의 경우 지진의 강도와 규모뿐만 아니라 지진으로 인한 전염병의 창궐 같은 것을 생각해 볼 수 있다. 이러한 재난의 특성으로서 복잡성의 원인 중 하나는 재난이 상호작용성을 지니기 때문이다. 재난의 발발은 대체로 단일한 원인에 기인하지 않는다. 어떤 특정한 결정적인 원인이 있다고 하더라도 그것은 또 다른 요인과 재난의 발생에 상호 상승작용을 하게 되는 것이다. 그리고 재난의 발생 이후에도 재난은 피해 주민의 반응, 피해지역의 기반시설 등의 요인과 계속된 상호작용을 동반하면서 진행된다.

결국 이러한 상호작용에 의하여 총체적으로 재난의 피해 강도와 범위가 정해진다. 이는 재난이 발생한 후에는 과거 재난의 경험에서 이해할 수 있는 그런 전통적인 재난이 아니라 새로운 형태 혹은 새로운 지리적 위치에서 예기치 못한 일련의 재난이 이어질 수도 있다는 것을 의미한다. 예를 들어, 어떤 자연재난은 국제정치적 위기나 민족적 갈등을 야기할 수도 있다. 이에 따라 복구(recovery) 단계는 인식 가능한 어떤 현존 질서에로의 복구라기보다는 단지 어떤 안정적인 형태를 의미하게 된다. 특히 재난 복구 과정에서 원상태로의 완전한 복구가 어렵다는 점에서 재난은 비가역성을 가진다(Hills, 1998). 또한 각각의 재난은 서로 다르며(Gherardi et al., 1998), 그에 대한 대응 과정에서 조직 내의 갈등뿐만 아니라 조직 간의 갈등이 야기되기도 한다(Petak, 1985). 특히, 사회적으로나 물리적 환경의 심대한 혹은 급격한 변화가 있을 때, 예를 들어 어떤 지역이 통신수단이나 교통수단이 두절되어 고립되는 상황(milling process) 속에서는 재난의 영향을 받은 주민들 간에는 새로운 상호작용이 발달하게 된다. 단순화되고 불완전하며 심지어 부정확한 정보에 근거한 소문(rumour) 속에서 주민들은 나름대로의 특정한 것을 선택하게 되는 것이다. 이처럼 재난 상황 속에서는 기존의 관료적 규범(bureaucracy norms)과는 다른 비상적 규범(emergency norms)이 생기게 된다(Schneider, 1992).

둘째, 재난 발생 이후의 관련 기관 간의 관계에서 비롯되는 복잡성인데, 다음의 두 가지 점에서 살펴볼 수 있다. 첫 번째는 재난 발생 이전(pre-disaster)과 비교할 때 재난 발생 이후(post-disaster)의 단계에서 재난관리 행정의 경계 자체가 확대된다(남궁근, 1995). 두 번째는 재난 발생 이후의 단계에서는 기존의 재난관리 조직의 개입 범위가 축소된다(Drabek, 1985). 따라서 재난의 예방·완화 단계에서와는 달리 복수의 기관이 참여하게 되고, 그에 따라 관련 기관 간의 권한 설정, 역할 분담, 조정의 문제가 야기된다.

4. 인지성

예를 들어 계단을 '비상계단(emergency stairs)'으로 이해하는 경우도 있지만, '단순한 계단(service stairs)'으로 이해하는 경우처럼 인지적인 문제(perception)는 언어학적으로는 의미의 장(meaning field) 문제와 관련된다. 그리고 동일한 재난을 재난관리자는 단순한 '기술적인 사고(technical incident)'로 여기는 데 비하여 그 재난의 피해자는 '대재앙(catastrophe)'으로 인식하는 것도 한 예가 될 수 있다. 씨랜드 화재사고에서 사고가 난 건물을 건물이 아니라 단지 비나 눈을 막아주는 구조물 정도로 인식한 경우가 여기에 해당된다. 이처럼 언어에 내재된 모호성으로 인하여 재난의 배양(incubation) 과정에서 정보 수집과 의사소통의 어려움이 발생하게 되고, 그에 따라 재난의 발발 요인이 축적된다(Gherardi et al., 1998).

인지적인 차이는 두 가지 차원에서 파악될 수 있다. 우선, 정치적인 면이 배제된 경우인데, 일반 국민의 재난에 대한 시각은 장기적인 시계가 부족한 것으로 평가된다(Hills, 1998). 이처럼 정치성이 배제된 경우의 인지적인 차이는 "재난의 객관적인 사실과 주관적인 인지의 불일치"(Petak, 1985), "객관적인(정량적) 차원과 주관적(정성적) 차원 간의 불일치"(정익재, 1994) 등으로 표현된다. 또 다른 한편 재난은 기존의 어떤 공동체의 파괴를 야기하거나, 어떤 집단에는 기회를 제공할 수 있으며, 전혀 다른 행동양식을 가진 이방인(outsiders)의 유입을 불러올 수도 있다. 이런 재난의 정치적인 면을 중시하여 정치성에 의한 인지적인 차이를 강조하는 입장도 있다. 예를 들어, 최병선(1994)은 정치성을 인정하여 재난의 일상성과 한정된 자원 배분의 효율성 간의 불일치에 기인한 위험인지는 절대적인 안정성이나 무해성을 기준으로 할 수 없고, 기회 편익이나 사회적 순편익을 기준으로 할 수밖에 없다고 한다.

제3절 재난관리의 의의 및 단계

재난관리란 재난으로 인한 피해를 극소화하기 위하여 "재난의 예방, 대비, 대응, 복구와 관련하여 행하는 모든 활동"으로 정의된다. 「재난 및 안전관리 기본법」은 동법 제1조(목적)에서 밝히고 있듯이 재난의 예방, 대비, 대응, 그리고 복구 과정을 상정하고 입법화되었다. 「재난 및 안전관리 기본법」 제1조는 "각종 재난으로부터 국토를 보존하고 국민의 생명·신체 및 재산을 보호하기 위하여 국가와 지방자치단체의 재난 및 안전관리 체제를 확립하고, 재난의 예방·대비·대응·복구와 안전문화 활동, 그 밖에 재난 및 안전관리에 필요한 사항을 규정함을 목적으로 한다."라고 규정하고 있기 때문이다.

재난관리는 시간 국면에 따라 재난 발생 이전의 예방, 대비 단계와 재난 발생 이후의 대응, 복구 단계로 구성된 과정모형에 입각하고 있다(Petak, 1985; Clary, 1985; Mushkatel & Weschler, 1985; Wallace & De Balogh, 1985; Hy & Waugh, 1990; Drabek, 1991; Godschalk, 1991; 김영규·임송태, 1997; 이재은, 2002: 169-171 재인용). 즉, 재난관리의 과정은 일반적으로 재난의 생애주기(life-cycle)에 따라 예방 및 완화(mitigation), 대비(preparedness), 대응(response), 그리고 복구(recovery)의 4단계 과정으로 분류된다.

〈표 1-4〉 재난관리 단계별 주요 활동 내용

구분		주요 활동 내용
재난 발생 이전 단계	예방·완화 단계 (mitigation)	위험성 분석 및 위험지도 작성, 건축법 제정과 정비, 재해보험, 토지 이용관리, 안전 관련 법규 제정 및 정비, 세제 지원 등
	대비 단계 (preparedness)	재난대응 계획 수립, 비상경보 체제 구축, 비상통신망 구축, 유관 기관 협조 체제 유지, 비상자원의 확보 등
재난 발생 이후 단계	대응 단계 (response)	재난대응 계획의 시행, 재해의 긴급대응과 수습, 인명구조·구난활동 전개, 응급의료 체계 운영, 환자의 수용과 후송, 의약품 및 생필품 제공 등
	복구 단계 (recovery)	잔해물 제거, 전염병 예방 및 방역활동, 이재민 지원, 임시거주지 마련, 시설복구 및 피해 보상 등

출처: McLoughlin(1985), 김종환(2005: 626 재인용).

재난관리의 예방-대비-대응-복구의 각 단계는 유기적으로 상호 연결되고 상호 보완적이어야 그 효과를 높일 수 있다(양기근, 2004b: 50-52; 김중양, 2004: 49-50).

첫째, 예방·완화(mitigation)는 재난이 실제로 발생하기 전에 재난 촉발 요인을 제거하거나 재난 요인이 표출되지 않도록 억제 또는 예방하는 활동을 의미한다(McLoughlin, 1985;

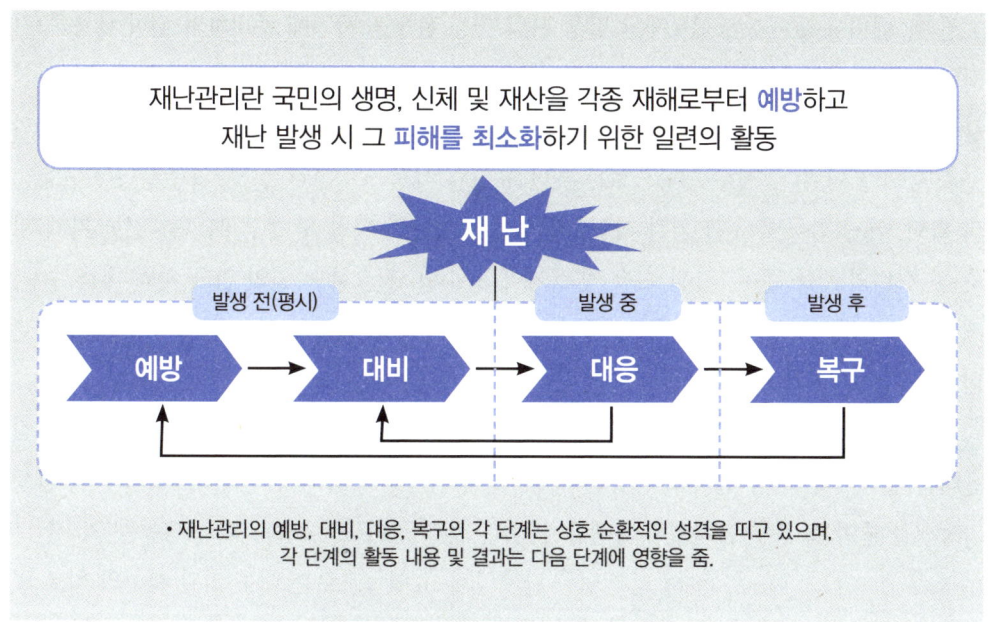

[그림 1-2] 재난관리 단계의 유기적 연계성

166). 이는 위험 감소 계획을 결정·집행하고, 각종 재난으로부터 인간의 생명과 재산에 대한 위험의 정도를 감소시키는 장기적인 정책으로 이루어져 있다. 따라서 예방 단계의 주요 활동으로는 사전 예방 대책의 수립, 재난 피해 감소 방안의 마련, 재난 영향의 예측 및 평가, 안전 기준 설정, 재난 요인 사전 제거, 위험 요인에의 노출 감소 등이 있다. 구체적인 세부 활동에는 규제 및 법령의 정비, 재난 취약시설(물)에 대한 주기적 점검 및 규제, 주요 재난시설(물)에 대한 연계 관리계획의 수립, 재난 업무의 전담요원 확보, 위험시설이나 취약시설에 대한 보수·보강 계획, 위험 요소에 대한 사전관리, 발생 가능한 것으로 판단되는 재난의 탐색 및 조치, 개발사업에 대한 사전 재난 영향평가, 재난 영향의 감소를 위한 강제 규제 방안 마련, 기상정보 및 재난 취약 요인에 대한 분석 등이 있다. 이러한 예방활동을 통하여 인명구조와 부상의 감소, 재산상 손실 예방이나 손실의 감소, 사회적 혼란과 스트레스의 최소화, 중요 시설물의 유지, 사회기반시설의 보호, 정신적 건강 보호, 정부와 공무원의 법적 책임 감소, 정부활동을 위한 긍정적인 정치적 결과의 제공 등과 같은 성과나 편익을 얻을 수 있다 (Godschalk, 1991: 131; 이재은, 2002: 169).

둘째, 대비(preparedness)는 재난 발생 시의 대응 활동을 사전에 준비하기 위한 대응 능력 개발 활동을 말한다(Clary, 1985: 20; Petak, 1985: 3; McLoughlin, 1985: 166). 대비 단계에서의 활동은 사전 훈련 및 협조 체제의 유지, 대응 자원의 확보 및 비축, 그리고 재난경보 체제의 구축 등이 포함된다. 세부 사항으로는 재난 유형별 사전 교육훈련 실시, 표준운영절차(SOP) 의 확립, 재난 종류별 유관 기관 확인, 자원 보유 기관의 확인 및 응급 복구를 위한 자재 비축 및 장비의 가동 준비, 자원 수송 및 통제계획 수립, 필요한 자원의 긴급 자원 대책 수립, 재난 예·경보시설 및 체제의 구축, 주민 대피를 위한 홍보 업무의 체계화, 그리고 재난 관련 비상방송 협조 체제의 구축 등이 있다.

셋째, 대응(response)은 재난이 발생한 경우 재난관리기관의 각종 임무 및 기능을 실제 적용하는 활동이다. 대응 단계의 활동은 예방, 대비 단계의 활동과 연계하여 제2의 손실 발생 가능성을 줄이고, 복구 단계에서 발생할 수 있는 문제를 미리 최소화시키는 활동을 의미한다 (Drabek, 1985: 85; Petak, 1985: 3).[15] 대응 단계의 주요 활동으로는 대응 기관 사이의 협조 및 조정, 피해자 보호 및 구호 조치, 피해 상황 파악 및 응급 복구 등이 있다. 그리고 세부 활동으로는 현장지휘소 및 상황실 운영, 관련 기관 사이의 의견 조정 및 의사결정, 대응 기관별 활동 목표와 역할의 명확화, 피해자 및 이재민의 수용시설 확보 및 관리, 희생자 탐색구조와 응급의료 지원, 의연금품과 구호물자 전달 체계, 긴급복구계획의 수립 등이 있다.

넷째, 복구(recovery)는 피해지역이 재난 발생 직후부터 재난 발생 이전 상태로 회복될 때까지의 장기적인 활동 과정이다. 복구 단계의 활동은 초기 재난 상황으로부터 정상 상태로 돌아올 때까지 지원을 제공하는 지속적인 활동을 의미한다.[16] 복구 단계의 활동으로는 복구 상황의 점검 및 관리, 피해 파악 및 긴급 지원, 재난 발생 원인에 대한 분석 및 평가가 있으며, 세부 활동으로는 중장기 복구계획 수립 및 복구의 우선순위 결정, 복구장비 및 복구 예산 확보를 위한 방안 마련, 복구 지원을 위한 관계 기관과의 협조, 피해 상황의 집계, 긴급 지원

---

15) 대응 단계에 필요한 공통 기능으로는 경보, 소개, 대피, 응급의료, 희생자 탐색·구조, 재산 보호 기능 등이 있다(Siegel, 1985; Wallace & De Balogh, 1985; Perry, 1985; 이재은, 1998).

16) 루빈(Rubin, 1991: 224-259)은 효과적인 복구전략으로 첫째, 해당 지방정부의 자원뿐만 아니라 상급 지방정부 및 연방정부의 재정 및 기타 자원의 지원 확보 방안 마련, 둘째, 해당 지역의 희생자와 가족뿐만 아니라 위기관리 활동가·자원봉사자의 복구활동에 대한 적극적인 지원을 지적하고 있다. 김보현·박동균(1995: 132)은 복구 과정이 배분적 성격을 지닌다고 하면서, 복구 과정에서 투자되는 재원이 어떤 기준에 따라서 어디에 그리고 누구에게 그 혜택이 돌아가느냐 하는 측면은 단순한 기술적 측면이 아닌 가치의 권위적 배분이라는 측면에서 정책적 중요성이 높다고 강조하고 있다(이재은, 2002: 170).

물품의 제공, 피해자 보상 및 배상관리, 재난 발생 원인 및 문제점 조사, 개선안의 마련 및 유사 재난 재발 방지책 마련, 피해 유발 책임자 및 책임기관에 대한 법적 처리 등이 있다.

최근 재난관리에서는 재난의 복구보다는 예방 및 대비로 패러다임이 전환됨에 따라 미국과 일본과 같은 선진국에서는 과학기술을 활용한 재난의 예방 및 대비를 가속화하고 있다. 과거 재난 발생 시 재난 피해를 복구하는 '복구' 중심의 재난관리는 최근에 들어서면서 '예방' 및 '대비'를 중시하는 기조로 변화하고 있다. 미국의 경우, 1990년대 들어 재해 대응과 복구에 의존하던 것에서 벗어나 위험과 재해로 인한 피해 규모를 줄이기 위한 예방 및 대비 중심으로 재난정책의 방향을 바꾸고 있다. 우리나라의 경우도 복구 중심의 재난관리에서 탈피하여 예방 및 대비를 위한 다양한 국가 차원의 제도가 시행되고 있고, 재난 예방을 위한 R&D 투자도 점차 증가하기 시작하였다(양기근 외, 2016).

아래에서는 안전관리에 대하여 잠깐 살펴보자. 안전관리는 "재난이나 그 밖의 각종 사고로부터 사람의 생명·신체 및 재산의 안전을 확보하기 위하여 하는 모든 활동"을 의미한다(재난 및 안전관리 기본법 제3조).

안전관리는 주로 공학이나 경영학 분야에서 사용되어 온 용어로, 산업 현장 또는 사업의 운영 과정에서 일어날 수 있는 재난의 근절을 위한 합리적·조직적인 시책이라고 할 수 있으며, 안전관리를 "사고 방지 업무를 위한 계획, 조직, 시행, 협조, 통제, 조정하는 업무라고 할 수 있기 때문에 광의의 재난관리와 일맥상통하는 것으로 보는 관점"(정기성, 2001; 정완택, 2003: 8-9; 김은성·안혁근, 2009: 13-14)도 있으나, 우리나라는 아직까지 안전관리의 주요 내용과 범위 등 명확한 개념 정의가 정립되어 있지 못한 실정이다(원소연, 2013: 11).

〈표 1-5〉 재난관리 및 안전관리 개념

구분	내용
재난관리	재난의 예방·대비·대응 및 복구를 위하여 하는 모든 활동
안전관리	재난이나 그 밖의 각종 사고로부터 사람의 생명·신체 및 재산의 안전을 확보하기 위하여 하는 모든 활동
안전 기준	각종 시설 및 물질 등의 제작, 유지관리 과정에서 안전을 확보할 수 있도록 적용하여야 할 기술적 기준을 체계화한 것을 말하며, 안전 기준의 분야, 범위 등에 관하여는 대통령령으로 정함.

출처: 「재난 및 안전관리 기본법」 제3조 정리.

「재난 및 안전관리 기본법」상으로는 재난관리와 안전관리의 통합적 관리를 지향하고 있는 것으로 보이며, 행정안전부가 재난 및 안전관리에 대한 총괄기관으로서의 역할을 담당한다.[17]

그럼에도 불구하고 일반적으로 재난관리와 안전관리는 관리 방식 등에서 차이가 있는데, 관리 방식 및 관리 조직의 특성, 업무 속도 등에 따라 다음과 같은 차이가 있다(오윤경·정지범, 2016; 이광희·이환성, 2017).

첫째, 재난관리의 경우 재난이라는 비상 상황에서 전 국가적 역량을 하나로 집중화하여 관리하여야 하는 반면, 안전관리는 교통, 환경, 식품 등 정책 분야별로 분산적으로 관리하는 방식을 지향한다.

둘째, 재난관리의 경우 재난 발생의 위급 상황에 효과적이고 신속하게 대응하기 위하여 명령·통제 중심의 계서제가 중심이 되는 반면, 안전관리는 다양한 전문 분야에서 일상적으로 수행되는 업무로서 이해관계자 간 협조적 네트워크를 강조하는 경우가 많다.

셋째, 재난관리는 긴급한 재난 상황에 대응하기 위하여 업무 속도가 빠른 반면, 안전관리는 일상 업무를 행하는 것으로서 상대적으로 업무 속도가 느리다. 물론 이러한 차이는 상대적 차이이지 절대적 차이는 아님을 이해할 필요가 있다.

〈표 1-6〉 재난관리와 안전관리의 차이

항목	재난관리	안전관리
관리 방식	• 집중관리(통합적 관리)	• 분산관리(부서별 관리)
관리조직 특성	• 명령과 통제 중심의 계서제 중심 • 주요 이해당사자 네트워크 활용	• 다양한 이해당사자를 포함하는 네트워크적 협력
업무 속도	• 빠름	• 상대적으로 느림
범위	• 일정 규모 이상의 피해(단수가 공통적으로 겪는 피해)	• 개인적 피해 포함
원인 제공	• 자연 현상, 인간 활동 및 사회적 현상	• 시설 및 물질
내용	• 재난 예방-대비-대응-복구를 위한 모든 활동	• 시설 및 물질 등으로부터 사람의 생명·신체 및 재산의 안전을 확보하기 위하여 하는 모든 활동

* 재난관리의 경우에도 통합관리와 분산관리의 견해 대립이 있으며, 〈표〉의 재난관리와 안전관리의 차이는 절대적인 차이가 아닌 상대적 차이 정도로 이해되어야 함.
출처: 오윤경·정지범(2016: 22); 이광희·이환성(2017: 18); 안광찬 외(2017: 56).

---

[17] 「재난 및 안전관리 기본법」 제6조(재난 및 안전관리 업무의 총괄·조정)에서는 "행정안전부 장관은 국가 및 지방자치단체가 행하는 재난 및 안전관리 업무를 총괄·조정한다."고 규정하고 있다.

재난관리 및 안전관리의 이러한 차이로 인하여 「재난 및 안전관리 기본법」상의 재난관리와 안전관리의 통합적 관리 지향에 어려움이 현실적으로 존재하며, 법령상으로 재난관리와 안전관리를 구분하여 제정하여야 한다는 연구도 다수 있다. 최근 선진국의 재난 및 안전관리의 동향과 범위를 분석할 때, 재난을 포함하는 안전의 범위는 기존의 재난관리 범위를 초월하여 포괄적 안보 차원에서 확장되는 경향이 있다(안광찬 외, 2017).

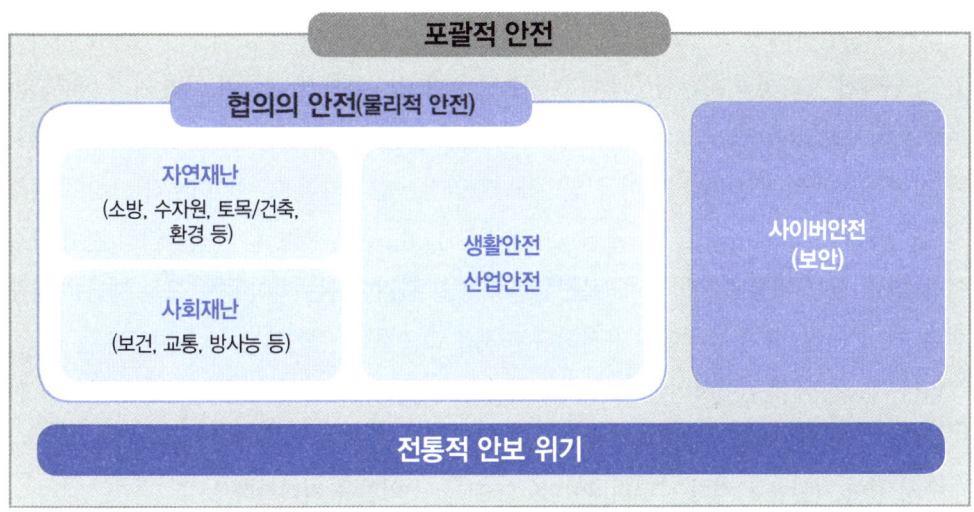

출처: 안광찬 외(2017: 56) 수정.

[그림 1-3] 안전의 범위

제4절 재난관리의 방식

　재난으로 인한 피해를 극소화하기 위하여 "재난의 예방, 대비, 대응, 복구와 관련하여 행하는 모든 활동"으로 정의되는 재난관리 방식은 크게 두 가지로 나누어 볼 수 있다(한상대, 2004: 17-18; 채경석, 2004: 39-40). 하나는 재난의 종류에 따라서 각 부처별로 분산하여 관리하는 유형별 분산관리 방식이며, 다른 하나는 통합된 하나의 기관을 설립하여 모든 재난을 통합 관리하는 방식이다.

전통적 재난관리 방식은 유형별 재난의 특징을 강조하는 분산관리에서부터 시작된다. 이것은 1930년대 전통적 조직이론의 등장과 함께 합리성을 목표로 하는 조직이 전문화의 원리를 택하도록 하는 행정이론적 환경과 일치하는 시기에 생겨났다. 이러한 재난관리의 분산관리 방식은 지진, 수해, 유독물, 설해, 화재 등 재난의 종류에 상응하여 대응 방식에 차이가 있다는 것을 강조한다. 따라서 재난 종류별 계획이 마련되어 대응 책임기관도 각각 다르게 배정되어 관리하는 방식이다.

그러나 분산관리 방식은 재난 시 유사 기관 간의 중복 대응과 과잉 대응의 문제를 야기하였고, 난해한 계획서의 비현실성과 다수 기관 간의 조정·통제에 대하여 여러 가지 반복되는 문제를 야기하였다(김국래·유병옥, 2009: 234). 이러한 분산관리의 문제점을 보완하고자 제시된 것이 통합관리 방식이다.[18] 미국 연방재난관리청(FEMA)의 창설[19]에 이론적 근거로 제시된 통합관리 방식(Integrated Emergency Management System: IEMS)은 재난관리의 전체 과정이라 할 수 있는 예방-대비-대응-복구활동을 종합 관리한다는 의미이며, 모든 재난은 피해 범위, 대응 지원, 대응 방식에서 유사하다는 것을 그 이론적 근거로 삼고 있다(남궁근, 1995). 그러나 제도론적 관점에서의 통합관리의 개념은 대응 단계에서의 모든 자원을 통합하여 관리한다는 의미가 아니라 재난 대응에 필요한 대응 기능별 책임기관을 지정하여 재난 발생 시 다수의 참여 기관을 조정하는 코디네이터(coordinator) 역할을 의미한다.

분산관리 방식과 통합관리 방식 간의 장단점을 비교해 보면 다음 〈표 1-7〉과 같다.

---

[18] 콰란텔리(Quarantelli, 1995)는 분산관리 방식이 통합관리 방식으로 전환되어야 하는 근거로 ① 재난 개념의 변화(재난 개념에 대한 물리적 관점은 재난의 유형을 강조하게 되나, 오늘날 대부분의 재난은 복합재난으로서의 성격을 가지며, 지역사회의 정상적인 기능을 파괴하는 충격적 사건(사고)으로서의 공통성을 가지므로 자연재난이든 인적재난이든 구별의 실익이 없음), ② 재난 대응의 유사성, ③ 계획 내용의 유사성, ④ 대응자원의 공통성을 제시하고 있다.

[19] 1979년 FEMA(Federal Emergency Management Agency)의 창설은 재난관리 분야에서 미국 연방정부의 역할을 재정립하였고, 그러한 역할 수행에서의 새로운 접근 방법을 포함하는 대규모의 실험으로 볼 수 있다.

<표 1-7> 재난관리 방식별 장단점 비교

유형	유형별 관리 방식	통합관리 방식
성격	분산관리 방식	통합관리 방식
관련 부처 및 기관	다수 부처 및 기관의 단순 병렬	단일 부처 조정에 따른 병렬적 다수 부처 및 기관
책임 범위와 부담	소관 재난에 대한 관리 책임, 부담 분산	모든 재난에 대한 관리 책임, 과도한 부담 가능성
관련 부처의 활동 범위	특정 재난에 대한 관리활동	모든 재난에 대한 종합적 관리활동과 독립적 활동의 병행
정보 전달 체계	정보 전달의 다원화	정보 전달의 일원화
재난 대응	대응 조직 없음(사실상 소방)	통합 대응/지휘통제 용이(소방)
재난에 대한 인지 능력	미약, 단편적	강력, 종합적
장점	- 한 재해 유형을 한 부처가 지속적으로 담당하므로 경험 축적 및 전문성 제고가 용이 - 한 사안에 대한 업무의 과다 방지	- 재난 발생 시 총괄적 자원 동원과 신속한 대응성 확보 - 자원봉사자 등 가용자원을 효과적으로 활용
단점	- 복잡한 재난에 대한 대처 능력에 한계 - 각 부처 간 업무의 중복 및 연계 미흡 - 재원 마련과 배분의 복잡성	- 종합관리 체계를 구축하는 데 많은 어려움이 따름. - 부처이기주의 및 기존 조직의 반대 가능성이 높고 업무와 책임이 과도하게 한 조직에 집중됨.
대표적인 국가	일본	미국

자료: 채경석(2004: 39-40); 김동욱(2003: 14) 수정.

재난관리론

재난관리 법령

제1절 재난 및 안전관리 기본법

1. 재난의 개념 및 용어 정의

    재난 및 안전관리에 관한 법령을 살펴보면, 우선 기본법에 해당하는 「재난 및 안전관리 기본법」이 있다. 「재난 및 안전관리 기본법」은 각종 재난으로부터 국토를 보존하고 국민의 생명·신체 및 재산을 보호하기 위하여 국가와 지방자치단체의 재난 및 안전관리 체제를 확립하고, 재난의 예방·대비·대응·복구와 안전문화 활동, 그 밖에 재난 및 안전관리에 필요한 사항을 규정함을 목적으로 한다(재난 및 안전관리 기본법, 제1조).

    이 법에서는 재난을 국민의 생명·신체·재산과 국가에 피해를 주거나 줄 수 있는 것으로서 자연재난과 사회재난으로 다음과 같이 구분한다(재난 및 안전관리 기본법, 제3조).

- 자연재난 : 태풍, 홍수, 호우(豪雨), 강풍, 풍랑, 해일(海溢), 대설, 한파, 낙뢰, 가뭄, 폭염, 지진, 황사(黃砂), 조류(藻類) 대발생, 조수(潮水), 화산활동, 소행성·유성체 등 자연우주 물체의 추락·충돌, 그 밖에 이에 준하는 자연 현상으로 인하여 발생하는 재해

- 사회재난 : 화재·붕괴·폭발·교통사고(항공사고 및 해상사고를 포함한다)·화생방사고·환경오염사고 등으로 인하여 발생하는 대통령령으로 정하는 규모 이상의 피해와 에너지·통신·교통·금융·의료·수도 등 국가기반 체계(이하 "국가기반 체계"라 한다)의 마비, 「감염병의 예방 및 관리에 관한 법률」에 따른 감염병 또는 「가축전염병예방법」에 따른 가축전염병의 확산, 「미세먼지 저감 및 관리에 관한 특별법」에 따른 미세먼지 등으로 인한 피해

한편 「재난 및 안전관리 기본법」에서는 재난관리, 안전관리, 안전 기준 등 구체적으로 재난관리와 관련된 용어를 정의하고 있다. '재난관리'란 재난의 예방·대비·대응 및 복구를 위하여 하는 모든 활동을 말하고, '안전관리'란 재난이나 그 밖의 각종 사고로부터 사람의 생명·신체 및 재산의 안전을 확보하기 위하여 하는 모든 활동을 말한다. '안전 기준'이란 각종 시설 및 물질 등의 제작, 유지관리 과정에서 안전을 확보할 수 있도록 적용하여야 할 기술적 기준을 체계화한 것을 말한다. 안전 기준의 분야, 범위 등에 관하여는 대통령령으로 정하게 되어 있다.

또한, '재난관리 책임기관'이란 재난관리 업무를 하는 기관을 의미하는데, 중앙행정기관 및 지방자치단체(「제주특별자치도 설치 및 국제자유도시 조성을 위한 특별법」 제10조 제2항에 따른 행정시를 포함한다)와 지방행정기관·공공기관·공공단체(공공기관 및 공공단체의 지부 등 지방조직을 포함한다) 및 재난관리의 대상이 되는 중요시설의 관리기관 등으로서 대통령령으로 정하는 기관을 말한다. '재난관리 주관기관'이란 재난이나 그 밖의 각종 사고에 대하여 그 유형별로 예방·대비·대응 및 복구 등의 업무를 주관하여 수행하도록 대통령령으로 정하는 관계 중앙행정기관을 말한다.

한편, '긴급구조'란 재난이 발생할 우려가 현저하거나 재난이 발생하였을 때에 국민의 생명·신체 및 재산을 보호하기 위하여 긴급구조기관과 긴급구조지원기관이 하는 인명구조, 응급처치, 그 밖에 필요한 모든 긴급한 조치를 말하며, '긴급구조기관'이란 소방청·소방본부 및 소방서를 말한다. 다만, 해양에서 발생한 재난의 경우에는 해양경찰청·지방해양경찰

청 및 해양경찰서를 말하고, '긴급구조지원기관'이란 긴급구조에 필요한 인력·시설 및 장비, 운영 체계 등 긴급구조 능력을 보유한 기관이나 단체로서 대통령령으로 정하는 기관과 단체를 말한다(재난 및 안전관리 기본법, 제3조).

아울러, '국가재난 관리기준'이란 모든 유형의 재난에 공통적으로 활용할 수 있도록 재난관리의 전 과정을 통일적으로 단순화·체계화한 것으로서 행정안전부 장관이 고시한 것을 말하고, '안전문화활동'이란 안전교육, 안전훈련, 홍보 등을 통하여 안전에 관한 가치와 인식을 높이고 안전을 생활화하도록 하는 등 재난이나 그 밖의 각종 사고로부터 안전한 사회를 만들어가기 위한 활동을 말하며, '안전취약계층'이란 어린이, 노인, 장애인 등 재난에 취약한 사람을 말하고, '재난관리정보'란 재난관리를 위하여 필요한 재난상황정보, 동원 가능 자원정보, 시설물정보, 지리정보를 말하며, '재난안전통신망'이란 재난관리 책임기관·긴급구조기관 및 긴급구조지원기관이 재난관리 업무에 이용하거나 재난 현장에서의 통합 지휘에 활용하기 위하여 구축·운영하는 무선통신망을 말한다(재난 및 안전관리 기본법, 제3조).

2. 안전관리 기구

「재난 및 안전관리 기본법」상 안전관리 기구로는 중앙안전관리위원회, 중앙재난안전대책본부, 긴급구조통제단 등 안전관리 기구를 정립하여 놓았다.

우선, 재난 및 안전관리에 관한 다음 각 호의 사항을 심의하기 위하여 국무총리 소속으로 중앙안전관리위원회를 두고 있다(재난 및 안전관리 기본법, 제9조).

중앙위원회의 위원장은 국무총리가 되고, 위원은 대통령령으로 정하는 중앙행정기관 또는 관계 기관·단체의 장이 된다. 중앙위원회의 위원장은 중앙위원회를 대표하며, 중앙위원회의 업무를 총괄한다. 중앙위원회에 간사 1명을 두며, 간사는 행정안전부 장관이 된다. 중앙위원회의 위원장이 사고 또는 부득이한 사유로 직무를 수행할 수 없을 때에는 행정안전부 장관, 대통령령으로 정하는 중앙행정기관의 장 순으로 위원장의 직무를 대행한다. 제5항에 따라 행정안전부 장관 등이 중앙위원회 위원장의 직무를 대행할 때에는 행정안전부의 재난안전관리사무를 담당하는 본부장이 중앙위원회 간사의 직무를 대행한다. 중앙위원회는 제1항 각 호의 사무가 국가안전보장과 관련된 경우에는 국가안전보장회의와 협의하여야 한다. 중앙위원회의 위원장은 그 소관 사무에 관하여 재난관리책임기관의 장이나 관계인에게 자료의 제출, 의견 진술, 그 밖에 필요한 사항에 대하여 협조를 요청할 수 있다. 이 경우 요청을 받은 사람은 특별한 사유가 없으면 요청에 따라야 한다. 중앙위원회의 구성과 운영 등에 필요한 사항은 대통령령으로 정한다(재난 및 안전관리 기본법, 제9조).

다음, 중앙위원회에 상정될 안건을 사전에 검토하고 법령이 정하는 사무를 수행하기 위하여 중앙위원회에 안전정책조정위원회(이하 "조정위원회"라 한다)를 둔다(재난 및 안전관리 기본법, 제10조).

조정위원회의 위원장은 행정안전부 장관이 되고, 위원은 대통령령으로 정하는 중앙행정기관의 차관 또는 차관급 공무원과 재난 및 안전관리에 관한 지식과 경험이 풍부한 사람 중에서 위원장이 임명하거나 위촉하는 사람이 된다. 조정위원회에 간사위원 1명을 두며, 간사위원은 행정안전부의 재난안전 관리사무를 담당하는 본부장이 된다. 조정위원회의 업무를 효율적으로 처리하기 위하여 조정위원회에 실무위원회를 둘 수 있다. 조정위원회의 위원장은 제1항에 따라 조정위원회에서 심의·조정된 사항 중 대통령령으로 정하는 중요 사항에 대해서는 조정위원회의 심의·조정 결과를 중앙위원회의 위원장에게 보고하여야 한다. 조정위원회의 위원장은 중앙위원회 또는 조정위원회에서 심의·조정된 사항에 대한 이행 상황을 점검하고, 그 결과를 중앙위원회에 보고할 수 있다. 조정위원회 및 제4항에 따른 실무위원회의 구성 및 운영 등에 필요한 사항은 대통령령으로 정한다(재난 및 안전관리 기본법, 제10조).

한편, 재난에 관한 예보·경보·통지나 응급조치 및 재난관리를 위한 재난방송이 원활히 수행될 수 있도록 중앙위원회에 중앙재난방송협의회를 둘 수 있다. 지역 차원에서 재난에 대한 예보·경보·통지나 응급조치 및 재난방송이 원활히 수행될 수 있도록 지역위원회에 시·도 또는 시·군·구 재난방송협의회(이하 이 조에서 "지역재난방송협의회"라 한다)를 둘 수 있다. 중앙재난방송협의회의 구성 및 운영에 필요한 사항은 대통령령으로 정하고, 지역재난방송협의회의 구성 및 운영에 필요한 사항은 해당 지방자치단체의 조례로 정한다(재난 및 안전관리 기본법, 제12조).

또한, 조정위원회의 위원장은 재난 및 안전관리에 관한 민관 협력 관계를 원활히 하기 위하여 중앙안전관리민관협력위원회(이하 "중앙민관협력위원회"라 한다)를 구성·운영할 수 있다. 시역위원회의 위원장은 재난 및 안전관리에 관한 지역 차원의 민관 협력 관계를 원활히 하기 위하여 시·도 또는 시·군·구 안전관리민관협력위원회(이하 이 조에서 "지역민관협력위원회"라 한다)를 구성·운영할 수 있다. 중앙민관협력위원회의 구성 및 운영에 필요한 사항은 대통령령으로 정하고, 지역민관협력위원회의 구성 및 운영에 필요한 사항은 해당 지방자치단체의 조례로 정한다(재난 및 안전관리 기본법, 제12조의2).

다음으로 중앙재난안전대책본부에 대해서 살펴보면, 대통령령으로 정하는 대규모 재난(이하 '대규모 재난'이라 한다)의 대응·복구(이하 "수습"이라 한다) 등에 관한 사항을 총괄·조정하고 필요한 조치를 하기 위하여 행정안전부에 중앙재난안전대책본부(이하 "중앙대책본부"라 한다)를 둔다. 중앙대책본부에 본부장과 차장을 둔다. 중앙대책본부의 본부장(이하 "중앙대책본부장"이라 한다)은 행정안전부 장관이 되며, 중앙대책본부장은 중앙대책본부의 업무를 총괄하고 필요하다고 인정하면 중앙재난안전대책본부회의를 소집할 수 있다. 다만, 해외재난의 경우에는 외교부 장관이, 「원자력시설 등의 방호 및 방사능 방재 대책법」제2조 제1항 제8호에 따른 방사능 재난의 경우에는 같은 법 제25조에 따른 중앙방사능방재대책본부의 장이 각각 중앙대책본부장의 권한을 행사한다. 제3항에도 불구하고 재난의 효과적인 수습을 위하여 다음 각 호의 어느 하나에 해당하는 경우에는 국무총리가 중앙대책본부장의 권한을 행사할 수 있다. 이 경우 행정안전부 장관, 외교부 장관(해외재난의 경우에 한정한다) 또는 원자력안전위원회 위원장(방사능 재난의 경우에 한정한다)이 차장이 된다(재난 및 안전관리 기본법, 제14조).

중앙대책본부장은 대규모 재난이 발생하거나 발생할 우려가 있는 경우에는 대통령령으로 정하는 바에 따라 실무반을 편성하고, 중앙재난안전대책본부상황실을 설치하는 등 해당 대규모 재난에 대하여 효율적으로 대응하기 위한 체계를 갖추어야 한다. 이 경우 제18조 제1항 제1호에 따른 중앙재난안전상황실과 인력, 장비, 시설 등을 통합·운영할 수 있다. 제1항에 따른 중앙대책본부, 제3항에 따른 중앙재난안전대책본부회의의 구성과 운영에 필요한 사항은 대통령령으로 정한다(재난 및 안전관리 기본법, 제14조).

중앙대책본부장은 대규모 재난을 효율적으로 수습하기 위하여 관계 재난관리책임기관의 장에게 행정 및 재정상의 조치, 소속 직원의 파견, 그 밖에 필요한 지원을 요청할 수 있다. 이 경우 요청을 받은 관계 재난관리 책임기관의 장은 특별한 사유가 없으면 요청에 따라야 한다. 제1항에 따라 파견된 직원은 대규모 재난의 수습에 필요한 소속 기관의 업무를 성실히 수행하여야 하며, 대규모 재난의 수습이 끝날 때까지 중앙대책본부에서 상근하여야 한다. 중앙대책본부장은 해당 대규모 재난의 수습에 필요한 범위에서 제15조의2 제2항에 따른 수습본부장 및 제16조 제2항에 따른 지역대책본부장을 지휘할 수 있다(재난 및 안전관리 기본법, 제15조).

한편, 재난관리 주관기관의 장은 재난이 발생하거나 발생할 우려가 있는 경우에는 재난상황을 효율적으로 관리하고 재난을 수습하기 위한 중앙사고수습본부(이하 "수습본부"라 한다)

를 신속하게 설치·운영하여야 한다. 수습본부의 장(이하 "수습본부장"이라 한다)은 해당 재난관리 주관기관의 장이 된다. 수습본부장은 재난정보의 수집·전파, 상황관리, 재난 발생 시 초동 조치 및 지휘 등을 위한 수습본부상황실을 설치·운영하여야 한다. 이 경우 제18조 제3항에 따른 재난안전상황실과 인력, 장비, 시설 등을 통합·운영할 수 있다. 수습본부장은 재난을 수습하기 위하여 필요하면 관계 재난관리 책임기관의 장에게 행정상 및 재정상의 조치, 소속 직원의 파견, 그 밖에 필요한 지원을 요청할 수 있다. 이 경우 요청을 받은 관계 재난관리 책임기관의 장은 특별한 사유가 없으면 요청에 따라야 한다. 수습본부장은 지역사고수습본부를 운영할 수 있으며, 지역사고수습본부의 장(이하 "지역사고수습본부장"이라 한다)은 수습본부장이 지명한다. 수습본부장은 해당 재난의 수습에 필요한 범위에서 시·도지사 및 시장·군수·구청장(제16조 제1항에 따른 시·도대책본부 및 시·군·구대책본부가 운영되는 경우에는 해당 본부장을 말한다)을 지휘할 수 있다. 수습본부장은 재난을 수습하기 위하여 필요하면 대통령령으로 정하는 바에 따라 제14조의2 제1항에 따른 수습지원단을 구성·운영할 것을 중앙대책본부장에게 요청할 수 있다. 수습본부의 구성·운영 등에 필요한 사항은 대통령령으로 정한다(재난 및 안전관리 기본법, 제15조의2).

　마지막으로, 긴급구조에 관한 사항의 총괄·조정, 긴급구조기관 및 긴급구조지원기관이 하는 긴급구조활동의 역할 분담과 지휘·통제를 위하여 소방청에 중앙긴급구조통제단(이하 '중앙통제단'이라 한다)을 둔다. 중앙통제단의 단장은 소방청장이 된다. 중앙통제단장은 긴급구조를 위하여 필요하면 긴급구조지원기관 간의 공조 체제를 유지하기 위하여 관계 기관·단체의 장에게 소속 직원의 파견을 요청할 수 있다. 이 경우 요청을 받은 기관·단체의 장은 특별한 사유가 없으면 요청에 따라야 한다. 중앙통제단의 구성·기능 및 운영에 필요한 사항은 대통령령으로 정한다(재난 및 안전관리 기본법, 제49조).

3. 안전관리 계획

　국무총리는 대통령령으로 정하는 바에 따라 국가의 재난 및 안전관리 업무에 관한 기본계획(이하 "국가안전관리 기본계획"이라 한다)의 수립지침을 작성하여 관계 중앙행정기관의 장에게 통보하여야 한다. 제1항에 따른 수립지침에는 부처별로 중점적으로 추진할 안전관리 기본계획의 수립에 관한 사항과 국가재난관리 체계의 기본 방향이 포함되어야 한다. 관계 중앙행정기관의 장은 제1항에 따른 수립지침에 따라 그 소관에 속하는 재난 및 안전관리 업무에 관한 기본계획을 작성한 후 국무총리에게 제출하여야 한다. 국무총리는 제3항에 따라 관계 중앙행정기관의 장이 제출한 기본계획을 종합하여 국가안전관리 기본계획을 작성하여 중앙위원회의 심의를 거쳐 확정한 후 이를 관계 중앙행정기관의 장에게 통보하여야 한다. 중앙행정기관의 장은 제4항에 따라 확정된 국가안전관리 기본계획 중 그 소관 사항을 관계 재난관리 책임기관(중앙행정기관과 지방자치단체는 제외한다)의 장에게 통보하여야 한다. 국가안전관리 기본계획을 변경하는 경우에는 제1항부터 제5항까지를 준용한다. 국가안전관리 기본계획과 제23조의 집행계획, 제24조의 시·도안전관리계획 및 제25조의 시·군·구안전관리계획은 「민방위기본법」에 따른 민방위계획 중 재난관리 분야의 계획으로 본다. 국가안전관리 기본계획에는 다음 각 호의 사항이 포함되어야 한다(재난 및 안전관리 기본법, 제22조).

- 재난에 관한 대책
- 생활안전, 교통안전, 산업안전, 범죄안전, 식품안전, 안전취약계층 안전 및 그 밖에 이에 준하는 안전관리에 관한 대책

4. 단계별 재난관리 활동

1) 재난의 예방

재난관리 책임기관의 장의 재난 예방 조치가 있는데, 재난관리 책임기관의 장은 소관 관리 대상 업무의 분야에서 재난 발생을 사전에 방지하기 위하여 다음 각 호의 조치를 하여야 한다(재난 및 안전관리 기본법. 제25조의2).

- 재난에 대응할 조직의 구성 및 정비
- 재난의 예측 및 예측정보 등의 제공·이용에 관한 체계의 구축
- 재난 발생에 대비한 교육·훈련과 재난관리 예방에 관한 홍보

- 재난이 발생할 위험이 높은 분야에 대한 안전관리 체계의 구축 및 안전관리규정의 제정
- 제26조에 따라 지정된 국가기반시설의 관리
- 제27조 제2항에 따른 특정관리대상지역에 관한 조치
- 제29조에 따른 재난방지시설의 점검·관리
- 제34조에 따른 재난관리자원의 비축 및 장비·인력의 지정
- 그 밖에 재난을 예방하기 위하여 필요하다고 인정되는 사항

한편, 관계 중앙행정기관의 장은 소관 분야의 기반시설 중 국가핵심기반 체계를 보호하기 위하여 계속적으로 관리할 필요가 있다고 인정되는 시설(이하 "국가핵심기반시설"이라 한다)을 다음 각 호의 기준에 따라 조정위원회의 심의를 거쳐 지정할 수 있다(재난 및 안전관리 기본법, 제26조).

- 다른 국가핵심기반 등에 미치는 연쇄 효과
- 둘 이상의 중앙행정기관의 공동 대응 필요성
- 재난이 발생하는 경우 국가안전보장과 경제·사회에 미치는 피해 규모 및 범위
- 재난의 발생 가능성 또는 그 복구의 용이성

이 밖에도 「재난 및 안전관리 기본법」상 재난 예방 조치로는 특정관리대상지역의 지정 및 관리 등(재난 및 안전관리 기본법, 제27조), 재난방지시설의 관리(재난 및 안전관리 기본법, 제29조), 재난 예방을 위한 긴급안전점검 등(재난 및 안전관리 기본법, 제30조)이 있다.

한편, 재난 예방을 위한 안전 조치를 살펴보면, 행정안전부 장관 또는 재난관리 책임기관(행정기관만을 말한다. 이하 이 조에서 같다)의 장은 제30조에 따른 긴급안전점검 결과 재난 발생의 위험이 높다고 인정되는 시설 또는 지역에 대하여는 대통령령으로 정하는 바에 따라 그 소유자·관리자 또는 점유자에게 다음 각 호의 안전 조치를 할 것을 명할 수 있다(재난 및 안전관리 기본법, 제31조).

- 정밀안전진단(시설만 해당한다). 이 경우 다른 법령에 시설의 정밀안전진단에 관한 기준이 있는 경우에는 그 기준에 따르고, 다른 법령의 적용을 받지 아니하는 시설에 대하여는 행정안전부령으로 정하는 기준에 따른다.
- 보수(補修) 또는 보강 등 정비
- 재난을 발생시킬 위험 요인의 제거

그리고, 시장·군수·구청장은 다음 각 호의 사항이 포함된 재난관리 실태를 매년 1회 이상 관할 지역 주민에게 공시하여야 한다(재난 및 안전관리 기본법, 제33조의3).

- 전년도 재난의 발생 및 수습 현황
- 제25조의2 제1항에 따른 재난 예방 조치 실적
- 제67조에 따른 재난관리기금의 적립 현황
- 제34조의5에 따른 현장 조치 행동 매뉴얼의 작성·운용 현황
- 그 밖에 대통령령으로 정하는 재난관리에 관한 중요 사항

2) 재난의 대비

「재난 및 안전관리 기본법」상 재난 대비활동으로는 재난관리자원의 비축 및 관리, 재난 현장 긴급 통신수단의 마련, 위기관리 매뉴얼 작성 및 운영 등이 있다.

우선, 재난관리 책임기관의 장은 재난의 수습활동에 필요한 대통령령으로 정하는 장비, 물자 및 자재(이하 "재난관리자원"이라 한다)를 비축·관리하여야 한다(재난 및 안전관리 기본법, 제34조). 또한, 재난관리 책임기관의 장은 재난의 발생으로 인하여 통신이 끊기는 상황에 대비하여 미리 유선이나 무선 또는 위성통신망을 활용할 수 있도록 긴급 통신수단을 마련하여야 한다(재난 및 안전관리 기본법, 제34조의2). 그리고, 행정안전부 장관은 재난관리를 효율적으로 수행하기 위하여 다음 각 호의 사항이 포함된 국가재난 관리기준을 제정하여 운용하여야 한다. 다만, 「산업표준화법」 제12조에 따른 한국산업표준을 적용할 수 있는 사항에 대하여는 한국산업표준을 반영할 수 있다(재난 및 안전관리 기본법, 제34조의3).

- 재난 분야 용어 정의 및 표준 체계 정립
- 국가재난 대응 체계에 대한 원칙
- 재난 경감 · 상황관리 · 자원관리 · 유지관리 등에 관한 일반적 기준
- 그 밖의 대통령령으로 정하는 사항

또한, 재난관리 책임기관의 장은 재난관리가 효율적으로 이루어질 수 있도록 대통령령으로 정하는 바에 따라 기능별 재난대응 활동계획(이하 "재난대응활동계획"이라 한다)을 작성하여 활용하여야 한다(재난 및 안전관리 기본법, 제34조의4).

그리고, 재난관리 책임기관의 장은 재난을 효율적으로 관리하기 위하여 재난 유형에 따라 다음 각 호의 위기관리 매뉴얼을 작성 · 운용하여야 한다. 이 경우 재난대응 활동계획과 위기관리 매뉴얼이 서로 연계되도록 하여야 한다(재난 및 안전관리 기본법, 제34조의5).

- 위기관리 표준 매뉴얼: 국가적 차원에서 관리가 필요한 재난에 대하여 재난관리 체계와 관계 기관의 임무와 역할을 규정한 문서로 위기대응 실무 매뉴얼의 작성 기준이 되며, 재난관리 주관기관의 장이 작성한다. 다만, 다수의 재난관리 주관기관이 관련되는 재난에 대해서는 관계 재난관리 주관기관의 장과 협의하여 행정안전부 장관이 위기관리 표준 매뉴얼을 작성할 수 있다.
- 위기대응 실무 매뉴얼: 위기관리 표준 매뉴얼에서 규정하는 기능과 역할에 따라 실제 재난 대응에 필요한 조치 사항 및 절차를 규정한 문서로 재난관리 주관기관의 장과 관계 기관의 장이 작성한다. 이 경우 재난관리 주관기관의 장은 위기대응 실무 매뉴얼과 제1호에 따른 위기관리 표준 매뉴얼을 통합하여 작성할 수 있다.
- 현장 조치 행동 매뉴얼: 재난 현장에서 임무를 직접 수행하는 기관의 행동 조치 절차를 구체적으로 수록한 문서로 위기대응 실무 매뉴얼을 작성한 기관의 장이 지정한 기관의 장이 작성한다. 다만, 시장 · 군수 · 구청장은 재난 유형별 현장 조치 행동 매뉴얼을 통합하여 작성할 수 있다.

이 밖에도「재난 및 안전관리 기본법」상 재난 대비 활동으로는 다중이용시설 등의 위기 상황 매뉴얼 작성 · 관리 및 훈련(재난 및 안전관리 기본법, 제34조의6), 안전 기준의 등록 및 심의 등(재난 및 안전관리 기본법, 제34조의7), 재난안전통신망의 구축 · 운영(재난 및 안전관리 기본법,

제34조의8), 재난 대비훈련 기본계획 수립(재난 및 안전관리 기본법, 제34조의9), 재난대비훈련 실시(재난 및 안전관리 기본법, 제35조) 등이 있다.

3) 재난의 대응

「재난 및 안전관리 기본법」상 재난 대응 활동으로는 재난사태 선포, 긴급구조 활동 등이 있다.

우선, 행정안전부 장관은 대통령령으로 정하는 재난이 발생하거나 발생할 우려가 있는 경우 사람의 생명·신체 및 재산에 미치는 중대한 영향이나 피해를 줄이기 위하여 긴급한 조치가 필요하다고 인정하면 중앙위원회의 심의를 거쳐 재난사태를 선포할 수 있다. 다만, 행정안전부 장관은 재난 상황이 긴급하여 중앙위원회의 심의를 거칠 시간적 여유가 없다고 인정하는 경우에는 중앙위원회의 심의를 거치지 아니하고 재난사태를 선포할 수 있다(재난 및 안전관리 기본법, 제36조).

또한, 재난관리 주관기관의 장은 대통령령으로 정하는 재난에 대한 징후를 식별하거나 재난 발생이 예상되는 경우에는 그 위험 수준, 발생 가능성 등을 판단하여 그에 부합되는 조치를 할 수 있도록 위기경보를 발령할 수 있다. 다만, 제34조의5 제1항 제1호 단서의 상황인 경우에는 행정안전부 장관이 위기경보를 발령할 수 있다(재난 및 안전관리 기본법, 제38조).

그리고, 재난관리 책임기관의 장은 사람의 생명·신체 및 재산에 대한 피해가 예상되면 그 피해를 예방하거나 줄이기 위하여 재난에 관한 예보 또는 경보 체계를 구축·운영할 수 있다(재난 및 안전관리 기본법, 제38조의2).

한편, 중앙대책본부장과 시장·군수·구청장(시·군·구대책본부가 운영되는 경우에는 해당 본부장을 말한다. 이하 제40조부터 제45조까지에서 같다)은 재난이 발생하거나 발생할 우려가 있다고 인정하면 다음 각 호의 조치를 할 수 있다(재난 및 안전관리 기본법, 제39조).

- 「민방위기본법」 제26조에 따른 민방위대의 동원
- 응급조치를 위하여 재난관리 책임기관의 장에 대한 관계 직원의 출동 또는 재난관리자원 및 제34조 제2항에 따라 지정된 장비·인력의 동원 등 필요한 조치의 요청
- 동원 가능한 장비와 인력 등이 부족한 경우에는 국방부 장관에 대한 군부대의 지원 요청

이 밖에도 「재난 및 안전관리 기본법」상 재난 대응 활동으로는 대피명령(재난 및 안전관리 기본법, 제40조), 위험구역의 설정(재난 및 안전관리 기본법, 제41조), 강제대피 조치(재난 및 안전관리 기본법, 제42조), 통행 제한 등(재난 및 안전관리 기본법, 제43조) 등의 조치가 있다.

한편, 지역통제단장은 재난이 발생하면 소속 긴급구조요원을 재난 현장에 신속히 출동시켜 필요한 긴급구조활동을 하게 하여야 한다. 지역통제단장은 긴급구조를 위하여 필요하면 긴급구조지원기관의 장에게 소속 긴급구조 지원요원을 현장에 출동시키거나 긴급구조에 필요한 장비·물자를 제공하는 등 긴급구조활동을 지원할 것을 요청할 수 있다. 이 경우 요청을 받은 기관의 장은 특별한 사유가 없으면 즉시 요청에 따라야 한다(재난 및 안전관리 기본법, 제51조). 그리고, 재난 현장에서는 시·군·구긴급구조통제단장이 긴급구조활동을 지휘한다. 다만, 치안활동과 관련된 사항은 관할 경찰관서의 장과 협의하여야 한다. 제1항에 따른 현장 지휘는 다음 각 호의 사항에 관하여 한다(재난 및 안전관리 기본법, 제52조).

- 재난 현장에서 인명의 탐색·구조
- 긴급구조기관 및 긴급구조 지원기관의 인력·장비의 배치와 운용
- 추가 재난의 방지를 위한 응급조치
- 긴급구조 지원기관 및 자원봉사자 등에 대한 임무의 부여
- 사상자의 응급처치 및 의료기관으로의 이송
- 긴급구조에 필요한 물자의 관리
- 현장 접근 통제, 현장 주변의 교통정리, 그 밖에 긴급구조활동을 효율적으로 하기 위하여 필요한 사항

4) 재난의 복구

「재난 및 안전관리 기본법」상 재난 복구 활동으로는 재난 피해조사 및 복구와 특별재난지역 선포 등이 있다.

우선, 재난으로 피해를 입은 사람은 피해 상황을 행정안전부령으로 정하는 바에 따라 시장·군수·구청장(시·군·구대책본부가 운영되는 경우에는 해당 본부장을 말한다. 이하 이 조에서 같다)에게 신고할 수 있으며, 피해 신고를 받은 시장·군수·구청장은 피해 상황을 조사한 후 중앙대책본부장에게 보고하여야 한다. 재난관리 책임기관의 장은 재난으로 인하여 피해

가 발생한 경우에는 피해 상황을 신속하게 조사한 후 그 결과를 중앙대책본부장에게 통보하여야 한다. 중앙대책본부장은 재난 피해의 조사를 위하여 필요한 경우에는 대통령령으로 정하는 바에 따라 관계 중앙행정기관 및 관계 재난관리 책임기관의 장과 합동으로 중앙재난피해합동조사단을 편성하여 재난 피해 상황을 조사할 수 있다. 중앙대책본부장은 제3항에 따른 중앙재난피해합동조사단을 편성하기 위하여 관계 재난관리 책임기관의 장에게 소속 공무원이나 직원의 파견을 요청할 수 있다. 이 경우 요청을 받은 관계 재난관리 책임기관의 장은 특별한 사유가 없으면 요청에 따라야 한다(재난 및 안전관리 기본법, 제58조).

한편, 재난관리 책임기관의 장은 사회재난으로 인한 피해(사회재난 중 제60조 제2항에 따라 특별재난지역으로 선포된 지역의 사회재난으로 인한 피해[이하 이 조에서 "특별재난지역 피해"라 한다]는 제외한다)에 대하여 제58조 제2항에 따른 피해조사를 마치면 지체 없이 자체복구계획을 수립·시행하여야 한다(재난 및 안전관리 기본법, 제59조).

그리고, 중앙대책본부장은 대통령령으로 정하는 규모의 재난이 발생하여 국가의 안녕 및 사회질서의 유지에 중대한 영향을 미치거나 피해를 효과적으로 수습하기 위하여 특별한 조치가 필요하다고 인정하거나 제3항에 따른 지역대책본부장의 요청이 타당하다고 인정하는 경우에는 중앙위원회의 심의를 거쳐 해당 지역을 특별재난지역으로 선포할 것을 대통령에게 건의할 수 있다. 제1항에 따라 특별재난지역의 선포를 건의받은 대통령은 해당 지역을 특별재난지역으로 선포할 수 있다. 지역대책본부장은 관할지역에서 발생한 재난으로 인하여 제1항에 따른 사유가 발생한 경우에는 중앙대책본부장에게 특별재난지역의 선포 건의를 요청할 수 있다(재난 및 안전관리 기본법, 제60조). 국가나 지방자치단체는 제60조에 따라 특별재난지역으로 선포된 지역에 대하여는 제66조 제3항에 따른 지원을 하는 외에 대통령령으로 정하는 바에 따라 응급대책 및 재난구호와 복구에 필요한 행정상·재정상·금융상·의료상의 특별 지원을 할 수 있다(재난 및 안전관리 기본법, 제61조).

5. 안전문화 진흥

중앙행정기관의 장과 지방자치단체의 장은 소관 재난 및 안전관리 업무와 관련하여 국민의 안전의식을 높이고 안전문화를 진흥시키기 위한 다음 각 호의 안전문화활동을 적극 추진하여야 한다(재난 및 안전관리 기본법, 제66조의4).

- 안전교육 및 안전훈련(응급 상황 시의 대처 요령을 포함한다)
- 안전의식을 높이기 위한 캠페인 및 홍보
- 안전행동 요령 및 기준·절차 등에 관한 지침의 개발·보급
- 안전문화 우수 사례의 발굴 및 확산
- 안전 관련 통계 현황의 관리·활용 및 공개
- 안전에 관한 각종 조사 및 분석
- 안전취약계층의 안전관리 강화
- 그 밖에 안전문화를 진흥하기 위한 활동

한편, 국가는 국민의 안전의식 수준을 높이기 위하여 매년 4월 16일을 '국민안전의 날'로 정하여 필요한 행사 등을 한다. 국가는 대통령령으로 정하는 바에 따라 국민의 안전의식 수준을 높이기 위하여 안전점검의 날과 방재의 날을 정하여 필요한 행사 등을 할 수 있다(재난 및 안전관리 기본법, 제66조의7).

국무총리는 재난을 예방하고, 재난이 발생할 경우 그 피해를 최소화하기 위하여 재난 및 안전관리 업무에 종사하는 자가 지켜야 할 사항 등을 정한 안전관리헌장을 제정·고시하여야 한다. 재난관리 책임기관의 장은 제1항에 따른 안전관리헌장을 실천하는 데 노력하여야 하며, 안전관리헌장을 누구나 쉽게 볼 수 있는 곳에 항상 게시하여야 한다(재난 및 안전관리 기본법, 제66조의8).

그리고, 행정안전부 장관은 지역별 안전 수준과 안전의식을 객관적으로 나타내는 지수(이하 "안전지수"라 한다)를 개발·조사하여 그 결과를 공표할 수 있다. 행정안전부 장관은 안전지수의 조사를 위하여 관계 행정기관의 장에게 필요한 자료를 요청할 수 있다. 이 경우 요청을 받은 관계 행정기관의 장은 특별한 사유가 없으면 요청에 따라야 한다. 행정안전부 장관은 안전지수의 개발·조사에 관한 업무를 효율적으로 수행하기 위하여 필요한 경우 대통령령으로 정하는 기관 또는 단체로 하여금 그 업무를 대행하게 할 수 있다(재난 및 안전관리 기본법, 제66조의10).

중앙행정기관의 장 또는 지방자치단체의 장은 대통령령으로 정하는 지역축제를 개최하려면 해당 지역축제가 안전하게 진행될 수 있도록 지역축제 안전관리계획을 수립하고, 그 밖에 안전관리에 필요한 조치를 하여야 한다(재난 및 안전관리 기본법, 제66조의11).

제2절 자연재난 관련 법령

1. 자연재해대책법

「자연재해대책법」은 태풍, 홍수 등 자연 현상으로 인한 재난으로부터 국토를 보존하고 국민의 생명·신체 및 재산과 주요 기간시설(基幹施設)을 보호하기 위하여 자연재해의 예방·복구 및 그 밖의 대책에 관하여 필요한 사항을 규정함을 목적으로 제정되었다(자연재해대책법, 제1조).

국가는 기본법 및 이 법의 목적에 따라 자연재난으로부터 국민의 생명·신체 및 재산과 주요 기간시설을 보호하기 위하여 자연재해의 예방 및 대비에 관한 종합계획을 수립하여 시행할 책무를 지며, 그 시행을 위한 최대한의 재정적·기술적 지원을 하여야 한다. 기본법 제3조 제5호에 따른 재난관리 책임기관(이하 "재난관리 책임기관"이라 한다)의 장은 자연재해 예방을 위하여 다음 각 호의 소관 업무에 해당하는 조치를 하여야 한다(자연재해대책법, 제3조).

- 자연재해 경감 협의 및 자연재해 위험개선지구 정비 등
  - 가. 자연재해 원인 조사 및 분석
  - 나. 자연재해 위험개선지구 지정·관리
  - 다. 자연재해 저감 종합계획 및 시행계획의 수립
- 풍수해 예방 및 대비
  - 가. 수방 기준 제정·운영
  - 나. 우수 유출 저감시설 설치 기준 제정·운영
  - 다. 내풍(耐風) 설계 기준 제정·운영
  - 라. 그 밖에 풍수해 예방에 필요한 사항
- 설해(雪害) 대책
  - 가. 설해 예방 대책
  - 나. 각종 제설자재 및 물자 비축
  - 다. 그 밖에 설해 예방에 필요한 사항
- 낙뢰 대책
  - 가. 낙뢰 피해 예방대책
  - 나. 각 유관기관 지원·협조 체제 구축

> 다. 그 밖에 낙뢰 피해 예방에 필요한 사항
> - 가뭄 대책
>   가. 상습 가뭄 재해지역 해소를 위한 중·장기 대책
>   나. 가뭄 극복을 위한 시설 관리·유지
>   다. 빗물모으기시설을 활용한 가뭄 극복 대책
>   라. 그 밖에 가뭄 대책에 필요한 사항
> - 재해정보 및 긴급 지원
>   가. 재해 예방 정보 체계 구축
>   나. 재해정보 관리·전달 체계 구축
>   다. 재해 대비 긴급지원 체계 구축
>   라. 비상대처계획 수립
> - 그 밖에 자연재해 예방을 위하여 재난관리 책임기관의 장이 필요하다고 인정하는 사항

이 밖에도 「자연재해대책법」에서는 재해 경감을 위하여 노력하여야 함을 규정하고 있다. 우선 재해영향평가를 살펴보면, 관계 중앙행정기관의 장, 시·도지사, 시장·군수·구청장 및 특별지방행정기관의 장(이하 "관계 행정기관의 장"이라 한다)은 자연재해에 영향을 미치는 행정계획을 수립·확정(지역·지구·단지 등의 지정을 포함한다. 이하 같다)하거나 개발사업의 허가·인가·승인·면허·결정·지정 등(이하 "허가 등"이라 한다)을 하려는 경우에는 그 행정계획 또는 개발사업(이하 "개발계획 등"이라 한다)의 확정·허가 등을 하기 전에 행정안전부 장관과 재해영향성 검토 및 재해영향평가(이하 "재해영향 평가 등"이라 한다)에 관한 협의(이하 "재해영향 평가 등의 협의"라 한다)를 하여야 한다(자연재해대책법, 제4조).

「자연재해대책법」에서는 각종 재해지도를 제작 및 활용에 대하여 규정하고 있는데, 관계 중앙행정기관의 장 및 지방자치단체의 장은 하천 범람 등 자연재해를 경감하고 신속한 주민 대피 등의 조치를 하기 위하여 대통령령으로 정하는 재해지도를 제작·활용하여야 한다. 다만, 다른 법령에 재해지도의 제작·활용에 관하여 특별한 규정이 있는 경우에는 그 법령에서 정하는 바에 따라 재해지도를 제작·활용할 수 있다. 지방자치단체의 장은 침수 피해가 발생하였을 때에는 침수, 범람, 그 밖의 피해 흔적(이하 "침수 흔적"이라 한다)을 조사하여 침수 흔적도(沈水痕跡圖)를 작성·보존하고 현장에 침수 흔적을 표시·관리하여야 한다. 행정안전부 장관은 관계 중앙행정기관의 장 및 지방자치단체의 장이 작성한 재해지도를 자연재해의 예

방·대비·대응·복구 등 전 분야 대책에 기초로 활용하고 업무 추진의 효율성을 증진하기 위한 재해지도 통합관리 연계시스템을 구축·운영하여야 한다. 행정안전부 장관은 재해지도 통합관리 연계시스템의 구축을 위하여 필요한 자료를 관계 중앙행정기관의 장 및 지방자치단체의 장에게 요청할 수 있다. 이 경우 요청을 받은 관계 중앙행정기관의 장 및 지방자치단체의 장은 특별한 사유가 없으면 이에 따라야 한다. 제1항에 따른 재해지도 및 제2항에 따른 침수흔적도의 작성·보존·활용, 침수 흔적의 설치 장소, 표시 방법 및 유지·관리 등에 관한 세부 사항과 제3항에 따른 재해지도 통합관리 연계시스템의 표준화, 각종 재해 관련 지도의 통합·관리, 재해지도의 유형별 분류 등에 관한 세부 사항은 대통령령으로 정한다(자연재해대책법, 제21조).

2. 지진·화산재해대책법

「지진·화산재해대책법」은 지진·지진해일 및 화산활동으로 인한 재해로부터 국민의 생명과 재산 및 주요 기간시설(基幹施設)을 보호하기 위하여 지진·지진해일 및 화산활동의 관측·예방·대비 및 대응, 내진대책(耐震對策), 지진재해 및 화산재해를 줄이기 위한 연구 및 기술 개발 등에 필요한 사항을 규정함을 목적으로 한다(지진·화산재해대책법, 제1조).

국가와 지방자치단체는 「재난 및 안전관리 기본법」 및 이 법의 목적에 따라 지진재해 및 화산재해(이하 "지진·화산재해"라 한다)로부터 국민의 생명과 재산, 주요 기간시설을 보호하기 위하여 지진·지진해일 및 화산활동의 관측·예방·대비 및 대응, 내진대책, 지진·화산재해를 줄이기 위한 연구 및 기술 개발 등에 대한 계획을 수립하여 시행할 책무를 지며, 그 시행을 위하여 재정적·기술적 지원을 하여야 한다. 또한, 국가와 지방자치단체는 지진·화산재해의 예방 및 피해 경감을 위한 국제적 공조, 지진·화산재해와 관련된 기술과 정보의 공유, 공동조사 및 연구개발 등 국제기구 및 관련 국가와의 협력을 강화하도록 노력하여야 하며, 이에 필요한 지원을 하여야 한다. 「재난 및 안전관리 기본법」 제3조 제5호에 따른 재난관리 책임기관(이하 "재난관리 책임기관"이라 한다)의 장은 지진·화산재해를 줄이기 위하여 다음 각 호의 업무 중 소관 사항에 대하여 필요한 조치를 취하여야 한다(지진·화산재해대책법, 제3조).

- 지진·화산재해의 예방 및 대비
  가. 지진·화산재해 경감대책의 강구
  나. 소관 시설에 대한 비상대처계획의 수립·시행
  다. 지진해일로 인한 해안지역의 해안 침수 예상도와 침수 흔적도 등의 제작과 활용
  라. 지진방재와 화산방재에 관한 교육·훈련 및 홍보
- 내진대책
  가. 국가 내진 성능의 목표 및 시설물별 허용 피해의 목표 설정
  나. 내진 등급 분류 기준의 제정과 지진위험도를 나타내는 지도(이하 "지진위험지도"라 한다)의 제작·활용
  다. 내진설계 기준 설정·운영 및 적용 실태 확인
  라. 기존 시설물의 내진 성능에 대한 평가 및 보강대책 수립
  마. 공공시설과 저층건물 등의 내진대책 강구
- 지진·지진해일 및 화산활동의 관측·분석·통보·경보 전파 및 대응
  가. 지진·지진해일 및 화산활동 관측시설·장비의 설치와 관리
  나. 지진·지진해일 및 화산활동의 관측·통보
  다. 지진·화산재해 대응 및 긴급지원 체계의 구축
  라. 지진·지진해일 및 화산활동 대처 요령 작성·활용
  마. 지진·화산재해를 줄이기 위한 연구와 기술개발
  바. 지진·화산재해의 원인 조사·분석 및 피해 시설물의 위험도 평가
- 그 밖에 재난관리 책임기관의 장이 필요하다고 인정하는 사항

이 밖에도 「지진·화산재해대책법」에서는 주요 시설물의 지진가속도 계측 등(지진·화산재해대책법, 제6조), 지진·지진해일 및 화산활동 관측 결과 등의 통보(지진·화산재해대책법, 제8조), 지진·지진해일 및 화산활동 관측기관협의회의 구성 등(지진·화산재해대책법, 제9조), 지진방재종합계획의 수립·추진 등(지진·화산재해대책법, 제9조의2) 지진과 화산에 대한 대책이 규정되어 있다.

제3절 사회재난 관련 법령

1. 소방기본법

「소방기본법」은 화재를 예방·경계하거나 진압하고 화재, 재난·재해, 그 밖의 위급한 상황에서의 구조·구급 활동 등을 통하여 국민의 생명·신체 및 재산을 보호함으로써 공공의 안녕 및 질서 유지와 복리 증진에 이바지함을 목적으로 한다(소방기본법, 제1조).

소방청장은 화재, 재난·재해, 그 밖의 위급한 상황으로부터 국민의 생명·신체 및 재산을 보호하기 위하여 소방 업무에 관한 종합계획(이하 이 조에서 "종합계획"이라 한다)을 5년마다 수립·시행하여야 하고, 이에 필요한 재원을 확보하도록 노력하여야 한다. 종합계획에는 다음 각 호의 사항이 포함되어야 한다(소방기본법, 제6조).

- 소방 서비스의 질 향상을 위한 정책의 기본 방향
- 소방 업무에 필요한 체계의 구축, 소방기술의 연구·개발 및 보급
- 소방 업무에 필요한 장비의 구비
- 소방 전문인력 양성
- 소방 업무에 필요한 기반 조성
- 소방 업무의 교육 및 홍보(제21조에 따른 소방자동차의 우선 통행 등에 관한 홍보를 포함한다)
- 그 밖에 소방 업무의 효율적 수행을 위하여 필요한 사항으로서 대통령령으로 정하는 사항

이 밖에도 「소방기본법」에서는 소방력의 기준 등(소방기본법, 제8조), 화재의 예방 조치 등(소방기본법, 제12조), 화재경계지구의 지정 등(소방기본법, 제13조) 화재의 예방과 대응에 대하여 규정하고 있다.

2. 교통안전법

「교통안전법」은 교통안전에 관한 국가 또는 지방자치단체의 의무·추진 체계 및 시책 등을

규정하고, 이를 종합적·계획적으로 추진함으로써 교통안전 증진에 이바지함을 목적으로 한다(교통안전법, 제1조).

「교통안전법」에서는 교통 안전에 관한 주요 정책 등 심의(교통안전법, 제12조), 지역별 교통 안전에 관한 주요 정책 심의(교통안전법, 제13조), 국가교통안전기본계획(교통안전법, 제15조) 등 교통 안전에 대한 사항을 규정하고 있다.

3. 감염병의 예방 및 관리에 관한 법률

「감염병의 예방 및 관리에 관한 법률」은 국민 건강에 위해(危害)가 되는 감염병의 발생과 유행을 방지하고, 그 예방 및 관리를 위하여 필요한 사항을 규정함으로써 국민 건강의 증진 및 유지에 이바지함을 목적으로 한다(감염병의 예방 및 관리에 관한 법률, 제1조).

국가 및 지방자치단체는 감염병 환자 등의 인간으로서의 존엄과 가치를 존중하고 그 기본적 권리를 보호하며, 법률에 따르지 아니하고는 취업 제한 등의 불이익을 주어서는 아니 된다. 국가 및 지방자치단체는 감염병의 예방 및 관리를 위하여 다음 각 호의 사업을 수행하여야 한다(감염병의 예방 및 관리에 관한 법률, 제4조).

- 감염병의 예방 및 방역대책
- 감염병 환자 등의 진료 및 보호
- 감염병 예방을 위한 예방접종계획의 수립 및 시행
- 감염병에 관한 교육 및 홍보
- 감염병에 관한 정보의 수집·분석 및 제공
- 감염병에 관한 조사·연구
- 감염병병원체 검사·보존·관리 및 약제내성(藥劑耐性) 감시
- 감염병 예방을 위한 전문인력의 양성
- 감염병 관리정보 교류 등을 위한 국제 협력
- 감염병의 치료 및 예방을 위한 약품 등의 비축
- 감염병 관리사업의 평가
- 기후 변화, 저출산·고령화 등 인구 변동 요인에 따른 감염병 발생조사·연구 및 예방대책 수립

- 한센병의 예방 및 진료 업무를 수행하는 법인 또는 단체에 대한 지원
- 감염병 예방 및 관리를 위한 정보 시스템의 구축 및 운영
- 해외 신종 감염병의 국내 유입에 대비한 계획 준비, 교육 및 훈련
- 해외 신종 감염병 발생 동향의 지속적 파악, 위험성 평가 및 관리 대상 해외 신종 감염병의 지정
- 관리대상 해외 신종 감염병에 대한 병원체 등 정보 수집, 특성 분석, 연구를 통한 예방과 대응 체계 마련, 보고서 발간 및 지침(매뉴얼을 포함한다) 고시

이 밖에도 「감염병의 예방 및 관리에 관한 법률」에서는 의료인 등의 책무와 권리(감염병의 예방 및 관리에 관한 법률, 제5조), 국민의 권리와 의무(감염병의 예방 및 관리에 관한 법률, 제6조), 감염병 예방 및 관리 계획의 수립 등(감염병의 예방 및 관리에 관한 법률, 제7조), 감염병관리사업 지원기구의 운영(감염병의 예방 및 관리에 관한 법률, 제8조), 감염병관리위원회(감염병의 예방 및 관리에 관한 법률, 제9조) 등 감염병의 예방과 관리에 대하여 규정하고 있다.

4. 국민 보호와 공공안전을 위한 테러방지법

「국민 보호와 공공안전을 위한 테러방지법」은 본문 제19개조, 부칙 2개 조항으로 이루어져 있다. 동법의 실질적인 운영 주체인 국가테러대책위원회, 대테러센터, 테러 예방 및 대응에 필요한 전담조직 등의 구성과 대테러활동에 대한 감시기구의 역할을 하는 인권보호관의 자격, 임기 등 운영에 관한 사항은 대통령령으로 정한다.

「국민 보호와 공공안전을 위한 테러방지법」은 테러의 예방 및 대응활동 등에 관하여 필요한 사항과 테러로 인한 피해 보전 등을 규정함으로써 테러로부터 국민의 생명과 재산을 보호하고 국가 및 공공의 안전을 확보하는 것을 목적으로 한다(국민 보호와 공공안전을 위한 테러방지법, 제1조).

「국민 보호와 공공안전을 위한 테러방지법」에서는 국가 및 지방자치단체의 책무(국민 보호와 공공안전을 위한 테러방지법, 제3조), 제5조에서 제8조는 대테러활동을 위한 국가대테러대책위원회(제5조), 대테러센터의 설립(제6조), 인권보호관의 설치(제7조), 테러 예방 및 대응을 위

하여 필요한 전담조직(제8조)에 관한 내용을 규정하고 있다.

구체적인 활동에 관하여는 국가정보원장은 테러 위험인물에 대하여 출입국·금융 거래 및 통신 이용 등 관련 정보를 수집할 수 있으며, 정보 수집 및 분석의 결과 테러에 이용되었거나 이용될 가능성이 있는 금융 거래에 대하여 지급 정지 등의 조치를 취하도록 금융위원회 위원장에게 요청할 수 있다(제9조). 관계 기관의 장은 테러를 선전·선동하는 글 또는 그림, 상징적 표현이나 테러에 이용될 수 있는 폭발물 등 위험물 제조법이 인터넷 등을 통하여 유포될 경우 해당 기관의 장에게 긴급 삭제 등 협조를 요청할 수 있도록 하고 있으며(제12조), 관계 기관의 장은 외국인 테러전투원으로 출국하려 한다고 의심할 만한 상당한 이유가 있는 내국인·외국인에 대하여 일시 출국금지를 법무부 장관에게 요청할 수 있도록 하고 있다(제13조). 테러계획 또는 실행 사실을 신고하여 예방할 수 있게 한 자 등에 대하여는 국가의 보호 의무를 규정하고, 포상금을 지급할 수 있도록 하고 있으며, 피해를 입은 자에 대하여는 국가 또는 지방자치단체는 치료 및 복구에 필요한 비용의 전부 또는 일부를 지원할 수 있도록 하는 한편 의료지원금, 특별위로금 등을 지급할 수 있도록 하고 있다(제14조~제16조). 또한 테러단체를 구성하거나 구성원으로 가입한 사람, 테러자금임을 알면서도 자금을 조달·알선·보관하거나 그 취득 및 발생 원인에 관한 사실을 가장하는 등 테러단체를 지원한 사람, 테러단체 가입을 지원하거나 타인에게 가입을 권유 또는 선동한 사람에 대하여는 처벌 규정을 두고 있다(제17조). 타인으로 하여금 형사처분을 받게 할 목적으로 동 법의 죄에 대하여 무고 또는 위증을 하거나 증거를 날조·인멸·은닉한 자는 가중 처벌하고 있으며, 대한민국 영역 밖에서 이같은 범죄를 범한 외국인에게도 국내법을 적용한다고 규정하고 있다(제17조~제19조). 「국민보호와 공공안전을 위한 테러방지법」에서 위임한 내용을 테러방지법 시행령과 시행규칙에서 구체화하여 규정하고 있다.

제3장

재난관리 단계별 활동

제1절 재난관리 단계 주요 모형

재난을 대처하기 위한 재난관리의 정의는 학자에 따라 다르지만 재난의 시간대별 진행 과정을 중심으로 대략 4단계로 나뉜다. 재난의 발생을 중심으로 재난 발생 전(pre-disaster)의 국면과 재난 발생 후(post-disaster)의 국면으로 나누고, 재난 발생 전의 국면은 예방과 완화(prevention and mitigation) 단계와 대비(preparedness) 단계로, 재난 발생 후의 국면은 대응(response) 단계와 복구(recovery) 단계로 분류한다. 이 과정은 서로 독립적이라기보다는 상호 유기적이며 순환적인 관계를 갖고 있다(McLouglin, 1985: 166; Petak, 1985: 3).

이러한 재난관리 4단계에서 제시된 재난관리 단계전략은 기본적으로 시간의 경과에 기반을 두고 재난의 진행 상황에 맞춘 관리전략으로, 재난관리전략의 기본 전제에 대한 논의도 담고 있다. 따라서 이러한 4단계 재난관리 단계전략이 비록 자연재난을 염두에 두고 전개된 것이기는 하나, 위험의 특성이 다소 다른 사회재난에 대한 재난관리의 논의에도 많은 시사점을 준다.

이러한 재난관리 단계모형은 페탁(William J. Petak)의 재난관리 4단계 모형과 맥롤린(David McLoughlin)의 통합관리모형으로 나눌 수 있다.

1. 페탁의 재난관리 4단계 모형

재난관리 단계는 보는 시각에 따라 여러 단계로 나눌 수 있으나 일반적으로 재난 발생 시점이나 관리 시기를 기준으로 나누어 볼 수 있다.

페탁은 재난관리 단계를 재난의 진행 과정과 대응활동에 따라서 재난 이전과 이후, 즉 사전의 재난관리와 사후의 재난관리로 나눈 뒤 시계열적으로 재난관리 단계를 ① 재난의 예방과 완화(prevention and mitigation), ② 재난의 준비와 계획(preparedness and planning), ③ 재난에의 대응(response), ④ 재난의 복구(recovery) 등으로 나누었다.

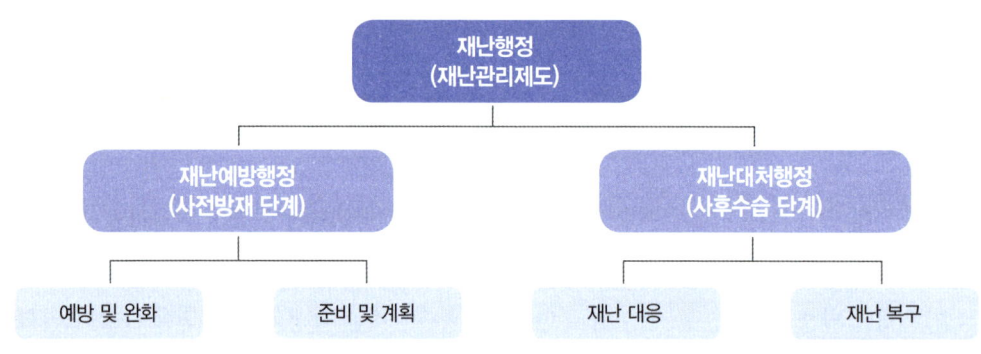

출처 : 김영규(1997: 155-158).

[그림 3-1] 재난관리 4단계 모형

이러한 재난관리의 4단계 과정은 상호 단절적인 과정이라기보다는 상호 순환적 성격을 갖는다. 또한, 일련의 과정은 각 과정이 별개로 이루어지는 것이 아니고 시간적 활동 순서이며, 최종의 복구활동의 결과 및 노력 그리고 경험은 최초의 예방 및 완화 단계의 활동에 환류되어 장기적인 재난관리 능력을 향상시키는 데 도움을 주게 된다.

따라서, 이러한 재난관리의 과정은 하나의 재난관리 체제 속에서 각각의 고유한 기능을 지니고 있는 하위 체제로서 작용하게 되고, 이 네 가지 과정이 통합관리될 때만이 효과적인 재난관리가 이루어질 수 있다.

또한 이러한 네 가지 과정의 통합만이 아니라 재난관리의 총체성으로 인하여 여기에 참여하는 재난관리 책임기관, 긴급구조기관, 긴급구조 지원기관 간의 조정과 통제 등 필요한 활동 체제를 갖추는 노력도 재난관리에서는 필수적인 활동이다.

페탁의 재난관리모형은 시계열상의 단순분석으로만 파악하여, 재난 상황과 같은 전략적인 재정적·기술적 고려 이외에 정치적 고려가 필요함에도 이에 대한 관심이 적었다고 할 수 있다.

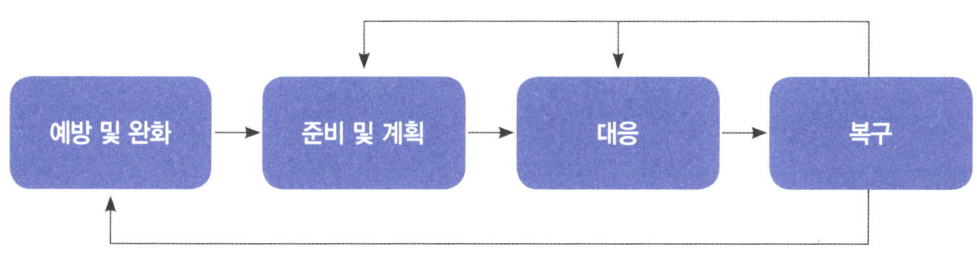

출처 : 임송태(1996: 25) 재작성.

[그림 3-2] 페탁의 재난관리 4단계 모형

재난관리는 전략 및 수단적·도구적 합리성에 대한 인식을 요구하고, 오류 가능성에 대한 인식과 예측치 못한 사건의 처리 능력을 필요로 함에도 페탁의 모형에서는 이러한 것들이 검토되지 않고 있으며, 재난관리 의사결정 과정에서 필수적인 환경 탐색과 정보 수집 과정이 간과되고 있다.

루빈(Claire B. Rubin)은 페탁과 같이 재난관리의 4단계를 인정하면서 재난관리의 종합성으로 인하여 이러한 4단계의 재난관리 과정이 상호 독립적인 성격을 갖는 것이 아니라 각 단계가 상호작용하고 있음을 강조하였다. 즉, 재난으로 피해를 입은 지역사회를 재건할 때는 장래의 완화를 꼭 고려하여야 하며, 과거 계속되는 개발이 재난의 재발을 부르는 것과는 달리 위험지역에서 주민을 이주시키거나 위험 요인을 줄이는 토지 이용을 해야 한다고 하였다

(Rubin: 1982: 2).

2. 맥롤린의 통합관리모형

맥롤린(David McLoughlin)의 통합관리모형은 미국의 재난 관련 대응 조직이 수많은 공공 및 민간조직과 혼합되어 대응 단계에서의 협조문제가 재난 대응의 전통적인 문제로 반복되는 데 관심을 가지고 미국의 통합재난관리(integrated emergency management)는 연방·주·지방의 협조하에 일련의 순환 과정을 통하여 인명과 재산을 보호하고 행정 능력을 유지할 수 있다고 하면서 행정이 중심이 된 재난관리의 모형을 제시하였다.

이 모형은 예방 및 완화, 준비 및 계획, 대응, 복구의 프로그램을 통하여 각 중앙정부와 지방정부가 인명과 재산 그리고 정부 기능을 보호하기 위하여 협력하여야 한다는 점을 강조한다.

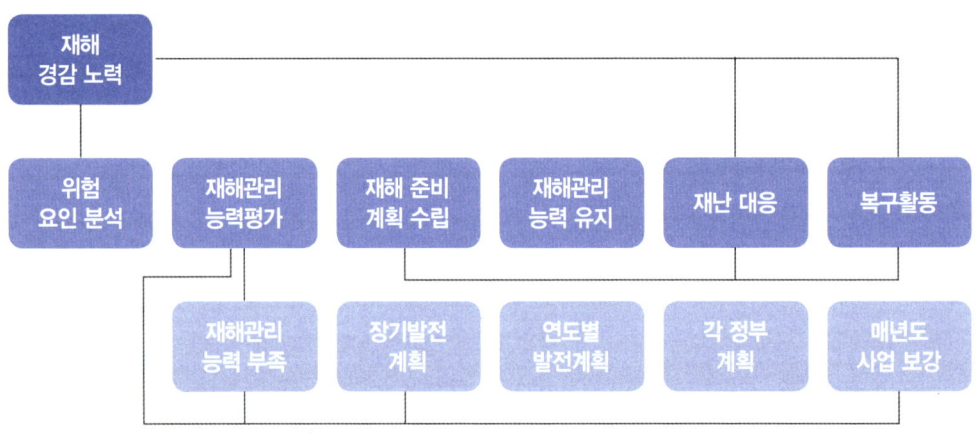

출처 : McLoughlin(1985: 170).

[그림 3-3] 맥롤린의 통합관리모형

이러한 맥롤린의 재난대응모형은 재난관리에서 환경의 탐색과 정보 수집의 중요성을 강조하였다. 그러나, 재난관리에서 의사결정 과정에 못지않게 집행 과정과 사후 회복 과정이 중요하나, 이 모형은 집행 및 대응 단계에서의 역동적 상황을 고려하지 못하고 있다.

제2절 재난관리 단계별 주요 내용

1. 예방 단계

페탁의 재난관리 과정 중 예방 및 완화 단계는 「재난 및 안전관리 기본법」에서는 예방 단계로 정의하고 있다.

재난 예방은 재난 발생 이전에 재난의 피해를 경감하기 위한 모든 행동으로서 미래에 발생할 가능성이 있는 재난을 사전에 예방하고 재난 발생 가능성을 감소시키는 활동이다. 그러므로 재난 요인을 제거하려는 행위, 피해 가능성을 최소화하는 행위, 피해를 분산시키는 행위를 의미한다. 즉, 사회와 그 구성원의 건강, 안전, 복지에 대한 위험이 있는지 알아보고 위험 요인을 줄여서 재난 발생의 가능성을 낮추는 활동을 수행하는 단계로, 장기적 관점에서 장래의 모든 재난에 대비하고자 하는 것으로서 정치적, 정책 지향적 기술이 필요하다는 점에서 다른 단계의 활동과 구분될 수 있다.

고스샤크와 브로워(Godschalk & Brower)에 따르면, 완화는 주로 장기적이고 일반적인 위기 감소 문제를 다루고, 미래의 위기를 극복할 능력을 향상시키는 데 초점을 두며, 위기 종류에 따라 목표가 변화한다는 특성을 지니므로, 이러한 지역사회의 완화 단계는 세 가지 주요 목표를 추구한다. 첫째, 둑이나 방파제 등의 구조물을 설치하여 위기를 억제하거나 약화시키고, 둘째, 건물 높이나 홍수 방지시설을 통하여 위험지역에 거주하는 사람과 시설을 보호하며, 셋째, 토지 이용 및 인구 집중을 규제함으로써 위험지역에 대한 이용을 제한하는 것이다(Godschalk & Brower, 1985: 64-65; 김인범 외, 2014: 73).

짐머만(Rae Zimmerman)은 유해 화학물질의 유출 등으로 인한 기술적 재난과 관련하여 예방 단계에서 잠재적 사고의 원천에 대한 규제와 계획이 검토된다고 하면서 계획을 장기적 계획과 상황의존(contingency) 계획으로 구분하였다. 장기적 계획은 재난의 원천과 영역을 명확히 하고, 재난에 대처하는 표준운영절차(SOP)를 준비하며, 집행 체계를 설계하는 등의 광범위한 프로그램과 집행 과정을 포함하고 있고, 상황의존 계획은 장기적 계획과 재난 대비 단계를 연결시켜준다. 또한 물질의 유해 여부와 긴급 상황에 대한 기준 설정을 직접 규제하는 활동과 주로 재정적인 활동, 즉 보험, 세금, 보조금, 대부금 등을 통하여 자율적으로 규제하도록 하는 자율규제(self-regulation) 등의 활동이 이 단계에서 이루어진다. 재난이 발생하였을 때 기관 간의 책임을 구체화하는 활동도 예방 단계에서 이루어지는 활동이다(김인범 외, 2014: 74-75).

예방 단계는 다시 위험성 분석과 재난관리 능력 평가 단계로 구분할 수 있다. 위험성 분석은 그 지역사회에서 발생 가능성이 있는 재난의 종류를 밝히고, 역사적 사실 자료, 피해 가능 범위, 그리고 지리적 특징 등을 분석하는 단계이다. 재난관리 능력평가는 이러한 지역적 위험 요소에 대한 대응자원과 일반적 재난에 대한 대응자원 능력을 평가하여 부족한 자원에 대한 보강계획을 수립하기 위한 사전 단계이다.

예방 단계의 주요 활동은 재난관리를 위한 장기계획 수립, 재난 피해 최소화를 위한 건축 및 안전 기준 관련 법령 제정, 세금 경감 및 세금 인상, 토지 사용관리, 재난보험 개발, 위험성 분석 및 위험(재해)지도의 작성, 위험 요소에 대한 사전관리, 발생 가능할 것으로 판단되는 재난의 탐색 및 조치, 위험 시설이나 취약시설에 대한 보수·보강 계획 수립, 재난 취약시설물에 대한 주기적 안전점검, 주요 재난시설물에 대한 연계 관리계획의 수립, 재난 전담요원 확보, 자연재해위험개선지구 설정 및 재난방지시설 설치, 풍수해 저감 종합계획 수립, 재해영향 평가 및 사전재해 영향성 검토 협의 제도 운영 등이 있다.

「재난 및 안전관리 기본법」에서 규정하고 있는 예방 단계의 주요 내용을 살펴보면, 재난관리책임기관의 장의 재난예방조치(§25조의2), 국가핵심기반의 지정 등(§26), 특정관리대상지역의 지정 및 관리 등(§27), 지방자치단체에 대한 지원 등(§28), 재난방지시설의 관리(§29), 재난안전분야 종사자 교육(§29조의2), 재난예방을 위한 안전점검 등(§30), 재난예방을 위한 안전조치(§31), 정부 합동 안전점검(§32), 안전관리전문기관에 대한 자료요구 등(§33), 재난관리체계 등에 대한 평가 등(§33조의2), 재난관리 실태 공시 등(§33조의3)이 있다.

2. 대비 단계

페탁의 재난관리 과정 중 준비 및 계획 단계는 「재난 및 안전관리 기본법」에서는 대비 단계로 정의하고 있다. 대비 단계는 예방 및 완화 단계의 제반 활동에도 불구하고 재난 발생 확률이 높아진 경우, 재난 발생 후에 효과적으로 대응할 수 있도록 사전에 대응활동을 위한 메커니즘을 구성하는 등 운영적인 준비 장치를 갖추는 단계이다(박광국·주효진, 1999: 4-5).

또한, 대비활동 단계는 재난관리 능력을 측정하여 대응 능력을 강화하거나, 적절한 능력을 유지하고 관리하는 과정으로 발생 가능성이 높은 위기에 대비하여 대응계획 수립과 대응 조직의 훈련 등이 이루어지는 단계이다(이재은, 2012: 270).

재난 대비는 우선 각 분야 간의 조정과 협조를 이루는 것이 필요하다. 예를 들어 의료 재난관리는 조직 간·지역 간의 조정문제를 야기하고, 여기서 조정을 어렵게 만드는 것은 사회적, 경제적 그리고 정치적 장벽으로 이들 문제를 극복할 경우에만 조정과 협조의 문제가 해결될 수 있다(Tierney, 1985: 77-78).

특히, 재난 발생 시 투입될 자원과 관련하여 자원의 신속한 배분이 가능하도록 재난관리 자원에 대한 배분 우선순위 체계를 설정되어야 하며, 재난 발생 시 정상적으로 사용할 수 있는 자원 외에 예측하지 못한 재난에 대하여도 자원이 투입될 수 있는 특별자원 확보 방안도 마련하여야 한다(Zimmerman, 1985: 35-36).

재난 대비 단계의 주요 활동은 재난대응계획 수립, 재난 분야 위기관리 매뉴얼 작성, 표준운영절차(SOP) 수립, 재난 종류별 유관 기관 확인 및 연락 체계 구축, 재난 예·경보 시스템 구축, 비상방송 시스템 구축, 대응조직(기구) 관리, 부족한 대응자원 보강, 자원 보유기관 확인 및 응급 복구 자재 비축 및 장비 가동 준비, 재난 유형별 사전 교육·훈련 실시, 자원 수송 및 통제 계획 수립, 필요한 자원의 긴급 지원 대책 수립, 이재민 수용시설 지정 관리, 구호물자 확보·비축, 주민 대피계획 수립, 지역 간 상호원조 협정 체결 등이 있다.

「재난 및 안전관리 기본법」에서 규정하고 있는 대비 단계의 주요 내용을 살펴보면, 재난관리자원의 비축·관리(§34), 재난현장 긴급통신수단의 마련(§34조의2), 국가재난관리기준의 제정·운용 등(§34조의3), 기능별 재난대응활동계획의 작성·활용(§34조의4), 재난분야 위기관리 매뉴얼 작성·운용(§34조의5), 다중이용시설 등의 위기상황 매뉴얼 작성·관리 및 훈련(§34조의6), 안전기준의 등록 및 심의 등(§34조의7), 개인안전통신망의 구축·운영(§34조의8), 재난대비훈련 기본계획 수립(§34조의9), 재난대비훈련 실시(§35) 등이 있다.

3. 대응 단계

재난 대응은 재난이 발생한 경우 신속한 대응활동을 통하여 재난으로 인한 인명 및 재산 피해를 최소화하고, 재난의 확산을 방지하며, 순조롭게 복구가 이루어질 수 있도록 활동하는 단계이다(권건주, 2009: 40).

대응 단계에서는 재난관리 행정 체제의 영역이 크게 확장되며 다수의 이질적인 기관이 참여하므로 지휘 체계와 참여기관 간의 팀웍이 매우 중요할 뿐만 아니라 사전에 긴급대응계획 수립이 필요하며, 실제로 집행 시 많은 부분을 수정·보완하게 된다.

대응 단계에서 재난조직의 주요 임무는 인명을 보호하고 피해의 확산을 막기 위한 것이므로 대응조직은 재난에 적절히 대응할 수 있는 지식, 기술, 능력을 갖추어야 한다. 이때 지식은 재난이 발생한 현장에서 위험 요소가 무엇인지 파악하고, 향후 재난이 어떻게 더욱 진행되는지를 예측하는 것을 말하고, 기술은 대응활동에서 실제 적용하는 기술로서 화재 전술 및 진압, 인명구조, 주민 대피 등을 말하며, 능력은 대응조직의 충분한 인력과 장비를 의미한다(Sigel, 1985: 110).

또한, 대응 단계 활동에는 적실성과 신속한 판단력이 가장 중요하다. 이 단계는 지금까지 단위 사회가 준비한 대책과 비상계획이 가동되고, 계획의 합리성과 훈련의 실효성이 검증된다. 재난 대응 단계의 활동에서는 적시성, 적절성, 효과성이 확보되어야 한다. 적시성은 재난 초기에 재난 피해가 확대되지 않도록 적시에 신속히 판단하고 대응하여야 하며, 적절성은 재난 규모에 따라 적절한 대응 규모를 결정하여야 한다는 것을 의미한다. 효과성은 투입 대비 산출이 높은 단순한 산술적 효율성보다 인명과 재산 보호라는 대응활동의 질을 강조하는 개념이다(이재은, 2012: 270).

슈나이더(Saundra K. Schneider)는 재난관리조직에서 관료적 규범(bureaucratic norms)과 출현적 규범(emergent norms)의 적절한 결합을 강조한다. 탁상공론식이나 폐쇄되고 꽉 짜여진 조직 체계에 제약되어 실제 현장에서 기동성과 자율성을 살리지 못하면 안 된다. 그렇다고 일사불란한 위계질서가 없이 극대화된 자율성에 매몰되어서도 대응이 효과적이지 못할 수 있다(Schneider, 1992: 135-145; 채경석, 2004: 61).

재난 현장에서는 부처별 이기주의를 막고 현장의 통제관을 중심으로 한 총체적인 활동이 이루어져야 한다. 현장을 중심으로 한 부처별 협조 체제의 원활한 구축이야말로 재난구조 활동에서 가장 역점을 두어야 할 부분이다. 우선 단기적으로 효율적인 재난 수습 체계의 구축이 시급하며, 재난 수습에는 1차적인 목표가 인명구조이고, 2차적 목표가 재난의 확산 방지이다.

재난 대응 단계의 주요 활동은 준비 단계에서 수립된 각종 재난안전 관리계획 실행, 재난안전대책본부 및 긴급구조통제단 가동, 현장지휘소 및 응급의료소 가동, 탐색 및 인명구조, 긴급대피계획의 실행, 재난 피해자 및 이재민의 구호시설 수용, 긴급의약품 조달, 재난 예·

경보 발령, 위험지역 주민의 신속한 대피, 대응자원 동원 등이 있다.

「재난 및 안전관리 기본법」에서 규정하고 있는 대응 단계의 주요 내용을 살펴보면, 응급조치 활동과 긴급구조 활동으로 나눌 수 있다. 응급조치 활동은 재난사태 선포(§36), 응급조치(§37), 위기경보의 발령 등(§38), 재난 예보·경보 체계 구축·운영 등(§38조의2), 동원명령 등(§39), 대피명령(§40), 위험구역의 설정(§41), 강제대피조치(§42), 통행제한 등(§43), 응원(§44), 응급부담(§45), 시·도지사가 실시하는 응급조치 등(§46), 재난관리 책임기관의 장의 응급조치(§47), 지역통제단장의 응급조치(§48) 등이 있다. 긴급구조 활동은 중앙긴급구조통제단(§49), 지역긴급구조통제단(§50), 긴급구조(§51), 긴급구조 현장지휘(§52), 긴급 구조활동에 대한 평가(§53), 긴급구조대응계획의 수립(§54), 재난대비능력 보강(§55), 긴급구조 지원기관의 능력에 대한 평가(§55조의2), 해상에서의 긴급구조(§56), 항공기 등 조난사고 시의 긴급구조(§57) 등이 있다.

4. 복구 단계

복구 단계는 재난에 대한 대응조치 이후 취하는 활동 단계로, 재난으로 인한 피해 상태를 재난 이전의 상태로 회복시키는 활동을 말한다. 복구활동은 재난으로 인한 혼란 상태가 진정되고 응급적인 인명구조와 재산 보호를 위한 활동 이후에 취해지는 재난 이전의 정상 상태로 회복시키기 위한 여러 가지 활동을 의미한다(권건주, 2005: 81).

재난 복구활동은 재난이 발생한 이후부터 피해지역이 재난이 발생하기 이전의 원상태로 회복될 때까지의 장기적인 활동 과정이고, 동시에 초기 회복 기간으로부터 그 지역이 정상적인 상태로 돌아올 때까지 지원을 제공하는 지속적인 활동이며, 복구활동 단계는 피해 지역이 원상 복구를 하는 데 필요한 원조 및 지원 활동으로 전형적인 배분정책의 영역에 속하는 활동으로 볼 수 있다(Petak, 1985: 3; 남궁근, 1995: 968).

다시 말해 재난 발생으로 인하여 피해를 입은 이재민 등 재난 피해자의 재산에 대한 단기적·임시적 응급복구와 장기적·항구적 기능 복원 또는 개선 복구를 하는 단계이다. 재난 복구 단계는 단기적으로는 피해 주민들이 최소한의 생활을 영위할 수 있도록 하는 응급복구 단계와 장기적으로는 피해시설 및 피해지역의 기능을 항구적으로 복원·복구하는 기능 복원 또는 개선 복구 단계로 나눈다.

예를 들어 단기적·임시적 응급복구는 이재민들이 기초적인 일상생활을 할 수 있도록 하는 데 중점을 두고 있으며, 임시통신망 구축, 임시주택 건설, 쓰레기 처리, 전염병 통제를 위한 방제활동 등을 하게 된다. 이때 복구 절차를 최대한 간소화할 필요가 있다. 자연재난의 경우 해마다 집중적으로 발생하는 기간이 있으므로 그 시기가 돌아오기 전에 복구가 완료되지 않으면 다시 악순환적인 재난이 발생할 수 있다. 또한 복구에 들어가는 인적·물적 자원의 투입에 필요한 행정절차가 지나치게 복잡하여 발생하는 손실이 많이 있다. 장기적·항구적 원상복구 또는 개량복구는 재개발계획과 도시계획 등의 과정을 거쳐 원상을 회복시켜야 한다. 이러한 계획들은 장래에 닥쳐올 재난의 영향을 줄이거나 재발을 방지할 수 있는 좋은 기회가 되며, 재난관리의 첫 단계인 재난 예방 및 완화 단계와 순환적으로 연결된다(McLoughlin, 1985: 169-170; 채경석, 2004: 62).

재난 복구 단계의 주요 활동은 복구 상황의 점검 및 관리, 피해조사 및 피해 상황 집계, 중·장기 복구계획 수립 및 복구의 우선순위 결정, 복구 장비 및 복구 예산 확보 및 복구비 지원, 복구 지원을 위한 관계 기관 협조, 긴급 지원 물품 제공, 피해자 보상 및 배상 관리, 보험금 지급, 대부 및 보조금 지원, 감염병 예방 및 방역활동, 잔해물 제거, 재난 발생 원인 및 문제점 조사, 유사 재난 재발 방지책 마련, 피해 유발 책임자 및 책임기관에 대한 법적 처리, 사망 또는 부상 피해자 및 유가족과 재난 대응활동에 참여한 공무원에 대한 재난 심리 치유 등이 있다.

재난 진행	↔	활동 단계	활동 내용
배양	↔	예방	위험성 분석및 위험지도 작성, 건축법 정비·제정, 재해보험, 토지이용관리, 안전관련법 제정, 조세 유도
발발	↔	준비	비상작전계획, 비상경보 체계 구축, 통합대응 체계 구축, 비상통신망 구축, 대응자원 분배, 교육훈련 및 연습
진행	↔	대응	비상계획 가동, 재해 진압, 구조·구난, 수색·구조 및 후송 위급 상황에 대한 주민 홍보 및 교육, 긴급의료 지원, 재난안전대책본부 가동, 환자 수용·간호·보호
소멸	↔	복구	잔해물 제거, 전염병 예방, 이재민 지원, 임시주거지 마련, 시설 복구

출처: 김태윤(2000: 35).

[그림 3-4] 재난 진행 과정과 재난관리 단계별 주요 활동

「재난 및 안전관리 기본법」에서 규정하고 있는 복구 단계의 주요 내용을 살펴보면, 재난 피해 신고 및 조사(§58), 재난복구계획의 수립·시행(§59), 특별재난지역의 선포(§60), 특별재난지역에 대한 지원(§61), 비용 부담의 원칙(§62), 응급지원에 필요한 비용(§63), 손실보상(§64), 치료 및 보상(§65), 재난지역에 대한 국고보조 등의 지원(§66) 등이 있다.

따라서, 시민의 생명·신체 및 재산 피해를 최소화를 목적으로 하는 재난관리는 재난 발생 시간대별로 그 진행 과정에 따라 예방, 대비, 대응 및 복구 단계로 나누고 각 단계별 주요 활동을 정리하면 앞의 [그림 3-4]와 같다.

재난관리론

외국의 재난관리 체계

제1절 미국의 재난관리 체계

1. 미국의 재난관리법과 근거

1) 스태퍼드 법(The Stafford Act)

연방제 국가인 미국의 재난관리 체계가 생성되고 발달해 오는 과정에서 가장 중요하게 고려되었던 사항은 무엇보다 연방정부가 주정부 및 지방정부를 지원할 수 있는 근거를 마련하는 과정이었다. 이는 건국 초기 영국의 지배로부터 독립한 식민 각 주(州)가 서로의 독자적 성격을 유지하고, 각 주의 이익을 보호하고자 연방정부의 권한을 가능한 축소시키려고 노력하였기 때문이다(이상경, 2015: 27-28). 미국의 주는 독립된 주권체로서 연방정부의 하부 단위로 위치하지 아니하며, 연방법률에 저촉되지 않는 한 주의 헌법과 법률에 근거하여 지방자치를 실시한다(정준현, 2019: 193-195). 연방정부가 지방정부를 지원할 수 있는 근거가 확립된 시기는 냉전시대를 지나 연방재난관리청(FEMA)이 설립된 이후로 볼 수 있다.

미국의 지방정부는 재난관리의 책임에 대해서도 막대한 권한과 책임을 지니고 있다. 이를 잘 설명해주는 표현이 바로 "재난관리는 지역에서 시작되고 지역에서 종료된다."[1]는 원칙으로 지역의 자율성과 책임성을 강조한다.

〈표 4-1〉 스태퍼드법의 주요 내용

구분	주요 내용
1. 제정 근거와 정의 (Findings, Declarations and Definitions)	1. 의회의 착안 사항과 선언 2. 정의 3. 참고
2. 재난 대비와 경감 지원 (Disaster Preparedness and Mitigation Assistance)	1. 연방과 주정부의 재난 대비 프로그램 2. 재난경보 3. 사전재해 위해 경감 4. 기관 간 태스크포스
3. 대규모 재난과 비상사태 지원 부서 (Major Disaster and Emergency Assistance Administration)	1. 행정권의 포기 조건 2. 조정관 3. 비상사태 지원과 대응팀 … 27. 국가 도시 수색과 구조 대응 체계
4. 대규모 재난 지원 프로그램 (Major Disaster Assistance Programs)	1. 선포 절차 2. 연방정부 차원의 지원 3. 핵심 지원 4. 위험 경감 … 30. 기관의 책무
5. 비상사태 지원 프로그램 (Emergency Assistance Program)	1. 선포 절차 2. 연방정부의 비상사태 지원 3. 지원의 범위
6. 비상사태 대비 (Emergency Preparedness)	1. 선포 절차 2. 정의 3. 주요 시설 보호 4. 권한과 책임 5. 일반규정
7. 기타 (Miscellaneous)	1. 규정과 규칙 2. 재난 보조금 종료 절차 3. 총기 사용 정책

출처 : Robert T. Stafford Disaster Relief and Emergency Assistance Act.

그러나 재난의 심각성과 규모가 지방정부 및 주정부, 부족(部族, Tribes)정부 등의 역량을 초과하는 경우 주지사 또는 부족정부의 지도자는 연방재난관리청과 대통령에게 「스태퍼드법(The Stafford Act)」에 근거하여 지원을 요청할 수 있으며, 상황에 따라 대통령이 지방정부의 요청이 있기 전에 비상사태를 선포하는 경우도 있다.

「스태퍼드법(Robert T. Stafford Disaster Relief and Emergency Assistance Act)」은 법령의 명칭에서도 확인할 수 있듯이 「재난 경감 및 긴급지원법」이 정식 명칭으로, 연방정부가 주정부 및 지방정부 등을 지원할 수 있는 근거가 되는 법령이다. 이 법은 비상사태의 선포(An Emergency Declaration) 또는 주요 재난 선포(A Major Disaster Declaration)의 형태를 통하여 대통령에게 지방, 주, 부족, 미국령 그리고 도서 지역의 정부 등에게 재정적이거나 기타 다른 형태의 지원을 제공할 수 있는 권한을 연방정부에 부여한다. 총 7장으로 구성된 스태퍼드법은 앞의 〈표 4-1〉과 같이 2장의 재난 대비와 경감 지원, 3장과 4장은 주요 재난 선포 시 지원에 대한 사항 그리고 5장과 6장은 비상사태 선포 시 지원에 대한 사항을 규정하고 있다.

2) 주정부 재난관리 법률

미국의 주(州, State)는 고유의 헌법과 법률 체계를 통하여 지방자치를 실시하듯이 재난관리 업무 또한 고유의 재난관리 법률에 따른다. 주정부는 고유의 재난관리법을 통하여 재난관리에 필요한 사항을 규정하고 집행의 근거로 활용한다. 다음 〈표 4-2〉는 「노스캐롤라이나주 재난관리법(North Carolina Emergency Management Act)」의 주요 내용을 정리한 것으로 일반 규정에서부터 부칙까지 총 8장으로 구성되어 있다.

미국은 "재난관리"라는 용어보다는 "비상(사태) 관리"라는 용어를 사용한다. 우리나라에서 통상적으로 사용하는 재난관리를 영어로 직역한다면 "Disaster Management"가 적합할 것이다. 그러나 미국은 재난관리라는 표현보다는 "Emergency Management"라는 용어를 사용한다. 단어가 주는 의미와 맥락을 중심으로 본다면, 재난에만 국한하지 않고 모든 비상 상황을 관리한다는 좀 더 포괄적인 의미로 이해해야 할 것이다. 노스캐롤라이나 재난관리법에

---

1) 미국 재난대응 체계의 기본적 원칙을 제공하는 국가재난대응 프레임워크(NRF)는 재난 대응의 일차적인 책임에 대하여 "대부분의 사고관리는 지역에서 시작하고 종료된다(Most Incident management begins and ends locally)."라고 규정하고 있다(DHS, 2019: 15).

서는 비상(emergency)을 "자연적이거나 사람이 유발한 사고, 군사, 준군사, 테러, 날씨와 연관된, 공중보건, 폭발 관련, 폭동 관련, 기술적 실패, 사고, 사이버 사고, 폭발, 교통사고, 방사능 사고, 화학 사고 또는 기타 위해물질 사고 등으로 인한 심각한 피해, 부상, 사망 또는 재산 피해의 발생이나 임박한 사고"로 정의하고 있다.

〈표 4-2〉 노스캐롤라이나주 재난관리법

구분	주요 내용
1. 일반규정 (General Provisions)	1. 목적 2. 한계 3. 정의
2. 주 재난관리 (State Emergency Management)	1. 주지사의 권한 2. 공공안전부 장관의 권한 3. 재난관리실의 권한
3. 지방 재난관리 (Local Emergency Management)	1. 카운티 및 지방정부의 재난관리
4. 비상사태 선포 (Declarations of State of Emergency)	1. 주지사 또는 입법부의 비상사태 선포 2. 주지사의 재난 선포 3. 지방정부 또는 카운티의 비상사태 선포 4. 바가지 금지 규정
5. 비상사태 시 부가적인 권한 (Additional Powers During States of Emergency)	1. 비상사태 시 주지사의 부가적인 권한 2. 비상사태 해결을 위한 지방정부와 카운티의 권한
6. 재난 대비와 대응 재원 (Funding of Emergency Preparedness and Response)	1. 비상 재원의 사용 2. 주 재난 지원 펀드 3. 주 재난 대응 및 경감 펀드
7. 면책과 법적 책임 (Immunity and Liability)	1. 면책과 면제 2. 개인의 책임 면제 3. 경고를 의도적으로 무시한 시민의 법적 책임
8. 부칙 (Miscellaneous Provisions)	1. 농작물 보호를 위한 비상 공급 및 서비스 제공의 보장 2. 서비스, 선물, 보조금, 대출 등의 승인 3. 공동 지원협정의 체결 4. 보상 5. 평등 6. 재난관리 직원 7. 자원봉사소방대원, 구급인력, 응급의료 서비스 직원 등의 비상 시 무급휴가 권리 8. 재난대응기관으로서 노스캐롤라이나 산림청 9. 농림부의 비상대응 권한 10. 주지사의 공공건물 대피명령권

출처 : Chapter 166A, North Carolina Emergency Management Act.

3) 국가대응 프레임워크(NRF)

국가대응 프레임워크(The National Response Framework: NRF)는 모든 유형의 재난과 비상상황에서 국가의 모든 구성원이 어떻게 대응하여야 하는가에 대한 지침을 제공한다. 특히, 모든 지역사회가 대응 단계의 핵심 역량을 전달하기 위한 전략과 교리를 수립하기 위하여 범국가적인 역할과 책임을 규정하고 있다.

국가대응 프레임워크(NRF)는 국가적 재난 및 비상사태의 대응 원칙, 핵심 역량 그리고 운영 과정에서의 조정, 주요 행위자의 역할과 책임 등을 설명하고 있다. 1992년에 발간된 연방대응계획(Federal Response Plan: FRP)을 시작으로 하여 2004년 국가대응계획(National Response Plan: NRP)으로 변경되었고, 2008년 현재의 형태인 국가대응 프레임워크(NRF)가 배포되었다.

2019년 4차 개정판에서는 조정과 협업을 통한 정부와 민간 부문 간 노력의 통합을 강조하고 있으며, 지역사회 인류의 보건과 안전 그리고 경제적 안보를 지키기 위한 개념으로서 라이프 라인(life line)을 새롭게 추가하였다. 지역사회의 라이프 라인을 안정적으로 유지하는 것은 재난 대응 과정에서 공중의 보건, 안전, 경제 그리고 안보에 가해질 수 있는 위협이나 위험을 줄일 수 있는 가장 핵심적인 노력이기 때문이다. 다음 〈표 4-3〉의 일곱 가지 라이프 라인은 재난관리자, 주요 핵심시설의 관리자, 기타 유관 기관 담당자들이 재난 피해의 근본적인 원인을 분석하고, 그 피해를 측정하여 우선순위를 결정하며, 다시 라이프 라인을 효과적으로 안정화시키기 위한 자원 배치의 기준이 된다.

각종 사고와 재난은 지역에서 발생하고 종료되며, 가능한 가까운 지역, 조직, 관할권에 의하여 관리되어야 한다. 성공적인 사고와 재난관리는 다양한 관할권, 다양한 정부(지역-주-연방), 기관, 비정부단체(NGO), 민간 부문 등의 협력에 달려 있다. 효과적인 재난 대응은 지역 단위에서 집행되고, 민간과 비정부단체 등을 포함하여 주, 부족, 연방정부 등에서 지원하는 모델을 따를 때 최적화된 재난 대응이 이루어진다.

이렇게 다양한 참여 주체 간의 통일된 조정 체계를 구조화한 것이 다음 [그림 4-1]이다. 그림에서 통합조정그룹(Unified Coordination Group)은 연방재난관리청의 연방 조정관, 주정부 조정관, 기타 고위공무원(보건복지부, FBI 또는 해양경찰, 국방부, 주정부 관료 등)으로 구성되어 민간 부문과 비정부단체와 주정부 재난상황실과 함께 지원 체계를 운영한다.

⟨표 4-3⟩ 라이프 라인의 일곱 가지 유형

구분	주요 내용
안전과 안보 (Safety and Security)	수색 및 구조, 대피, 소방 등과 같은 지역사회의 안전과 안보를 유지하는 경찰과 정부 서비스 그리고 재난관리자의 안전
음식, 물, 대피소 (Food, Water, Shelter)	물처리, 급수, 배수, 음식 소매와 배송 체계, 폐수 수집 및 처리 체계 그리고 대피소
보건, 의료 (Health and Medical)	의료, 공중보건, 환자 이송, 사상자 관리, 가축 질병, 보건의료를 위한 기반시설과 서비스 제공자
에너지 (Energy)	발전, 송전, 분전을 구성하는 전력시설과 가스와 액화연료의 처리 및 분배 체계
통신 (Communications)	광대역 인터넷, 무선전화 네트워크, 유선전화, 케이블 통신(해저케이블 포함), 인공위성 통신 등 기반시설의 소유자 및 관리자. 통신 체계는 다양한 전달 방식과 기술 등을 포함하고 있어 독립적으로 운영되지만 상호 밀접히 연관됨.
교통 (Transportation)	다양한 방식의 교통은 상호 보완적인 역할을 수행하며, 대중교통 체계에는 일반적으로 고속도로, 대중교통, 철도, 항공, 해운 등을 포함함.
유해물질 (Hazardous Material)	공중보건과 복지 그리고 환경에 위험을 경감시키는 체계는 위해한 물질을 사용, 생성, 저장하는 행위와 사고 잔해, 오염물질, 유류, 기타 위해물질을 식별, 제거, 저장할 수 있는 특수 수송 자산과 시설의 위험성을 평가하는 것을 포함함.

출처 : DHS(2019a: 9-10).

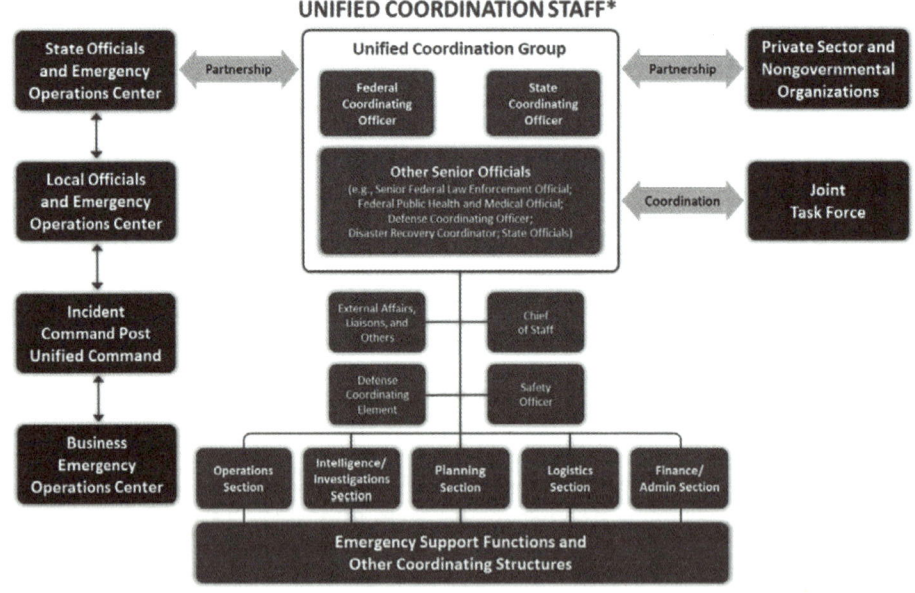

출처 : DHS(2019a: 20).

[그림 4-1] 통합조정 체계

주정부와 지방정부의 지휘와 연방정부의 지원과 조정이라는 메커니즘이 운영되기 위하여 가장 기본이 되는 것이 긴급지원 기능(Emergency Support Functions: ESFs)이다. 연방정부에서부터 지방정부, 민간기업, 자원봉사자 등 다양한 조직과 개인 간 상이한 조직구조와 일하는 방식의 한계를 극복하기 위하여 핵심적인 기능을 중심으로 연계하였다.

연방재난관리청(FEMA)은 15개 긴급지원 기능(ESFs)을 〈표 4-4〉와 같이 분류하고 조정기관(ESF Coordinator), 주요 기관(Primary Agencies), 지원기관(Support Agencies)으로 규정하였다. 연방재난관리청이 제시한 15개 긴급지원 기능(ESFs)을 바탕으로 주정부와 지방정부는 해당 지역적 특수성을 반영한 고유의 긴급지원 기능을 규정하고 운영한다.

〈표 4-4〉 15개 긴급지원 기능(ESFs)

ESF 1. 교통(Transportation)	조정기관 : 교통부
ESF 2. 통신(Communication)	조정기관 : 국토안보부
ESF 3. 공공사업(Public Works and Engineering)	조정기관 : 국방부/미 공병단
ESF 4. 소방(Firefighting)	조정기관 : 농무부, 국토안보부
ESF 5. 정보와 계획(Information and Planning)	조정기관 : 국토안보부/연방재난관리청
ESF 6. 대규모 돌봄, 긴급 지원, 임시주택, 보건 (Mass Care, Emergency Assistance, Temporary Housing, and Human Service)	조정기관 : 국토안보부/연방재난관리청
ESF 7. 물류(Logistics)	조정기관 : 국토안보부/연방재난관리청
ESF 8. 공중보건, 의료서비스(Public Health and Medical Service)	조정기관 : 보건복지부
ESF 9. 수색, 구조(Search and Rescue)	조정기관 : 국토안보부/연방재난관리청
ESF 10. 유류 및 위해물질 대응(Oil and Hazardous Materials Response)	조정기관 : 환경청
ESF 11. 농업, 천연자원(Agriculture and Natural Resources)	조정기관 : 농림부
ESF 12. 에너지(Energy)	조정기관 : 에너지부
ESF 13. 공공안전과 안보(Public Safety and Security)	조정기관 : 법무부
ESF 14. 국가재난복구 프레임워크로 대체 (Superseded by National Disaster Recovery Framework)	-
ESF 15. 외부 업무(External Affairs)	조정기관 : 국토안보부

출처 : DHS(2019a: 34-37).

4) 국가사고 관리체계(NIMS)

미국은 포괄적이고 통합적인 재난관리의 기준을 세우기 위하여 국가사고 관리체계(National Incident Management System: NIMS)를 제시한다. 국가사고관리 체계(NIMS)는 개인, 민간 부문, 비정부기구, 지방정부, 연방정부 등 모든 사회 주체에게 각종 사고와 재난으로부터 예방, 보호, 경감, 대응, 복구 등 재난관리 전 단계의 표준화된 운영 지침을 제공해 주고 있다. 즉, 재난관리 전 단계에서 다양한 사회구성원과 참여자들이 공유하고 따라야 하는 공통의 용어와 체계 그리고 절차 등을 규정한 표준 대비 체계인 셈이다.

국가사고 관리체계는 재난현장 지휘체계(Incident Command System: ICS), 재난상황실(Emergency Operations Center: EOC)의 구조와 운영, 다기관 조정그룹(Multiagency Coordination Group: MAC Groups) 등을 통하여 재난 및 사고 발생 시 어떻게 협력하여 대응할 것인가에 대한 지침을 제공하여 준다(FEMA, 2017: 1).

국가사고관리 체계는 기관 간의 상호운용성 개선을 위하여 40년 이상 추진되어 온 노력의 집합체이다. 1970년대 캘리포니아주는 지방, 주, 연방기관 간 협력 체계 개선을 위하여 재난현장 지휘체계(ICS)와 다기관 조정 체계(Multiagency Coordination System: MACS)를 개발하였다. 이후 재난현장 지휘체계와 다기관 조정 체계의 가치를 인정하고 국가 전체적으로 확산되어 활용하게 되었다.

국가대응 프레임워크(NRF)와 국가사고 관리체계(NIMS)는 모두 확장성과 유연한 대응을 강조하지만, 표준화된 현장지휘 체계의 중요성도 강조하고 있다. 재난현장 지휘체계(ICS)는 미국 내 모든 재난 대응조직을 표준화된 조직구조에 맞추어 구성하고 운영하며, 이렇게 표준화된 조직과 인력 체계를 통하여 지속적으로 구성원의 역량을 강화할 수 있도록 표준화된 교육훈련 체계를 운영한다.

재난현장 지휘체계는 다음 [그림 4-2]와 같은 네 개의 실무반으로 구성된다. 현장지휘자(Incident Commander) 직속의 공보관, 안전관, 연락관을 두고 있으며, 현장운영반(Operation Section), 계획반(Planning Section), 물류반(Logistics Section), 재정 및 행정반(Finance and Administration Section)으로 나뉜다.

국토안보부(Department of Homeland Security: DHS)는 캘리포니아에서 시작된 협력 체계를 통합하고, 확장하고 강화하였다. 연방재난관리청은 2004년 최초의 국가사고 관리체계를 발간하였고, 2008년 그리고 2017년에 개정판을 발간하며 어떠한 환경 속에서도 표준화된 대응 체계 구현을 위한 지침을 제시하고 있다(FEMA, 2017: 3-4).

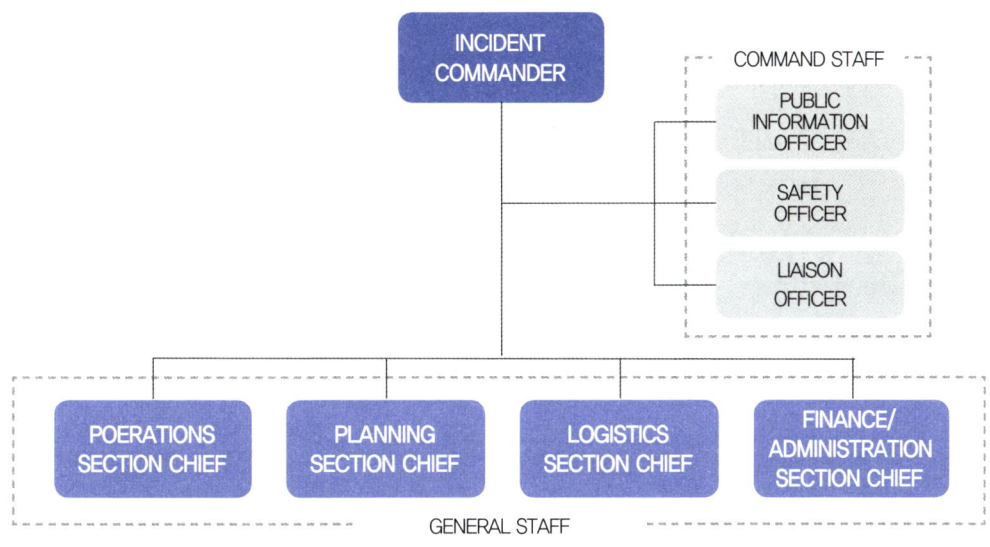

출처: FEMA(2017: 25).

[그림 4-2] 현장 지휘체계(ICS)의 조직 구성

5) 연방정부 간 운영계획(FIOP)

연방정부 간 운영계획(Federal Interagency Operational Plan: FIOP)은 재난관리 5단계(예방, 보호, 경감, 대응, 복구)별 국가적 차원의 재난 대비 핵심 역량의 구현을 위하여 필요한 연방정부 자원의 요구 사항을 확인하고, 임무와 역할, 핵심적 임무 등을 규정한 계획이다.

이 계획을 통하여 주, 지방, 부족, 도서지역 등 재난관리 계획을 수립하고 개정하는 담당자들이 연방정부의 기능을 올바로 이해하고, 개별 재난관리 주체가 좀 더 효과적으로 기능할 수 있는 지침을 제공한다. 즉, 국가대응 프레임워크(NRF)가 재난 대응 시 민간인부터 연방정부에 이르는 모든 재난관리 주체의 임무와 책임에 대하여 기술해 놓은 계획이라면, 연방정부 간 운영계획(FIOP)은 연방정부 차원의 자원(인력, 장비, 예산 등)을 모든 재난관리 주체가 어떻게 좀 더 효과적으로 활용할 것인가에 대한 지침을 제시해 준 것이다.

미국의 재난관리 체계는 현장을 바탕으로 한 지방정부 중심의 대응 체계로 운영되고 있으나, 지방정부 차원의 역량을 넘어서는 대규모 재난 시 연방정부 차원의 지원을 좀 더 효율적이고 효과적으로 하기 위한 규정을 마련해 둔 것이다(DHS, 2016a: 1–5).

재난 대응 과정에서 무엇보다 강조되는 것은 다양한 재난관리 주체 간의 협력과 조정을 들 수 있다. 대응 시 연방정부 간 운영계획(Response FIOP)에서도 이를 강조한다. 모든 연방부처와 연방기관, 주, 지방, 부족 등의 지방정부 그리고 민간과 기업 등 모든 재난관리 주체 및 이해관계자는 서로 협력하여야 한다. 사고나 재난 등의 유형을 불문하고 신속하고 효과적으로 대응하기 위해서는 모든 가용자원을 활용할 수 있어야 한다(DHS, 2016b: 12).

연방정부 간 운영계획은 재난관리 단계 중 4개(보호, 경감, 대응, 복구)의 단계만 일반에게 공개되어 있으며, 내용의 구성은 유사하다. 크게 본문과 부록으로 구분할 수 있으며, 본문에는 1장 소개, 2장 운영의 콘셉트, 3장 계획의 유지 보수, 4장 관련 근거, 부록으로 재난관리 단계별 핵심 역량(Core Capabilities: CC)과 긴급지원 기능(Emergency Support Function: ESF)으로 나누어 설명한다.

6) 재난운영계획(EOP)

연방재난관리청(FEMA)은 포괄적 재난 대비 가이드라인(Comprehensive Preparedness Guide 101 : CPG 101)을 통하여 지방정부에서 연방정부에 이르기까지 재난 및 비상상황 관리를 위한 재난운영계획(Emergency Operations Plan: EOP)을 작성 및 유지·관리할 수 있는 지침을 제공한다(FEMA, 2010b: 1–2).

국가대응 프레임워크(NRF)에서 언급한 바와 같이 재난관리의 주요한 이해관계자는 비상시 원활한 대응을 위하여 재난운영계획(EOP)을 수립·운영한다. 모든 정부 부처와 기관은 물론이거니와 대학, 학교, 병원 등의 기관도 재난운영계획을 수립·운영하고 있다.

미국의 주정부와 지방정부는 주 고유의 헌법, 재난관리법, 그리고 기타 각종 법률과 근거에 따라 관할구역 내에서 발생할 수 있는 모든 사건과 사고, 테러, 폭동, 재난 등과 같은 일련의 비상상황 관리를 위한 재난운영계획을 작성·운영한다.

주정부 및 지방정부의 재난관리조직에서 작성하는 재난운영계획(EOP)은 그 지역의 특수성을 반영하여 작성하며, 주기적으로 변화된 상황과 여건을 반영하여 유지·관리한다.

〈표 4-5〉 캘리포니아, 노스캐롤라이나, 노스캐롤라이나 무어 카운티의 재난운영계획(EOP)

캘리포니아	노스캐롤라이나	무어 카운티
I. 기본 계획 1. 상황과 가정 2. 재난관리조직 3. 경감 프로그램 4. 재난 대비 5. 재난 대응 콘셉트 6. 재난 복구 콘셉트 7. 연속성 계획 8. 캘리포니아 긴급지원 기능 9. 주의 역할과 책임 10. 계획의 유지관리 II. 부록	I. 기본계획 1. 소개 2. 상황과 가정 3. 운영의 콘셉트 4. 조직과 책임 부여 5. 지휘, 통제, 조정 6. 정보 수집, 분석, 공급 7. 의사소통 8. 행정, 재정, 물류 9. 계획의 유지관리 10. 관련 근거 II. 부록 2.1. 기능과 책임 2.2. 재난별 계획 2.3. 추가 정보	I. 기본계획 1. 목적 2. 상황과 가정 3. 카운티 프로필 4. 운영의 콘셉트 5. 조직과 책임 부여 6. 지휘와 통제 7. 행정과 물류 8. 관련 근거 9. 계획의 유지관리 10. 정부 연속성 II. 부록

출처: NCEM(2017), Cal OES(2017), Moore Country(2014)의 내용 재구성.

2. 미국의 재난관리조직

1) 국토안보부(DHS)

2001년 9월 11일 미국 뉴욕의 세계무역센터(WTC) 쌍둥이 빌딩이 항공기 납치로 인한 공격으로 붕괴되고, 버지니아주의 국방부 건물이 공격을 받아 파괴되는 충격적인 테러사고가 발생하였다. 부시 대통령은 2002년 「국토안보법(Homeland Security Act of 2002)」을 제정하고 2003년 국토안보부(Department of Homeland Security: DHS)를 설립하였다. 국토안보부(DHS)는 외부의 공격을 예방하고, 그 위협을 경감시키며, 국가적 비상사태에 대응하고, 경제적 안보를 보호하며, 정부의 주요 기능을 지키기 위하여 22개의 서로 상이한 연방조직의 기능을 합쳐 신설한 조직이다(DHS, 2019b: 2).

국토안보부(DHS)의 조직구조는 8개의 운영조직과 7개의 지원조직 그리고 비서실로 구분된다. 먼저, 운영조직(Operational Components)은 실질적인 집행 업무를 담당하며, 다음 〈표 4-6〉과 같다.

⟨표 4-6⟩ 국토안보부(DHS) 내 운영조직의 현황과 임무

구분	주요 임무
관세 및 국경보호청 (U.S. Customs and Border Protection)	합법적인 국제관광과 무역을 촉진하며 테러리스트와 그들의 무기 그리고 모든 위험 인물과 불법 물질 등으로부터 미국의 국경을 지키는 임무를 수행
사이버보안 및 인프라보안청 (Cybersecurity and Infrastructure Security Agency)	사이버 공격으로부터 보호하기 위한 역량을 키우며, 국가의 주요 인프라에서 제공되는 핵심 기능에 중대한 위험 요인을 확인하고 대처
연방재난관리청 (Federal Emergency Management Agency)	자연재난, 테러, 기타 인적재난을 포함한 모든 위험 요소로부터 국가를 보호하며, 국민의 생명과 재산 피해를 줄이기 위한 예방, 보호, 경감, 대응, 복구 체계를 이끌고 지원
이민 및 관세집행청 (U.S. Immigration and Custom Enforcement)	국토안보, 국경통제, 세관, 무역, 이민 등의 연방법과 관련된 범죄 수사
교통안전국 (Transportation Security Administration)	국민과 상업의 자유로운 이동을 확보할 수 있는 교통 시스템을 보호
이민국 (U.S. Citizenship and Immigration Service)	미국인을 보호하며, 국토안보를 확립하고, 우리의 가치를 동시에 지키기 위하여 효율적이고 공정한 이민행정 수행
해양경찰 (U.S. Coast Guard)	국토안보부 내 유일한 군사조직으로, 해양환경을 보호하고 국민을 지키는 법집행과 규제 업무 수행
비밀경호국 (U.S. Secret Service)	국내·외 지도자, 특정 지역이나 장소, 국가적 주요 행사 등을 보호하고, 재무적 시설과 지불 체계를 보호하여 경제 체계를 보전

출처 : DHS(2019b: 5) 재구성.

7개의 지원조직은 정책, 관리, 연구, 훈련 그리고 정보관리 등의 임무를 수행하며 ⟨표 4-7⟩과 같다.

⟨표 4-7⟩ 국토안보부(DHS) 내 지원조직의 현황과 임무

구분	주요 임무
대량살상무기대응실 (Countering Weapons of Mass Destruction Office)	대량살상무기를 사용하거나 미국에 대한 공격을 수행할 테러리스트 또는 기타 위협적인 인물에 대한 국토안보부의 대응 노력을 지원
연방경찰훈련센터 (Federal Law Enforcement Training Center)	근무환경에서 안전하고 효과적으로 임무를 수행할 수 있는 법집행 전문가를 양성
관리부 (Management Directorate)	예산 형성, 재원의 배분과 지출, 조달, 인사관리, IT 시스템, 시설, 자산, 장비, 기타 자원, 부서 성과 확인 및 측정

구분	주요 임무
정보 및 분석실 (Office of Intelligence and Analysis)	국토를 안전하고, 회복력 있게 유지하기 위하여 필요한 정보를 시의 적절하게 획득
운영조정실 (Office of Operations Coordination)	국토안보부 장관과 고위간부들이 의사결정할 수 있도록 정보를 제공하며, 국가운영센터를 감시하고, 위험환경에서 정부기관의 필수적인 기능이 지속적으로 운영될 수 있도록 이끎.
전략, 정책, 계획실 (Office of Strategy, Policy, and Plans)	위험 중심의 분석, 주제별 전문성, 이해관계자와의 환류를 통한 국토안보부 전체적인 통합을 이끌어 내기 위한 전략, 정책, 계획을 개발하고 조정
과학기술부 (Science and Technology Directorate)	국토를 보호하기 위한 새롭고 고유한 기술적 해결책을 개발하기 위한 주요 연구개발 부서

※출처 : DHS(2019b: 6) 재구성.

2) 연방재난관리청(FEMA)

1979년 카터 대통령은 대통령 명령으로 재난과 관련하여 분산된 여러 기관을 통합하여 단일의 기관인 연방재난관리청(Federal Emergency Management Agency: FEMA)을 설치하였다. 연방재난관리청(FEMA)은 기존의 연방보험청(Federal Insurance Administration), 연방소방청(National Fire Prevention and Control Agency), 연방준비청(Federal Preparedness Agency of the General Service Administration) 등 많은 연방정부기관의 기능을 흡수하여 출범하였으며, 미국 국방부에서 담당하던 민방위 업무도 흡수하였다.

1996년 클린턴 대통령은 연방재난관리청(FEMA)을 국무회의에 참석할 수 있도록 그 지위를 격상시켰으나, 2003년 국토안보부(DHS)에 소속되면서 그 권한이 약화되었다. 2005년 허리케인 카트리나로 인하여 자연재난 대비의 중요성을 다시 인식한 후「포스트카트리나 개혁법안(Post-Katrina Emergency Management Reform Act: PKEMRA)」을 수립하고 연방재난관리청의 권한을 다시 강화하는 노력을 기울였다(이상경, 2015: 30-32; FEMA, 2010a).

연방재난관리청(FEMA)은 워싱턴 D.C.에 본사를 두고 있으며, 하와이, 괌, 푸에르토리코, 버진 아일랜드 등을 포함하여 다음 [그림 4-4]와 같이 10개 지역사무소로 나누며, 지역 내 주, 지역, 전략적 파트너, 기타 연방정부기관과 함께 근무하며 밀접하게 지원하고 있다(FEMA, 2008: 3-5).

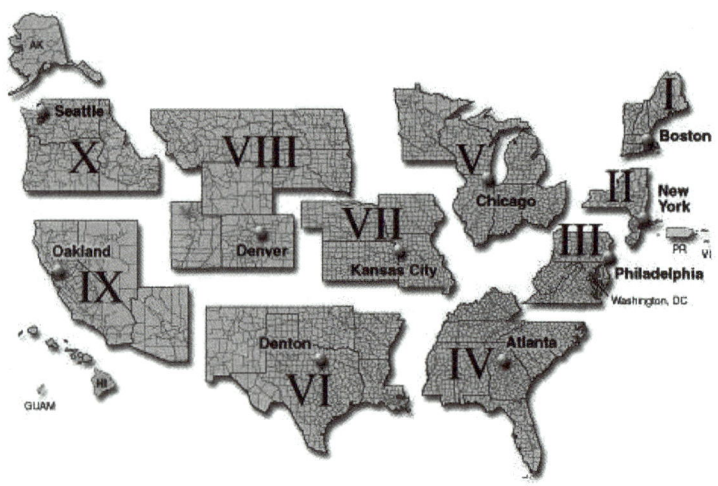

출처: 연방재난관리청 홈페이지(http://www.fema.gov/fema-regional-contacts)

[그림 4-3] 연방재난관리청(FEMA)의 지역사무소

3) 주정부 재난관리조직

연방제 국가인 미국의 모든 주는 주권체로서 주 헌법을 갖고, 관할지역 내의 지방정부에 관한 규정을 두고 있다. 지방정부의 유형도 주마다 다양하며, 시(city), 카운티(county), 타운(town), 학교구(school district) 등이 있다(정준현, 2019: 192). 이러한 맥락에서 주정부와 지방정부의 조직도 매우 상이한 형태를 띠고 있다. 재난관리조직도 마찬가지로 주마다 다양한 형태로 운영되고 있다.

실질적으로 재난이 발생된 지역에서 재난관리 업무를 관할하는 것은 주와 카운티정부로, 재난에 대한 1차적인 대응자의 역할을 담당한다. 카운티정부는 재난관리조직이 없는 지역공동체 및 카운티 내 여타 지방정부와 병합되지 않은 지역을 책임진다(이상경, 2015: 29). 즉, 연방제와 지방자치제도로 인하여 주정부 및 지방정부의 형태가 다양하게 운영되더라도, 기본적으로는 주정부와 카운티정부가 중심이 되어서 재난관리 업무를 수행하는 것으로 이해할 수 있다.

주정부 조직 내 재난관리조직의 다양한 실제 사례를 살펴보면 다음과 같다. 첫째, 캘리포니아주는 주지사의 직속기구 형태로 재난서비스실(Office of Emergency Service)이 다른 부처와 떨어져 독립적으로 운영되고 있다. 둘째, 매릴랜드주는 독립된 청(Agency)의 형태로 매릴랜드 재난관리청(Maryland Emergency Management Agency)으로 운영되고 있다. 셋째, 노스캐롤라이나 주는 공공안전부(Department of Public Safety) 소속의 재난관리실(Office of Emergency Management)의 형태로 운영되고 있다. 특히 노스캐롤라이나주는 공공안전부(DSP) 내에 시민의 안전을 지키기 위한 조직을 모두 포함하고 있다. 경찰, 법무부 소속의 교정과 재난관리와 재난 복구 및 회복력, 주방위군과 국토안보실이 모두 포함되어 있다. 특히, 대규모 재난 시 주방위군의 병력과 경찰의 사회질서 유지 기능이 공공안전부의 하나의 조직 내에 있다는 점은 지역 내 통합적 재난관리를 운영하는 점에서 매우 유리한 조직구조로 이해할 수 있다.

제2절 일본의 재난관리 체계

1. 일본의 재난관리법과 관리 체계

1) 재난관리와 법제도

일본 재난관리 법체계의 중핵적인 역할을 하고 있는 「재해대책기본법」의 2조에서는 재난 용어를 정의하고 있다.[2] '재해'라는 것은 "폭풍, 호우, 호설, 홍수, 해일, 지진, 쓰나미(지진해일), 분화 그 외의 이상 자연 현상 또는 대규모의 화재, 또는 폭발, 그 외 및 영향을 미치는 피해의 정도에 따라, 이것과 유사한 정령(政令)[3]으로 정해진 원인에 따라 발생하는 피해를 의미함"이라고 되어 있다. 재해의 원인을 '자연 현상'과 '정령으로 정해진 원인'으로 나누고 있다. 후자에는 인위적인 원인에 의하여 발생하는 '재난' 역시, 법제도 안에서의 정의된 용어

---

[2] 일본은 '재난'에 대해서는 '재해(災害)'라는 용어를, '재난관리'에 대해서는 '방재(防災)'라는 용어를 사용하고 있다. 여기에서는 일반적으로 '재난'과 '재난관리'로 용어 사용을 통일하였으나, 일본 법령 및 제도 등의 고유명사에 대해서는 일본 표기 등을 혼용하고 있다.

[3] 정령(政令)이라는 것은 내각이 정한 명령(命令)을 의미한다.

로서 '재해' 안에 들어 있다. 1945년 후의 일본 재난관리 대책은 사회 재난취약성의 경감 추진 축적 결과이다. 매년 발생하는 각종 재난을 통하여 얻은 교훈을 기본으로, 재난관리 체제의 정비 및 강화, 국토 보전 추진, 기상 예보 정도 향상, 재해 정보 전달 수단의 충실 등을 통하여 자연재난 취약성의 경감 및 재난 대응 능력의 향상을 도모해 오고 있다. 구체적 사례로는 사망자·실종자 1,443명을 낸 1946년의 난카이(南海) 지진(매그니튜드 8.0[4])을 계기로 1947년에 재해 구조법을 제정하였다. 사망자·실종자 1,930명을 낸 1947년의 캐슬린 태풍 등 수해의 다발적인 발생을 계기로 1949년에는 수방법을 제정하였다. 사망자·실종자 3,769명을 낸 1948년의 후쿠이(福井) 지진(매그니튜드 7.1)을 계기로 1950년에는 건축 기준법을 제정하였다. 이처럼 일본에서는 대규모 자연재난이나 사회재난 경험을 계기로 하여 재난관리 체제가 강화 및 체계화되었다. 현재는 「재해대책기본법」 및 각종 관련 법률에 근거하여 재난관리 대책이 추진되고 있다.

2) 재해대책기본법

「재해대책기본법」은 일본의 재난관리 대책의 기본이 되는 법률로서, 이 법의 제1조에는 "국토 및 국민의 생명, 신체 및 재산을 재해로부터 보호하기 위하여 방재에 관하여 국가 지방공공단체 및 기타 공공기관을 통하여 필요한 체제를 확립하고, 책무의 소재를 명확하게 함과 동시에 방재계획의 작성, 재해 예방, 재해응급 대책, 재해 복구 및 방재행정 정비 및 추진을 도모하고 사회의 질서 유지와 공공복지 확보에 이바지하는 것을 목적으로 한다."라고 밝히고 있다. 재난 발생 시의 일본 정부가 「재해대책기본법」에 따라 필요한 조직을 만들고 그 조직을 활용하여 조치를 대응한다.

---

[4] 지진 발생의 경우, 언론매체 등에서의 지진 강도에 대하여 M2, M3(매그니튜드)등으로 표기하면서 진도라는 말을 사용하고 있으나, 리히터 규모(Richter scale)는 미국의 지진학자 리히터(Charles F. Richter)를 기려 붙인 명칭으로, 이때의 규모는 지진 크기를 나타내는 절대적인 척도의 개념이므로, 지진 발생 후의 인지 및 몸으로 느낀 동요의 강도, 물체가 흔들린 정도, 피해 상황에 따라 판단하는 상대적인 개념인 진도와는 다르다. 리히터 규모가 한 단위 증가할 때마다 지진폭의 강도는 10배씩 증가하며 지진 에너지는 32배씩 커진다. 그러나 지진 발생 후의 피해는 리히터 규모만으로 정해지는 것이 아니고, 진원의 위치(진앙) 및 심도 등의 여러 가지 요소가 적용된다. 일본의 경우, 기상청에서 정한 진도에 따라 결정되며, 일반적으로 진도 5 강 또는 진도 6은 담벼락 및 건물 붕괴 및 이로 인한 인명 피해 등을 일으킨다. 또한, 우리나라의 경우, 지진해일 또는 쓰나미, 두 단어를 혼용해서 사용하고 있으나, 구미권 등에서도 쓰나미라는 단어를 공통적으로 사용한다.

「재해대책기본법」 제1조(목적) 규정에서도 알 수 있듯이 「재해대책기본법」의 특징은 ① 재난관리 대책을 '방재계획의 작성, 재해예방', '재해응급 대책', '재해 복구'의 3단계로 나누어서 정하고 있으며, ② 3단계의 재난관리 대책을 국가 및 지방공공단체 등으로 명확하게 자리매김하여 배분하고 있고, ③ '종합적이며 계획적인 방재행정'에 의한 재난관리 대책의 추진을 도모하는 것이다.

「재해대책기본법」의 주요한 내용으로는, 재난관리 책임의 명확화, 재난관리 체제, 방재계획, 재난 예방, 재해대응 대책, 재해 복구, 재정금융 조치, 재해긴급사태로 이루어져 있다.

3) 방재기본계획

방재기본계획은 일본의 각종 방재계획의 기본 및 재해대책의 근간이 되는 계획으로, 「재해대책기본법」 제34조에 근거하여 '중앙방재회의'가 작성하는 방재 분야의 최상위 계획이다. 방재기본계획은 재난관리 체제의 확립, 재난관리 사업의 촉진, 재난 복구 및 부흥의 신속 적절화, 재난관리에 관한 과학기술 및 연구의 진흥 등에 대하여, 국가의 기본적인 방침을 정하고 있다. 방재기본계획은 1963년에 책정되어 한신·아와지(阪神·淡路島) 대지진의 교훈을 반영하여 1995년 전면 수정되었다. 또한, 중앙방재회의는 매년 방재기본계획을 검토하여 필요에 따라서 수정하고 있다.

재난관리 대책의 실효성을 향상시키기 위하여 「재해대책기본법」에 근거하여 중앙정부, 지방공공단체, 지정공공기관에서는 방재계획의 책정 및 적절한 집행을 실시한다. 지진·풍수해 등의 재난으로부터 국토 및 국민의 생명, 신체 및 재산을 지키기 위하여 「재해대책기본법」은 국가에 '중앙방재회의', 도도부현(都道府縣) 및 시정촌(市町村)[5]에 '지방방재회의'를 설치한다. 이들 방재회의는 재해 예방, 재해 응급 및 재해 복구의 각 방면에 유효하고 적절하게 대처하기 위하여 방재계획의 작성과 원활한 실시를 추진하는 것을 목적으로 하며 '중앙방재회의'는 일본의 방재정책의 기본이 되는 '방재기본계획'을, '지방방재회의'에서는 '지역방재계획'을 각각 작성한다.

---

[5] 도도부현은 일본의 광역자치단체로서, 우리나라의 서울특별시(都) 및 각 도(縣) 등에 해당하나, 인구 대비(일본의 전체 인구는 약 1억 2천만 명)로 보면 약 60만 명(도토리현, 鳥取縣)부터 약 1,250만 명(도쿄도, 東京都)까지 그 차이가 크다. 또한, 도도부현의 하부에는 기초자치단체인 시정촌이 설치되어 있는데, 우리나라의 시, 군, 읍에 해당한다.

실제로 재난이 발생하면 도도부현 및 시정촌은 주민의 생명, 신체, 재산을 지킴과 동시에 지역 안전을 확보하기 위한 응급 대응을 실시하며, 특히 시정촌은 기초적인 지방공공단체로서 대피 지시와 경계 구역 설정, 소방·수방조직 등에 출동명령 등의 조치를 강구한다. 지방자치단체는 자주방재조직 및 주민자치회 조직 등을 활용하여 자주적인 지역주민의 참여를 유도한다. 시정촌은 재난관리 대책의 제1차적 책무를 지고 있으며, 그 업무 수행을 위하여 소방기관을 설치하여 재해에 대비한다. 원칙적으로 재난이나 안전을 위협하는 사고가 발생하면 시정촌(우리나라의 시군구 등의 기초지방자치단체에 해당)이 일차적인 책임을 맡으며, 재난대책 및 정책에 대하여 각 현에서 중앙정부의 정책을 반영하며 총괄적으로 조정한다.

일본의 재난관리 관련 예산은 총 약 3조 1,861억 엔(2016년도)으로, 분야별로 보면 ① 과학기술 연구 0.3%, ② 재해 예방 11.5%, ③ 국토 보전 3.2%, ④ 재해 복구 등 85%로 구성되어 있다. 2016년은 구마모토(熊本) 지진 등의 큰 재해가 발생하였기에 재해 복구 등에 많은 예산이 사용되었지만 일반적으로는 재해 예방 및 국토 보전에 약 80% 정도가 사용되며, 재해 복구에는 약 20% 내외의 예산이 사용된다.

방재기본계획에 근거하여 각 지정행정기관 및 지정공공기관이 작성하는 방재계획인 '방재업무계획'과 도도부현 및 시정촌의 방재회의가 지역의 실정에 맞추어서 작성하는 방재계획인 '지역방재계획'이 있다.

4) 동일본 대지진에 따른 「재해대책기본법」의 일부 개정

2011년 동일본 대지진의 교훈을 바탕으로 재난관리 대책에서 노인, 장애인, 영유아 등의 '요배려자'에 대한 대응은 더욱 중요해지고 있다. 동일본 대지진을 통하여 일본 정부는 2012년도[6]에 노인과 장애인 등의 다양한 주체의 참여를 촉진하고 지역방재계획에 다양한 의견을 반영할 수 있도록 '지방방재회의'의 참여 위원으로 자주방재조직 및 전문가를 추가할 수 있는 '재해대책기본법의 일부를 개정하는 법률'을 제정하여 「재해대책기본법」을 개정하였다.

또한 '재해대책기본법의 일부를 개정하는 법률' 제정에 남겨진 과제와 '재난관리 대책 추진 검토회 최종 보고서'(2012년 7월 31일) 등을 통하여 지자체인 시정촌에 요배려자 중 재난 시 피

---

6) 행정기관이나 기업체 등에서 사용하고 있는 일본의 연도는 매년 4월 1일부터 3월 31일까지이다. 예를 들어 2012년도는 2012년 4월 1일부터 2013년 3월 31일까지이다.

난행동에 특별한 도움이 필요한 사람에 대한 명단 작성을 의무화하는 한편, 요배려자가 체재하는 대피소에 적합한 기준을 마련하는 등의 추가적인 법률 개정(재해대책기본법 등의 일부를 개정하는 법률)을 실시하였다.

2013년 6월의 「재해대책기본법」의 일부 개정을 통한 피난행동 요지원자 명부의 작성 및 활용에 관한 구체적인 절차 등을 담은 '피난행동 요지원자의 피난행동 지원에 관한 대응 지침'을 2013년 8월에 책정 및 공표하였다.

동법 개정에서는 대피소의 생활환경 정비 등에 관한 노력 의무 규정이 마련되어 대피소 운영 시에 고령자를 포함한 피난자 지원에 관하여 유의하여야 할 점 등을 담은 '피난소에서의 양호한 생활환경 확보를 위한 대책 지침'을 책정 및 공표하였다. 2015년도에는 시정촌의 대응을 촉진하기 위하여 대피소 및 복지대피소 지정의 추진, 대피소 화장실 개선, 요배려자 지원 체제 구축 등의 관련 과제 해결을 위하여 전문가 검토회의를 개최하였다

재해 시 지방자치단체인 도도부현 및 시정촌의 역할은 〈표 4-8〉과 같다.

〈표 4-8〉 지역방재계획에서의 시정촌 및 현의 역할

	시정촌	현
요배려자 지원 역할	• 피난행동 요지원자의 안부 확인, 피난 유도 • 피난행동 요지원자의 피난 지원 • 피난소,자택 등의 복지 니즈 파악 및 복지 인원의 확보 • 복지 피난소의 설치 • 복지 서비스의 지속 지원 • 현(縣)에 대한 광역적인 지원 요청 • 외국인에 대한 정보 제공 및 수집	• 정보 수집 및 지원 체제의 정비 • 광역적인 조정 및 시정촌 지원 • 다언어 정보 발신

5) 극심 재해, 특정 대규모 재해, 비상 재해, 특정 비상 재해

광범위에 걸친 대규모 재난 피해 후의 대응은 피해를 입은 광역 및 기초지방자치단체에 해당하는 현 및 시정촌만으로는 절대적으로 어렵기 때문에 일본 정부는 재난 종류의 복수 지정을 통하여 여러 분야의 복구사업 등에 국가가 직접적으로 관여할 수 있는 태세를 강화하고 있다. 일본의 경우, 재난 발생 후의 대규모 피해에 따른 피해 지자체에 대한 재정 지원 및 피해자 지원 조성 분야에 따라 지정되는 대규모 재해(재난)의 정의가 달라진다.

국가에서 지정하는 대규모 재난으로는 「극심 재해에 대처하기 위한 특별 재정 원조 등에 관한 법률(극심재해법)」로 정해지는 '극심 재해', 「재해대책기본법」에 의한 긴급재해대책본부가 설치되고, 재해 피해 발생 후의 「대규모 재해 부흥법」에 따라 부흥대책본부를 설치하여 부흥계획을 작성하는 '특정 대규모 재해', 지자체가 관리하는 도로 및 다리 등의 복구사업을 국가가 대행하는 '비상재해', 「특정 비상재해 특별조치법」에 의거한 응급 가설주택의 입거 기한 연장, 운전 면허증 갱신 등의 행정 수속의 기간 연장을 인정하는 '특정 비상재해' 등으로 나눌 수 있다.

비상재해의 경우 동일본 대지진 후 많은 지자체가 복구 대응을 할 수 없었던 것을 교훈 삼아, 2013년 제정된 「대규모 재해 진흥법」에 규정하였고, 2016년 구마모토 지진이 처음으로 비상재해로 지정되었다. 특정 대규모 재해의 경우, (내각대신)총리는 내각을 소집하여 각 부처의 대신(우리의 장관)을 종합 조정할 수 있을 뿐만 아니라, 지방자치법에 따라 일반적으로 국회 승인이 필요하였던 '부흥 현지 대책본부' 역시 각료회의를 통하여 설치가 가능한 점(佐々木, 2013: 41-50)으로 볼 때 가장 큰 피해의 대규모 재해라고 할 수 있다.

「재해대책기본법」에서는 재난에 대하여 폭풍, 호우, 호설, 홍수, 폭풍해일, 지진, 쓰나미, 화산 분화, 기타의 이상 자연 현상 및 대규모 화재, 또는 폭발, 기타 피해의 정도에서 유사한 정령에서 지정하는 원인에 의하여 발생한 피해를 말한다. 더불어 「재해대책기본법 시행령」에

출처: 지진으로 붕괴된 도로, 2016년 4월 16일, 野呂賢治 撮影, 每日新聞社／アフロ.

[그림 4-4] 극심 재해, 특정 비상재해, 비상재해로 지정받은 2016년 구마모토 지진

서는 정령에서 정하는 원인에 대하여 방사성 물질의 대량 방출, 다수의 조난을 동반하는 선박 침몰, 기타의 대규모 사고라고 정의하고 있다. 따라서 대규모 재난에 대하여 자연 재해 및 인적 재해에 따른 피해가 광범위하고 복구 및 부흥까지 장기간을 필요로 하며, 피해 지역의 대응 및 노력만으로는 해결 불가능할 정도로 현저하게 지역의 생활 기능, 사회 유지 기능이 저하되는 재해로 정의할 수 있다.

극심 재해란 지진, 태풍, 호우 등으로 인한 피해가 커서 지방자치단체에 재정 지원과 피해자 조성이 특별히 필요한 재난을 말한다. 1962년 시행의「극심 재해에 대처하기 위한 특별 재정 지원 등에 관한 법률(극심재해법)」에 근거하여 정령으로 지정되었다. 일본열도를 종단한 태풍이나 지진 등 지역을 구분하지 않고 재난 자체를 지정하는 '극심 재해 지정 기준에 의한 지정(본격, 本激)'과 국지적 호우 등을 시정촌 단위로 지정하는 '국지 극심 재해 지정 기준에 의한 지정(국격, 局激)'의 두 종류가 있다. 내각부의 중앙방재회의의 의견에 따라 총리(내각총리대신)이 지정·적용 대응을 결정하고, 피해 지역의 조기 복구와 이재민의 조기 생활 재건을 지원한다. 극심 재해로 지정되면 도로, 교량, 터널, 하천, 학교, 도서관, 이재민 주택 등의 복구 건설사업, 농지와 수산업시설의 복구사업, 감염예방사업 등의 국고 보조 비율이 통상 50~80%에서 10~20%가 추가로 상향 지원된다. 과거 평균으로는 토목시설이 70%에서 84%로 농지가 82%에서 95%로 국고 보조율이 상향되었다. 또한 피해 지역의 중소기업, 농림수산업자에 대한 대출 제도 및 재해 보증의 특례 조치도 마련된다.

극심 재해의 지정은 복구·부흥 비용이 피해 지자체의 세수의 50%에 도달하는지 등에 대한 기준으로 판단된다. 지정 기준이 엄격하기 때문에 1990년대에 전국 규모의 극심 재해(본격)로 지정된 것은 1995년의 한신·아와지 대지진뿐이어서 제도의 유명무실화가 지적되었다. 이에 따라 1999년의 극심재해법 개정을 통하여 지정 기준이 대폭 완화된 이후 거의 매년 전국 규모의 극심 재해(본격)의 지정이 이루어지고 있다.

2004년의 니가타(新潟)현 주에쓰(中越) 지진, 2011년 동일본 대지진, 2016년 구마모토 지진이 본격으로 지정되었고, 2000년 미야케(三宅)섬 화산 재해와 2008년의 이와테(岩手)·미야기(宮城) 내륙 지진이 국격으로 지정을 받았다.

2. 일본의 재난관리조직

1) 정부, 지방, 시민의 위치와 역할 분담

일본에서 가장 중요한 방재 임무를 맡은 곳은 「재해대책기본법」에 따라 시정촌으로 되어 있으며, 도도부현과 국가는 시정촌을 후원하고 지원하는 기관으로 자리매김되어 있다. 국가 차원에서 재난관리에 관여하고 있는 중앙정부의 각 성청(省廳)은 내각부를 필두로 경찰청, 소방청, 국토교통성, 국토지리원, 기상청, 문부과학성, 후생노동성 그리고 방위성 등 매우 다양하다. 재난 관련 법률에 따라서 적절한 재난관리 대책을 구축하고 있는데, 그 내용으로 도시계획법에서는 시가화 구역 및 조정구역의 설정 시, 재난에 대한 토지의 물리적 취약성을 고려하여 시가지역을 조성하도록 규정하고 있으며, 급경사지 붕괴에 의한 재해 방지에 관한 법률을 통하여 거주하는 주민에게 해당 지역이 위험구역임을 주지시켜야 한다고 규정하고 있다.

또한 건축기준법에서는 시정촌 조례로써 토지 이용을 규제할 수 있도록 규정하고 있고, 재난관리를 위한 집단이전 촉진사업에 관계한 국가의 재정상의 특별 조치 등에 관한 법률을 통하여 위험지역에 생활공간이 있음에도 안전대책을 취하는 것이 곤란한 경우 및 대책에 필요한 비용이 거액인 경우 주민을 안전한 장소로 집단이전시킬 수 있도록 하고 있다.

2) 중앙방재회의

종합적인 재난관리 행정을 위하여 재난관리 대책을 조정, 결정하는 기관으로서 '방재회의'와 '재해대책본부'가 있다. 방재회의는 재난관리 대책 조치에 관한 자문기관이며, 재해대책본부는 정부, 관계성·청, 지방공공단체가 재난관리 대책을 긴급하고 강력하게 통일적으로 행할 필요가 있는 경우에 설치한다.

중앙방재회의는 국가 재난관리 대책의 종합성, 계획성을 확보하기 위하여 설치한다. 내각 총리대신을 비롯한 전 각료, 지정 공공단체의 대표자 및 학식 경험자로 구성하고, 방재기본계획의 작성과 실시 및 방재기본방침, 방재시책 조정, 비상재해에 즈음한 조치 등에 관하여 총리대신을 자문하는 기구이다. 그 역할로는 방재기본계획 및 지진방재계획의 작성 및 실시를 추진한다.

2011년 3월 11일의 동일본 대지진 시에는, 중앙방재회의의 구성으로서, 회장은 내각총리대신을, 위원으로는 방재담당대신과 그 밖의 전(全) 각료 17명, 지정공공기관의 장 4명, 학식경험자 4명으로 구성하였고, 간사회로는 내각부대신 정무관, 내각위기관리감이 고문으로, 부회장으로는 내각부 정책통괄감(방재담당), 소방청 차장, 간사로는 각부 성청의 국장급으로 구성되었다. 중앙방재회는 2011년 4월 27일 회의를 개최하고, 전문조사위원회로 '동북지방 태평양연안 지진의 교훈을 통한 지진·쓰나미 대책에 관한 전문조사회'를 설치하였다.

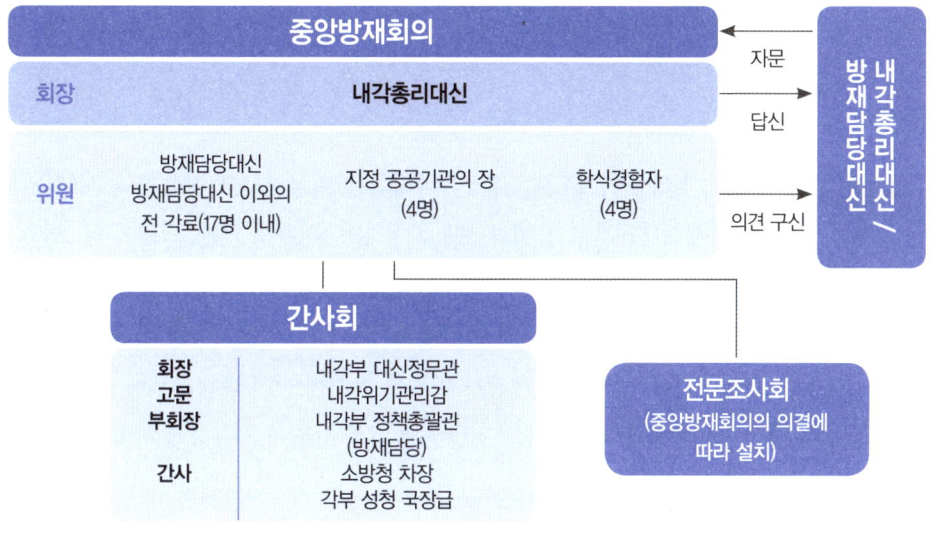

출처 : 내각부, 평성24년판 방재백서(온라인판), 2012에서 참고 재작성.

[그림 4-5] 중앙방재회의 조직도

3) 내각부

2001년의 중앙부처 개편에 따라, 방재에 관하여 행정 각부의 시책의 통일을 도모하는 특명 대신으로서 방재담당대신을 임명한다. 방재담당대신 아래, 광범위한 분야에서 정부 전체로부터 관계 행정기관의 제휴의 확보를 도모하기 위하여, 내각부 정책통괄관(방재담당)이 방재에 관한 기본적인 정책, 대규모 재난 발생 시의 대처에 관한 기획 입안 및 종합 조정을 실시한다. 한신·아와지 대지진의 교훈을 바탕으로 대규모 재해, 중대사고 등 긴급사태 시에 정부의 위기관리 기능을 강화하기 위하여, 내각 위기관리감 설치와 내각정보집약센터 창설 등 내각관방의 체제 강화를 추진하였고, 재난관리에 관하여 내각부는 내각관방을 지원하는 역할을 맡고 있다.

지정 행정기관의 지방분국 및 정부의 방재기관으로서 종합통신국을 포함하여 23개의 행정기관이 지정되어 있다. 지정 지방행정기관은 정부의 방재기관으로서 내각부를 대표로 24개의 중앙성·청으로 지정되어 있다. 지정 공공기관은 재난관리와 관련된 공공기관으로 일본 전신전화(주)(NTT), 일본은행, 일본 적십자사, 일본방송협회(NHK) 등 운수, 기상, 가스 관련 분야에 57개 기관이 지정되어 있다.

4) 비상재해대책본부

「재해대책기본법」 제24조에 의거하여, 내각총리대신은 비상재해가 발생하여 재해응급대책을 실시할 경우 비상재해대책본부를 내각부에 설치하며, 본부의 명칭, 소관구역, 설치 장소, 설치 기간은 각의에서 결정하게 된다. 비상재해대책본부는 국무대신을 본부장으로 하며, 부본부장 및 기타 직원은 내각관방 또는 지정행정기관의 직원, 지정지방행정기관의 장 또는 직원 가운데 내각총리대신이 임명한다. 재해가 발생한 현지에 현지 대책본부를 설치할 수 있어서 비상사태 발생 시, 현장에서 신속하고 원활하게 업무 수행이 가능하게 하였다.

5) 긴급재해대책본부

「재해대책기본법」 제38조에 의거하여, 내각총리대신은 국가의 경제, 공공의 복지에 영향을 미치는 중대한 재난이 발생한 경우 재해긴급사태를 포고하고 내각부에 긴급재해대책본부를 설치한다. 긴급재해대책본부의 장은 내각총리대신이 임명됨이 원칙이나, 사고 시에는 미리 지명한 국무대신이 임무를 수행한다. 부본부장도 국무대신으로 하며, 본부원으로는 국무위원, 내각 위기관리감, 부대신 또는 국무대신 이외 지정 행정기관의 장 가운데 내각총리대신이 임명한다. 2011년 3월 발생한 동일본 대지진으로 인하여 긴급재해대책본부 설치(내각총리대신이 본부장)가 처음으로 이루어졌다.

6) 광역 재난관리 거점

도시재생본부에서의 도시재생 프로젝트 제1차 결정(2001년 6월)에서는, 도쿄권에서 대규모/광역적인 재난이 발생하였을 경우, 재난관리 대책활동의 핵심이 되는 현지대책본부 기능을 확보하기 위하여, 도쿄만 임해부(臨海部)의 기간적 광역방재 거점(아리아 케노오카 지구, 히가시오오기시마 지구)을 정비·구축하도록 하였다. 2011년 3월의 동일본대지진으로 인하여, 현재는 오사카(大阪) 등의 도쿄(東京)와 거리가 떨어진 일본의 다른 대도시권으로 이동하는 것이 안정된 위기관리 및 대응에 적합하다는 의견에 따라 이전에 대한 논의가 진행되고 있다.

아리아 케노오카(有明の丘) 지구는 수도 직하지진 등이 발생하였을 때 정부의 현지대책본부가 설치되고, 수도권 광역 재난관리의 본부로 기능함과 동시에, 광역 지원부대 등의 베이스캠프나 재해의료 지원기지 등으로 역할을 하며, 평상시는 유관 기관과의 방재정보 교환이나 각종 훈련 등, 재난 발생 시에 대비한 활동의 장으로서 기능한다.

히가시오오기시마(東扇島) 지구는 수도 직하지진이 발생하였을 경우, 국내외로부터의 지원물자 수송을 관리함과 아울러 해상 수송, 하천 수송, 육상 수송 등에 관한 중계기지 및 광역 지원부대 등의 일시 집결지·베이스캠프로써 기능하게 된다.

7) 도도부현과 시정촌 방재회의

원칙적으로 재난이나 안전을 위협하는 사고가 발생하면 시정촌이 일차적인 책임을 맡으며, 재난대책 및 정책을 각 현에서 중앙정부의 정책을 반영, 총괄 조정한다. 지방자치단체는 자주방재조직을 활성화하기 위하여 기존의 자치조직을 활용하고, 지역주민의 참여를 적극 유도하고 있다. 시정촌은 재난관리 대책의 제1차적 책무를 지고 있으며, 그 업무 수행을 위하여 소방기관을 설치하여 재난에 대비하고 있다.

도도부현 방재회의는 「재해대책기본법」 제14조에 근거하여, 도도부현의 재난관리 대책에 일관성을 주기 위하여 설치하며, 지역방재계획의 작성과 실시 및 재해가 발생한 경우 정보 수집, 관계 기관과의 연락 조정, 긴급대책계획의 작성과 실시를 담당한다.

<표 4-9> 중앙정부 및 도도부현, 시정촌의 역할

국가	도도부현	시정촌
방재계획의 작성 및 종합 조정, 댐, 방파제 등의 방재시설 설치, 재해 예측·예보·정보 전달을 위한 조직 정비 등을 한다.	방재계획의 작성·종합 조정·관계 성청 등에 응급조치 실시 요청, 시정촌이 실시하는 사무·업무의 보조·조정 등을 한다.	주민 보호를 위한 방재계획의 책정과 방재용품 정비를 비롯하여 소방기관·수방단 등의 조직정비 등 다양한 방재 시책을 마련한다. ⇒ 시정촌장에게 피난 지시, 경계 구역의 설정, 응급 공용 부담 등의 특권을 부여(방재대책의 제1차적 책무)
• 방재에 필요한 물자 및 자재 비축·정비·점검 • 재해예측·예보·정보 전달을 위한 조직의 정비 개선 • 재해에 관한 정보 수집 및 전달	• 방재에 필요한 물자 및 자재 비축·정비·점검 • 재해예측·예보·정보 전달을 위한 조직의 정비 개선 • 재해에 관한 정보 수집 및 전달 • 재해 상황 및 이에 대해 취해진 조치의 개요 보고 [도도부현 → 국가] • 재해에 관한 예보 또는 경보 전달 [도도부현 → 국가] • 시정촌장의 응급조치 실시가 정확하면서도 원활하게 이루어지기 위한 조정 • 관계 기관(각 성청 등)에 대하여 응급조치 실시 요청 • 시정촌이 사무를 볼 수 없게 되었을 때의 응급조치 대행 • 다른 도도부현 지사로부터의 응급조치 실시 응원 요구에 부응할 의무	• 방재에 필요한 물자 및 자재 비축·정비·점검 • 재해예측·예보·정보 전달을 위한 조직의 정비 개선 • 재해에 관한 정보 수집 및 전달 • 재해 상황 및 이에 대하여 취해진 조치의 개요 보고 [시정촌 → 도부현] • 재해에 관한 예보 또는 경보전단 [시정촌 → 주민] • 소방기관, 수방단에 대한 출동 준비, 출동명령 • 재해의 발생 방어·확대 방지에 필요한 응급조치 실시 • 다른 시정촌장으로부터의 응급조치 실시 응급 요구에 부응할 의무

8) 상비 소방기관과 비상비 소방기관(소방단)

상비 소방기관이란 시정촌에 설치된 소방본부 및 소방서를 말하며, 전임 직원이 근무하고 있다. 소방단[7]은 시정촌의 비상비 소방기관이며, 그 구성원인 소방단원은 다른 본업을 갖고 있으면서도 "우리 지역은 우리가 지킨다"라는 향토 애호의 정신을 바탕으로 참가하여, 소방·방재활동을 하고 있다.

---

7) 우리나라의 의용소방대에 해당한다. 기본적으로는 만 50세까지 활동함을 원칙으로 하지만, 일본 사회의 고령화로 인하여 실제적으로 연령의 제한을 두지 않는다. 또한, 도시부에서의 소방단은 실제적인 화재 진압 등에 참여하지 않고 화재 시 안전선의 설치 및 평상시의 지역 커뮤니티의 화재 예방, 소화기 교환 등의 활동을 하고 있다. 지역에 따라서 여성 소방대를 조직하는 곳도 있으며(돗토리현, 鳥取県), 지역커뮤니티의 자주방재조직과 함께 야간 순찰 및 종합피난훈련 등을 협동으로 실시하기도 한다(교토시 슈하치 지구).

9) 자주방재조직

자주방재조직은 재해 시에 "우리 지역은 우리가 지킨다"라는 기본 정신으로 지역주민의 연대의식에 기초한 지역주민에 의한 임의의 자발적인 방재조직이다. 2018년 방재백서[8]에 따르면, 시정촌에 16만 5,429의 자주방재조직이 설치되어, 지역 세대 활동 커버율[9]은 83.2%에 이른다. 시즈오카현(静岡縣)의 경우, 근래 발생이 확실히 예상되는 도카이 지진(東海地震)의 대비 등으로 자주방재조직의 구성이 100%에 이른다. 우리나라의 지역 자율방재단에 해당한다.[10]

활동 내용으로는 평상시에는 지역 내의 안전점검, 방재지식의 보급과 방재훈련 실시, 행정기관으로부터의 방재 관련 정보를 각 세대 주민들에게 전파 등, 재난 시에는 재난정보 수집, 구출 및 구조, 출화(出火) 방지와 초기 진화, 대피 유도, 대피소의 운영 및 관리 등을 실시한다. 방재활동의 3 원칙인 자조(自助), 공조(共助), 공조(公助)에서 자주방재조직은 자조와 공조의 기본이 되고 있으며, 동시다발적인 피해로 인하여 행정기관의 구조활동 부족이 예상되는 초기 구급 및 구조활동, 초등 대처에서 그 역할이 기대되고 있다.

10) 자조·공조·공조의 협력 네트워크

재난으로부터 인명과 재산의 피해를 경감시키기 위해서는 국민 개개인과 기업의 자각에 뿌리를 내린 '자조(自助)'와, 지역 커뮤니티내의 다양한 주체의 협조에 의한 '공조(共助)'와, 정부 및 지방공공단체의 '공조(公助)'의 협동적인 연계가 필요하다. 개인이나 가정, 지역, 기업, 단체 등이 일상적으로 재해 피해 등을 줄이기 위한 행동과 투자를 장기적으로 실천하는 노력을 촉구하기 위하여, 2006년 중앙방재회의에서 "안전·안심으로의 가치를 인식하고 행동으로"를 구호로 삼는 '재해 피해를 경감하는 국민운동추진에 관한 기본 방침'을 결정하였다. 특

---

[8] 2019년판 방재백서, http://www.bousai.go.jp/kaigirep/hakusho/h31/honbun/3b_6s_43_00.html

[9] 전세대 수(全世帶數) 중, 자주방재조직의 활동 범위에 들어가 있는 지역의 세대 수 비율.

[10] 우리나라의 지역 자율방재단이 시군구 273 개소에 기초자치단체의 조례에 따라 설치되어 있는 것에 대하여, 일본의 자주방재조직은 철저하게 지역 커뮤니티(자치회)에 속하여 있다. 적은 규모의 경우, 50세대나 100세대 정도의 지역 커뮤니티에서도 자주방재조직이 구성되기도 한다. 따라서 자주방재조직의 연합회나 중앙회 등이 결성되어 있지 않다.

히, 저빈도 대규모 재해의 경우, 동시다발적인 피해 발생으로 인하여, 행정기관 역시 피해자로서 본래의 역할 수행이 제한되는 상황에 이르기 때문에, 초등 대응 시에 지역사회 역할의 중요성이 부각되고 있다.

일본 정부는 매년 9월 1일[11]을 '방재의 날', 8월 30일부터 9월 5일을 '방재주간'으로 정하고 있다. 정부와 지방공공단체 등에서는 이 기간을 중심으로 방재 지식 보급을 도모하기 위하여 전국 각지에서 방재 페어나 각종 강연회, 방재훈련, 방재 포스터 대회 등 다채로운 행사를 실시하고 있다.

학교에서의 방재교육은 어린이 시절부터 올바른 방재 지식을 함양하기 위하여 중요하며, 종합적 학습의 수업시간 등을 이용한 방재교육이 추진되고 있다. 또한, 주민참여형의 타운워칭(town watching)이나 방재맵 만들기, 방재활동을 위한 3단계 시스템, 사면회의 워크숍(四面會議) 등, 지역 커뮤니티에서의 방재교육도 중요시되고 있다.[12] 내각부에서는 훌륭한 방재교육 사례에 관한 정보 제공 등을 통하여 방재교육 촉진에 힘쓰고 있다.

내각부에서는 방재 자원봉사 활동의 환경 조성을 추진하기 위하여, 자원봉사자가 활동하는 데 도움이 되는 정보 및 교류 기회를 제공함으로써 자원봉사자를 수용하는 지방공공단체 등에 대한 노하우 등 정보 제공 및 대규모 재난 발생 시의 방재 자원봉사 활동의 광역 연계 추진 등을 구축하고 있다.

지진 등 재해가 발생하여 기업활동이 지체되면 그 영향은 개별 기업에 그치는 것이 아니라 지역 전체의 고용·경제에 타격을 주고, 나아가서 거래 관계가 있는 다른 지역에도 광범위하게 영향을 미칠 우려가 있다. 따라서 재난 발생 시 기업의 사업활동의 지속성을 유지하기 위한 경영전략을 정하는 사업지속계획(BCP)의 수립과 운용을 촉구하는 것은 사회와 경제의 안정성 확보 및 해외에서 보는 기업의 신뢰성 향상을 위하여 매우 중요하다.

일본 정부는 중앙방재회의의 전문조사회를 통하여 2005년에 '사업 지속 가이드라인'을 작성하여 보급·계발에 힘씀과 동시에, BCP 책정률의 목표를 '모든 대기업과 중견기업의

---

11) 관동대지진이 발생한 1923년 9월 1일을 기념하여, 이세만(伊勢湾) 태풍 발생의 익년인 1960년 각료회의에서 방재의 날을 정하였다. 매년 일본 각지에서 방재훈련 등을 실시하고 있다.

12) 기존의 강의식 교육 방식에서 벗어나, 지역 커뮤니티의 주체인 주민들 스스로를 통한 지역 방재력 향상을 목적으로 방재계획활동 등을 위한 참가형 워크숍 등이 실시되고 있다. 2009년부터는 필자를 통하여 우리나라에서도 강원도 삼척시(삼척 고등학교/삼척시청, 2009) 및 인제군(방재체험마을만들기: 가리산리, 2011/2012), 경기도 포천시 관인면(관인 의용소방단, 2009) 등을 대상으로 지역 방재력 향상을 위한 참가형 워크숍을 실시하고 있다.

50%(각 지진 방재전략·신성장전략 실행계획[로드맵])'으로 설정하여 기업에 의한 BCP 수립·운용 촉진을 도모하고 있다.

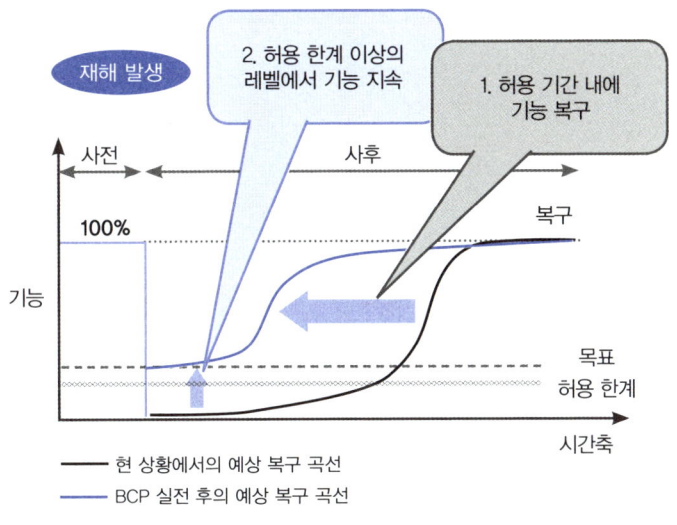

[그림 4-6] BCP(사업지속계획) 이미지

기업은 재난 발생 시에 기업이 수행하여야 할 역할(종업원의 생명 안전 확보, 2차 재난 방지, 사업 지속, 지역 공헌·지역과의 공생)을 충분히 인식하여 재난관리 활동 추진에 노력할 필요가 있으며, 기업 재난관리 활동 촉진을 위해서는 재난관리 활동에 적극적인 기업이 시장이나 지역사회에서 상응하는 평가를 받을 수 있어야 한다. 이를 위하여 일본 정부는 '방재에 대한 기업의 대처' 자기평가 항목표와 '방재의 대한 대처에 관한 정보 공개의 해설과 사례' 등을 수립하여 정보를 제공하고 있다. 자기평가 항목에 의거한 평가 시스템에 입각한 '재난관리 대책 촉진사업'(방재 등급) 융자제도가 일본 정책투자은행에서 실시되는 등, 기업의 방재활동 촉진을 위한 인센티브로써 활용되고 있다.

재난 현장 리더십

제1절 리더십의 의의

　리더십이란 부하에 대한 지휘관의 통솔 능력 또는 지도력으로 표현되고 있으나 그 개념은 다의적이어서 한마디로 정의하기는 어렵다. 그러나 일반적으로 리더십이란 조직 목표의 달성을 위하여 부하가 자발적으로 적극적 행동을 하도록 동기를 부여하고 영향력을 미치는 지휘관의 쇄신적·창의적인 기술·능력을 의미한다(김경진, 2019).

　과학적 관리론이 지배하던 시대에는 합리적·기계적 인간관 때문에 리더십이 중시되지 않았으나 1930년대 인간관계론의 대두와 1960년대의 발전행정이 대두됨에 따라 리더십의 중요성이 강조되기 시작하였다. 특히 계획적 변동을 그 본질로 하는 오늘날의 발전행정에서는 행정적 변혁 역군의 등장과 행정적 리더십의 발휘가 핵심적 요건이 되고 있다.

　로스트(Rost, 1991)는 "리더십은 상호의 목적을 성취하고자 실제적 변화를 의도하는 지휘관과 협력자(collaborator) 간의 영향력 관계"라고 21세기에 부합하는 리더십을 정의하면서, 리더십의 필수적인 요소를 다음과 같이 제시하였다. 첫째, 관계는 직위적 권위보다는 영향력에 기초한다. 둘째, 지휘관과 협력자가 상호작용하여 리더십을 발휘한다. 셋째, 지휘관과 협력자는 실제 변화를 의도한다. 넷째, 지휘관과 협력자가 추구하는 변화란 공유된 목표를 반영한다.

리더십에 대한 다양한 개념 정의에도 불구하고 리더십에는 다음과 같은 공통적이고 핵심적인 요소가 내재되어 있다. 첫째, 리더십은 하나의 과정이다. 둘째, 리더십에는 영향력이 수반된다. 셋째, 리더십은 집단의 수준에서 발생한다. 마지막으로 리더십은 목표 달성을 수반한다. 이를 정리하면 리더십이란 "어느 한 개인이 공통의 목적을 달성하기 위하여 집단의 개인들에게 영향력을 미치는 과정"이라고 개념 정의할 수 있을 것이다(장호일, 2014).

이를 종합해 보면, 리더십의 정의는 시대적 상황과 조직구조에 부합할 수 있는 새로운 시각에서 이해하여야 하고 의사소통, 협력, 코치, 촉매를 강조하는 개념으로 이해할 수 있다(김경진, 2019).

제2절 재난 현장 리더십

재난 현장에서 위험한 과업을 수행하는 환경에서 극단적인 스트레스로 리더의 역할 기대는 하나의 예측이 가능한 방법으로 변하기 쉬우며, 이런 상황에서 부하들은 리더가 좀 더 독단적이고 지시적이며 확고하기를 기대한다(Knabe, 1999). 또한 그들은 문제를 찾아내고 해결을 모색하며 위기에 처한 집단의 반응을 지시하는 데 주도적인 리더를 요구한다.

해군 장교를 대상으로 한 연구(Mulder et al., 1970)에 따르면, 위기 상황에서 가장 영향력 있는 것으로 평가된 장교는 주도적이며, 대담하고 확신에 찬 방법으로 권력을 행사한 사람으로 나타났다. 이런 집단의 리더는 좀 더 목표 지향적인 경향이 있으며, 좀 더 지시적이고 구조화된 행동을 하는 반면 사려 깊고, 지원적인 행동을 줄이게 된다(Pfeffer & Salancik, 1975).

일반적으로 재난 현장 활동을 하는 소방조직의 리더십은 의사결정의 권한과 권리가 소수에게 부여된 권위적인 계층구조로 간주되어 왔다. 아직도 의사결정의 폐쇄적인 시스템의 개념을 타파하지 못하고, 소방관은 항상 위로부터 받아들이는 데 익숙해져 있다. 소방조직의 권위적인 계층구조 시스템은 순기능도 있지만 역기능의 폐해가 크다고 볼 수 있다. 효율성이 떨어지는 계층구조를 개방적인 시스템으로 개선하기 위해서는 조직구성원의 욕구, 바람, 참여의 기회에 대한 고려가 있어야 한다. 효과적인 리더십의 요건에서 유연성이 우선이다. 지휘관은 화재의 종류가 다를 때 사용하는 사다리차, 소방용 관창의 종류도 다른 것을 사용하듯이 리더십의 유형도 상황에 가장 적합한 리더십을 발휘하여야 한다.

재난 현장에서의 리더십 유형은 모든 현장 참여자의 행동에 영향을 줄 수 있다. 재난 대응을 성공적으로 수행하기 위하여 지휘 체계에서 특수한 상황에 적합한 리더십을 선택하여야 한다(Vera & Crossan, 2004). 리더십은 기계를 잘 움직이도록 하는 윤활유와 같다. 따라서 효과적인 리더십 없이는 그 서비스를 공급하는 기계는 결국 느려지고, 멈추게 된다(Carter, 2011).

리더십은 화재와 같은 긴급 재난 상황에서 매우 중요한 요소이다. 리더십 기술의 감소와 소방대원 및 소방으로부터 보호받기를 원하는 시민들의 위험 증가와 사이에는 상관관계가 있다(Carter, 1998). 그러므로 소방 업무는 누군가가 잘 이끌어서 적절한 방법으로 위험에 처한 시민에게 제공되지 않으면 사람들의 생명은 위험에 노출된다. 리더십은 소방 서비스를 제공하는 데 중요한 요소이기 때문에, 소방관서의 인명구조 노력을 위한 리더십을 제공하는 가장 좋은 방법을 탐색하는 데 많은 노력을 들인다. 이런 임무는 위험에 처한 인명을 구조하고, 위험에 노출된 사람의 생명을 보호하며, 사고를 진정시키고, 피해를 멈추며, 화재를 진압하여 재산을 보호한다(Brunacini, 2002).

소방 서비스와 같은 현장 업무는 재난의 특수한 환경적인 조건에서 지역사회에 긴급 서비스를 제공하는 특수한 분야이다. 그러므로 소방조직은 감독적인 행동의 상당한 부분을 차지하는 과업행동 중심 리더십이 문제 해결에 효과적이라 할 수 있다(Casimir, 2001). 소방작전의 지휘는 고도로 훈련되고, 높은 동기부여가 된 소방관으로 구성된 팀에 의하여 성취되어야 하는 노력의 분야이다(Barr & Eversole, 2003; Clark, 1991; Carter, 1998). 리더십의 유형과 관계없이 소방 업무는 구성원 개개인의 역할이 대단히 중요하다(Von Schell, 1932). 따라서 리더는 구성원 개개인이 가진 역량을 세심하게 파악할 필요가 있다. 구성원의 역량에 맞게 업무를 배정할 때 그들이 가진 역량이나 능력 범위에서 역할을 수행할 수 있다.

본 셸(Von Schell, 1932)은 삶과 죽음의 결정적인 상황에서 나타나는 리더십의 사례는 화재 진압 활동과 유사하다고 하였다. 화재 진압 활동을 하는 동안 효과적인 리더는 압박감이 집중된 환경에서, 소방대원을 열심히 작업하도록 하는 것이다. 화재 현장은 전쟁터의 상황과 유사하게 위험하고, 극적이며, 불확실한 측면이 있다. 화재사고 현장과 같은 심각하고,

어려운 상황에서는 단순한 의사결정과 단순한 지시로서 해결될 수 있을 뿐이다. 상황이 점점 어려워질수록, 시간이 부족할수록 가장 단순한 지시가 실행될 수 있을 것이다(Von Schell, 1932).

실제로 소방 업무는 화재 현장의 거센 불길과 짙은 연기와 유독가스 속에서 소방의 모든 자원을 함께 투입하여 화재를 통제하는 것이다(Carter, 1998). 이러한 점을 고려할 때 군대의 전투 상황과 소방의 화재 진압 상황은 비슷한 유형의 리더십이 적용된다고 할 수 있다(Brunacini, 2002; Carter, 1998; Clark, 1991; Coleman, 1978).

소방 업무의 맥락에서 리더십은 재난 현장 활동에 적절한 리더십을 가져야 할 필요가 있다. 소방 업무에서 요구되는 가장 대표적인 재난 현장 리더십이 필요하지만 리더십 이론의 다양한 관점을 고려할 필요가 있다. 특히 과업 중심 또는 사람과의 관계 중심이 되는 리더십이 쟁점이 되는 관점에서 소방 업무를 효과적이고 효율적으로 수행할 수 있는 리더십이 요구된다(변상호, 2014).

제3절 재난 현장 리더십에 대한 연구

재난 대응 리더십은 특정한 목표, 즉 국민의 생명과 안전을 위한 국가재난관리를 효과적으로 달성하기 위하여 영향력을 행사하고, 다양하게 관련되어 있는 국가재난관리 체계의 조직구성원이 의도하는 방향으로 움직일 수 있도록 하는 것이다(김우성, 2015).

양기근·정기성(2009)은 「소방서장 리더십이 조직몰입에 미치는 영향에 관한 연구」에서 소방 업무는 긴급성, 위험성, 전문성, 위기대응성 등의 특성을 가지고 있어 리더십이 더욱 중요할 수밖에 없다고 강조하였다. 그러나 아직까지 소방서장의 리더십과 소방관의 성과, 조직몰입, 직무만족 등에 대한 체계적인 연구는 미비한 실정을 지적하고 있다. 리더십 유형으로는 첫째, 민주적 리더십은 건의 사항 수용, 직원 복지 관심, 소외 직원 관심, 직원 성장 욕구 자극 등이고, 둘째, 업무 중심 리더십은 원칙 중시, 업무 성과 중시 등이다. 종속변수인 조직몰입은 정서적 몰입과 지속적 몰입을 측정하였다. 연구 결과, 소방서장의 리더십은 조직몰입에 영향력을 미치고 있었다. 특히, 민주적 리더십이 업무 중심 리더십보다 소방관의 정서적·지속적 조직몰입 모두에 더 많은 영향력을 미치고 있는 것으로 나타났다.

권욱(2006)은 한국의 재난관리 리더십에 관한 연구에서 소방방재청, 재난관리 관련 부처, 지방자치단체 공무원, 일선 소방서의 공무원, 재난관리 자문단, 재난 관련 NGO 등을 대상으로 재난관리 리더십 유형, 재난 리더십의 특성이 조직의 효과성에 영향을 미치는 요인을 중심으로 실증적 연구를 수행하였다.

재난관리 단계별 리더십 유형과 조직효과성을 분석한 결과, 첫째, 예방 단계에서 조직 효과성에 영향을 주는 리더십 유형은 설득형, 참가형, 지시형 리더십으로 나타났다. 둘째, 대비 단계에서 조직 효과성에 영향을 주는 리더십 유형은 설득형, 위양형 리더십으로 나타났다. 셋째, 대응 단계에서 조직 효과성에 영향을 주는 리더십 유형은 설득형 리더십, 인성 특성 리더십으로 나타났다. 넷째, 복구 단계에서 조직 효과성에 영향을 주는 리더십 유형은 지시형 리더십, 인성 특성 리더십으로 나타났다.

리더십 유형이 조직 효과성에 영향을 미칠 것이라는 가설 검증 결과는, 첫째, 설득형 리더십은 직무 충실성에 긍정적인 영향을 미치는 것으로 나타났다. 둘째, 설득형 리더십은 조직 구성원의 능력 발휘에도 긍정적인 영향을 미치는 것으로 나타났다. 셋째, 재난관리 조직구성원 간의 협력 관계에서 설득형 리더십과 참가형 리더십이 긍정적인 영향을 미치는 것으로 나타났다. 넷째, 조직 목표 달성에서도 설득형 리더십과 참가형 리더십이 긍정적인 영향을 미치는 것으로 나타났다. 다섯째, 조직활동 결과에 대한 만족도에서 설득형, 참가형, 위양형 리더십이 긍정적인 영향을 미치는 것으로 나타났다.

효과적인 재난관리를 위한 리더십 정책 방향은 첫째, 재난관리 조직은 현장 대응에서 효과성 제고, 인적·물적 자원 동원에서 총괄 조정 기능을 수행할 수 있는 조직으로 발전되어야 한다. 둘째, 재난의 불확실성은 재난관리조직의 리더로 하여금 필요한 대응의 규모·범위·시기를 사전에 알 수 있도록 재난 발생의 환경을 지속적으로 관리하여야 하며, 신속한 조직적인 기능을 갖춘 시스템을 사전에 구축하고 동원할 수 있는 리더십을 제고하여야 한다. 셋째, 재난관리조직의 리더로 하여금 급박한 상황 변화에 능동적으로 대처할 수 있는 재량권을 허용하여 필요한 조치를 취할 수 있는 여건을 마련하여야 한다. 넷째, 재난관리 전담조직 단독으로만 대응하는 것은 현실적으로 한계가 있으며, 네트워크 체계를 구축하여 유관 기관과 지방정부는 물론 NGO를 포함하여 포괄적인 대응을 하기 때문에 재난 대응에 필요한 효과적인 리더십이 개발되어야 한다. 다섯째, 재난관리 속성상 예방, 대비, 대응, 복구 단계의 각각 요구되는 리더십에 대한 차이가 있다.

따라서 예방과 대비 단계에서는 참가형 혹은 위양형 리더십을 발휘하여 조직구성원의 참여를 유도하여야 하고, 대응 및 복구 단계에서는 긴급한 상황이 요구되기 때문에 지시형이나 설득형 리더십이 발휘되어야 할 것이다.

방봉수(2010)는 재난 대응 과정에서 소방공무원 리더십과 현장지휘 체계 개선 방안에 관한 연구에서「재난 및 안전관리 기본법」과 주요 선진국의 재난관리 체계의 검토, 국내 재난의 사례분석, 현장지휘관인 다수의 소방서장에 대한 인터뷰를 실시하여 문제점과 개선 방안을 도출하였다. 최근 재난의 양상은 대형화, 복잡화, 다양화되어 예측하기가 곤란하다. 재난 현장에는 많은 기관, 단체의 인력과 장비가 동원되지만 상호 연계성 부족으로 효율적인 현장지휘 체계 운영에 어려움이 있다. 재난은 초기 대응이 실패하면 더 큰 양상으로 확산되기 때문에 재난 대응 과정에서 현장지휘 체계의 확립이 매우 중요하다고 지적한다.

문제점으로는 현장지휘 체계의 혼란, 재난안전대책본부와 긴급구조통제단장의 기능 중복, 유관 기관 간의 상호 협조 체계 미흡, 하위 직급의 연락관 파견으로 인한 의사결정의 지연 등이 언급되었다. 또한 응급의료 체계의 운영 및 자원봉사단체에 대한 관리도 미흡한 것으로 나타났다.

개선 방안으로는 통합적 재난관리 시스템의 구축, 의사결정권자의 명확한 지정, 강력한 현장지휘권의 확보, 조직 상호간 수평적 협력 체계 구축, 재난 분야별 전문가의 사전 확보, 임시 응급의료소의 설치 및 이송 체계의 확립, 자원봉사단체의 사전 승인 및 전문교육, 통합된 자원관리 체계의 운영 등을 제안하였다.

재난 현장 상황의 혼란과 무질서, 혼돈 속에서 현장 구성원은 평상시 발휘하였던 판단력과 분별력을 제대로 발휘하지 못할 가능성이 높다. 따라서 불확실성, 현장 위주의 임무, 상호의존성을 갖는 재난관리에서 리더의 역할은 재난 상황에 비하여 구성원으로 하여금 효과적인 대응활동에 참여하며, 리더의 관리통제에 순응하도록 역량을 갖추어야 한다.

김기영(2009)은 소방공무원의 위기관리 리더십에 관한 연구에서 리더십 이론과 연구 문헌에 나타난 리더의 행동 및 특성에 대하여 분석하고, 선행 연구를 참고하여 소방공무원에 대한 설문조사를 통하여 소방조직에서 평상시와 위기관리 상황에서의 효과적인 리더십을 구분하여 연구하였다.

연구 결과 첫째, 평상시 조직관리에 가장 효과적인 리더십은 자기희생적 리더십으로 밝혀졌다. 또한 부하와의 관계를 중시하는 관계 중심적 리더십과 배려형 리더십, 그리고 구성원의 가치관과 조직문화를 변혁하는 변혁적 리더십과 정보 및 아이디어를 공유하고 의사결정에 부하들이 참여하는 참여형 리더십이 평상시 조직관리에 효과적인 리더십으로 나타났다.

둘째, 위기관리 리더십에서는 평상시 조직관리 리더십과 같이 자기희생적 리더십이 가장 효과적인 리더십으로 분석되었으며, 위기 상황을 극복하기 위한 결과로 보이는 카리스마적 리더십과 대표로서의 역할을 수행하는 관리적 리더십, 역할과 임무를 명확하게 하는 주도형 리더십, 부하와의 관계를 중시하는 관계적 리더십, 리더의 개인적 능력을 중시하는 특성이론 (trait theory)이 위기관리에 효과적인 리더십으로 분석되었다.

셋째, 리더십과 변수별 상관관계분석에서 소방조직은 계급별로는 소방사와 소방위, 경력으로는 5년 미만의 경력자, 학력으로는 전문대학 졸업자가 가장 적극적이며, 위기관리 상황에서 리더십의 중요성을 높게 인식하였다. 그러나 계급별로는 소방교와 소방장, 경력으로는 10년 이상 15년 미만, 학력별로는 고졸 이하가 위기 상황에서 리더십의 중요성을 상대적으로 낮게 인식하는 것으로 나타났다.

김형도(2008)는 소방조직의 리더십 발전 방안에 관한 연구에서 소방조직 환경에 걸맞은 새로운 유형의 리더십을 제시하여 소방조직의 경쟁력과 효과성을 제고하는 방안을 제시하였다.

연구의 결과, 첫째, 변혁적 리더십을 발휘하여야 한다. 현재의 소방 조직은 소방 서비스의 질적 경쟁력을 높이고 대외적 환경과 경쟁에서 뒤지지 않기 위해 새로운 형태의 시대적 감각에 맞는 리더십이 요구된다. 변혁적 리더십은 소방공무원의 불만요인 제거와 직무 만족의 향상으로 이어지며, 양질의 소방 서비스를 제공하게 되는 중요한 요인으로 작용하게 될 것이다.

둘째, 조직구성원에 대한 임파워먼트가 작동되어야 한다. 리더는 조직구성원이 틀에 박혀 수동적이고 상황 적응적인 관리 마인드에서 능동적이고 상황 창조적인 능동적인 마인드로 전환되어야 할 것이다. 소방조직의 성과 증진을 위하여 권한위임, 잠재적 능력을 발휘할 수 있는 분위기를 조성하여야 한다.

셋째, 소방조직의 각 계층별 리더는 권위주의적 조직문화를 과감하게 일소하는 노력을 기울여야 한다. 행정환경 변화에 따른 조직구성원의 의식과 행태의 변화는 물론 조직 외적인 환경에 적응할 수 있는 새로운 리더십을 발휘하여야 한다. 리더는 개개인의 변혁적 사고를 근간으로 하는 다양한 형태의 리더십 유형을 자신이 속한 조직 내에서 현대적 상황에 적합한 리더십을 발휘하여 대외적 경쟁력과 조직의 효과성을 제고하여야 된다.

제4절 효과적인 재난관리 리더십

현대 사회는 사회 체계의 복잡성이 증가하고 산업화가 진행됨에 따라 위험도 함께 증가하고 있다. 사회가 발전하고 사회 체계가 복잡해짐에 따라 동시적으로 위험이 증가하는 사회, 생활 자체가 항상 위험에 둘러싸여 있는 사회, 위험의 생활화가 일상적이고 정상적인 것으로 보이는 사회를 위험사회라고 볼 수 있다.

재난 현장에서 초기 대응의 책임을 지고 있는 재난 현장의 지휘관은 신뢰를 바탕으로 지휘관에 대한 신뢰, 동료에 대한 신뢰, 개인역량에 대한 신뢰 등이 복합적으로 갖추어져 있어야 효과적인 재난관리 리더십을 발휘할 수 있다(김우성, 2015).

첫째, 재난 현장에서 지휘관의 리더십이 발휘되기 위해서는 신뢰가 중요하다는 것이다. 지휘관이 직원들의 신뢰를 얻기 위해서는 계급적인 권위나 위계적인 조직문화를 벗어나 직원들의 입장에서 다가가려는 마음가짐이 필요하다. 지휘관의 능력적인 측면에서 살펴보면 지휘관은 하급자보다 전문적 지식을 가지고 있으며, 대부분의 업무를 경험하여 다양한 경험을 가지고 있다. 이러한 경험을 바탕으로 업무지시와 현장지시가 이루어져야 하는데, 자리를 채우기 위한 인사 배치를 하다보면 그 업무에 적합한 사람이 배제되는 경우도 생길 것이다. 개인역량의 신뢰를 올리기 위하여 해당 업무를 일정 기간 거친 지휘관을 배치한다면 자연스럽게 그 지휘관에 대한 신뢰가 증가할 것이다. 이 연구에 따른다면 재난 현장의 지휘관은 화재 현장과 구조 현장을 두루 경험하고 구급과 119상황실 시스템을 경험한 사람이 되어야 한다. 지휘관은 모든 자원이 화재 현장에서 가장 효율적이고 신속하게 배치될 수 있도록 짧은 시간 안에 상황 판단하여야 하는데, 이러한 판단은 그 업무를 거치지 않고서는 올바르지 않은 결정을 내릴 확률이 높다. 건물 붕괴 우려가 있는지? 화재 진압요원이 내부에 진입하여야 하는지? 연소 확대를 저지하여야 하는지? 등의 판단은 이론적으로 배울 수 없는 중요한 판단 요소로 부하직원은 이러한 능력에 대하여 지휘관을 신뢰할 수 있어야만 지휘관의 지시에 확신을 가지고 현장 활동을 할 수 있을 것이다. 따라서 능력에 대한 신뢰는 신뢰 요인 중 가장 중요한 요인이다.

둘째, 소방조직은 계급에 의하여 지시를 받는 위계적인 조직문화를 가지고 있다. 재난 현장에서의 일사불란한 지휘통제를 위하여 계급이 필요하기도 하지만 이는 일반적으로 경직된 업무 분위기와 불필요한 절차를 만들기도 한다. 공무원 조직은 여러 단계의 결재 라인을 거치는 문화가 있어 여러 번의 검토를 통하여 미진한 부분을 채워줄 수 있는 장점이 있는 반면 신속한 의사결정이 필요한 상황에서는 걸림돌이 되기도 한다. 이에 정직성(integrity) 신뢰를 높이기 위하여 지휘관은 조직의 의사소통을 원활하게 할 수 있는 방법을 찾아야 한다. 자신의 업무지시에 책임을 질 수 있어야 하며, 하급자에게 평가를 받는 것도 좋은 방안이 될 것이다. 결국 일방적인 지시와 전달은 한쪽의 불신을 증가시켜 상호 신뢰를 해칠 수밖에 없으며, 지휘관의 신뢰는 지휘관 자신이 쌓아가는 것이기 때문에 조직문화를 수평적이고 유연하게 만들려는 노력이 정직성 신뢰를 높이는 계기가 될 것이다. 우리는 세월호 사고에서 결재 라인을 통하여 보고에 걸리는 시간조차도 대형 재난 현장에서는 걸림돌이 된다는 것을 경험하였다. 많은 인명의 목숨이 좌지우지되는 순간에 신속한 보고 라인을 통한 지시와 전파는 유관기관에의 협력 요청과 가용자원의 신속한 동원을 위하여 반드시 필요하다. 보고문서 작성이 인명구조를 위한 활동보다 우선시된다면 이것은 모순된 행정일 것이다. 조직의 유연한 의사소통에 계급적 요소가 역효과를 내는 측면이 있지만, 재난 현장에서만큼은 현장에 있는 지휘관이 모든 결정을 할 수 있는 여건을 만들어 주어야 한다. 지휘관의 계급은 그러한 판단을 내릴 수 있도록 부여한 공적인 위임인 것이다. 따라서 소방공무원의 계급적 요소는 현장에서의 이러한 지휘 공백을 없애고, 지휘 책임을 부여하는 역할을 하는 것이기 때문에 계급적 요인이 존재할 수밖에 없는 불가피한 요소가 있다.

셋째, 소방조직은 화재 진압, 인명구조 및 구급활동을 통하여 공익에 기여하고 있다. 민간기업이 매출액과 순이익을 통하여 성과를 측정하는 데 반하여 소방조직의 공익적인 소방활동이 얼마만큼의 가치가 있는지 연간(반기별) 성과를 측정할 수 있는 계량적인 측정지표 산출이 정립되지 않아 평가하기에는 많은 어려움이 있다. 출동 건수가 많다고 성과가 많았다고 할 수 없으며, 많은 응급환자를 이송하였다고 성공적이었다고 평가하기에는 좀 부족한 면이 있다. 지휘관의 신뢰를 높이는 세 번째 분야는 호의성 신뢰(benevolence-based trust)인데 호의성 신뢰를 높이기 위해서는 직원들에게 업무를 맡길 때, 소정의 인센티브(incentive)를 설정한다면 직원들이 업무를 하면서 인센티브를 얻기 위하여 열심히 노력하게 될 것이다. 이러한 인센티브는 인사 배치를 할 때 우선 고려나 교육 출장 시 원하는 교육의 선택 등 다양하게 재량적으로 선택할 수 있다. 소방의 업무는 대부분 비경쟁적이고 비용 대비 효과를 내야 하는 효율성을 측정하는 지표가 없다 보니 업무의 효율성이 떨어지는 측면이 있다. 재난 현장에서 지휘관이 의사소통의 개방성을 유지하려는 노력을 한다면 부하직원은 자신의 사소한 정보 소스를 지휘관에게 보고하려는 마음을 가지게 되고 호의성 신뢰를 증가시키게 될 것이다.

제6장

재난관리와 민관 협력

제1절 민간 부문 협력 체계

1. 시민협력 체계

　방재(防災)의 문제는 발생 메커니즘상 시간적·공간적으로 지역에 한정되는 특성을 가지며, 지역에 따라 현상이 다양하므로 전 세계적으로 지역의 현장 대응 능력이 방재 정책결정의 중심이 되고 있는 추세이다. 초동 진압의 효과를 높이기 위하여 민간자율 방재조직이 신 파트너십의 형태로 대응 위주의 소극적 참여에서 정책 형성 및 집행 영역(예방·대비·대응·복구)까지 역할이 확대되고 있다. 그러나 우리의 방재 시스템은 지방자치단체의 재정 능력 미약, 경험 부족 등으로 여전히 중앙정부 중심으로 운영 중이며, 시민 참여의 기회와 열망은 커지고 있으나 민관 파트너십 구축은 미흡한 실정이다.

　시민단체는 기능 영역에 기반을 두고 있는 것과 지역에 기반을 두고 있는 조직으로 구분할 수 있다. 이러한 시민단체의 형성 여건의 관점에서 새로운 시대에 시민단체의 정책 형성 능력과 실천 효과를 제고하기 위하여 필수적으로 요구되는 것이 단체 간의 협조 및 조정 기능이다. 그러나 최근 들어 한국에서도 이와 같은 기능을 담당할 협의체 구성에 대한 필요성은 느끼고 있지만, 산발적인 시도가 있을 뿐 통합적인 협력체를 발족하지는 못하고 있다. 대형 재난이 발생할 때마다 통합적인 협력 체계가 갖추어지지 않아 비효율적이고 체계적이지 못한 활동이 이루어져 많은 문제점이 드러났다.

시민단체가 제공하는 서비스의 비중이 증대될수록 기존의 공공 서비스 공급에서 정부 및 공공단체와의 역할 정립과 조정의 필요성은 더욱 증대될 것이다. 따라서 급격하게 변모하고 있는 공공 서비스 공급환경 변화에 신축적으로 대응하고, 시민단체의 자유로운 설립과 활동을 보장하는 한편 공공 서비스 공급의 효과성을 제고하기 위해서라도 정부 및 공공단체와의 기능 간 또는 지역 간, 그리고 종합적으로 정부와 파트너가 될 수 있는 연합체를 육성하고 그에 따른 협조규칙을 확보할 필요가 있다.

최근에 이르러 사고 대상물이 증대하고 그에 따라 예측하기 어려운 위험도가 증가되고 있다. 더불어 신기술과 신물질을 사용하는 생활 패턴의 변화로 인하여 사고 유형이 다양화·복합화되고 있고, 고도의 시스템 사회로 이행함에 따라 피해의 파급도가 증가 또는 광범위화하고 있는데 반하여 대응 기반과 체제는 특히 초동 체제에서 재난환경 변화에 적절히 대응하지 못하는 분야와 지역의 사각지대가 날로 증가하고 있는 것이 현실이다. 이러한 관점에서 재난 발생 시 현장의 발생 시점에서 초동 조치의 극대화와 공공의 실패가 발생하기 쉬운 사각 영역에서의 재난 대응을 위하여 다음과 같은 시민단체의 재난 대응 능력 극대화와 전문성 강화를 위한 역할과 기능의 재정립이 필요한 시점이다.

1) 재난 발생 시의 역할과 기능

유사시 신속한 자체 초동 조치, 정보 전달 연락, 구조구급, 피난 유도, 급수 급식 등 구호, 피해자 안정 등의 기능을 수행하기 위해서는 적어도 ① 소방 방재 안전관리 활동이 가능한 다수의 시민으로 구성된 시민단체, ② 재난 발생 시 대응 가능한 능력을 갖춘 구성원과 장비, ③ 대응력 극대화를 위한 재난 참여 자원봉사자와 단체의 조정·통제장치 등이 필요하다.

자율조직의 성과는 지도자의 지도력에 좌우되는 경향이 있다. 따라서 이를 지휘하고 통제할 수 있는 의사결정 능력이 가능한 지도자의 능력도 중요한 활동 조건이 된다고 할 수 있다.

2) 평상시의 역할과 기능

평상시에는 위기관리 시를 대비한 능력과 여건을 구비하기 위한 활동을 수행하게 된다. 즉, ① 다양한 활동 기반과 계층의 방재 안전 문화의식 조성, ② 자율교육과 훈련, ③ 지역 및 활동 장소의 자율방재 안전 감시, ④ 자율방재조직의 운영 및 공공과의 협조, ⑤ 국내외 안전시민운동의 네트워크 구축, ⑥ 다양한 재난 발생 상황을 감안한 정책 형성 및 대응을 위한 지식 기반 지원 등의 기능을 수행할 수 있는 시민단체의 역할과 기능이 요구된다.

이러한 관점에서 역할과 기능 그리고 능력 면에서 다양한 방재 안전 관련 시민단체의 능력을 극대화하기 위하여 우선은 위와 같은 기능을 종합적으로 수행하고 아울러 총괄 조정 기능을 수행할 수 있는 시민단체 연합조직 구축이 시급히 요구된다.

평상시의 시민운동이나 상호부조 관계를 통하여 마련된 사회적 네트워크가 재해 상황에서 볼런티어를 모으는 통로로 기능할 수 있었다는 사실로부터 지연에 기반을 두지 않은 공동성이 발휘될 수 있는 가능성이 제시되고 있다고 할 수 있다. 즉, 제도가 마비된 상황에서는 시민사회적 영역의 건강성이 중요하다는 시사점을 찾을 수 있다(한국언론연구원, 1995 : 200).

따라서 시민사회의 자립성과 네트워크가 공식적인 제도가 마비되었을 때 발휘하는 사회 조직력이 재해 대책에서 불가결하다는 점을 인식할 필요가 있다.

2. 기업 협력 체계

일본에서도 종래에는 자주 방재활동은 주민이 행하는 것으로 생각되어 왔지만 고베(神戶) 대지진 때의 교훈으로 지역의 기업과 협력 관계가 관심을 끌었다. 예를 들면, 기업의 자위소방대가 근린 화재 시에 출동하여 초기 소화활동을 임한다면 주변 주민들에게는 안정감을 심어주게 된다. 또 기업도 주변의 화재를 진화하는 것이 연소를 방지하는 것으로 되어 자기 회사의 안전으로도 연결된다. 고베 대지진 때 기업의 반응은 신속하고도 유연하게 나타났다. 이는 규칙에 얽매여 상황 적응이 늦었던 공공 부문의 행동과 좋은 대조를 이루었다. 전화가 불통된 상황에서도 전기기기 메이커인 NEC는 자체 통신망을 이용하여 기능을 발휘할 수 있었다. 다른 기업들도 종업원의 구출과 생활 지원대책을 신속하게 마련하여 조직력을 과시하였다. 기업의 유연성은 일반 시민에 대한 구호활동에서도 발휘되었다. 예를 들어 대중교통이 마비된 상황에서 관리직 사원이 무리해서 출근하지 않고, 소학교 피난소에도 못 들어가 동네 주차장에 모여 있는 이재민을 돕기 위하여 활동한 사례가 보고되었다. 그가 벌인 활동의 주요 내용은 회사에 연락하여 식량, 천막, 방수포, 발전기, 물탱크, 매트리스 등을 지원받아 어느 정도 위기 상황을 벗어날 때까지 10일간 리더의 역할을 수행한 것이다. 회사에서도 중간 지점에 있는 사원의 아파트를 물자를 중계하는 장소로 지정하여 조직적인 도움을 제공하였다. 즉, 그는 회사의 조직력을 동원하여 지역주민에 대한 구원활동을 전개하는 리더십을 발휘하였다고 볼 수 있다(三船康道, 1998).

또, 남성이 출근하면 주거지에는 재해 약자라고 일컫는 부인과 고령자와 어린이만 남겨져 재해 시에 유효한 활동이 되지 않는다. 그런 경우 남자들이 많은 근처 기업과의 협력이 불가결하게 된다. 이러한 관점에서 주민과 기업과의 협력 관계를 형성해 가려고 하는 움직임이 나온다. 협력 관계가 성립하면 근무 중인 남성은 재해 시에는 다른 가족을 구하게 되는데 자기 가족은 또 다른 기업의 남성이 구하게 되는 것이다.

한국에서도 최근에 전국경제인연합회를 중심으로 '재난재해 극복을 위한 경제계 네트워크'를 구성하였다. 전국경제인연합회는 2003년 9월 30일에 모여 '재난재해 극복을 위한 경제계 네트워크 구성 간담회'를 개최하고, 기업의 재해 구호활동을 적극 지원하기 위한 민간 경제계의 네트워크 구성 현황과 운영계획을 밝혔다. 기존의 기업사회 공헌 조직을 최대한 활용하여 재난재해에 대하여 경제계 공동으로 대처하는 한편, 정부재해대책기구·구호 관련 NGO·자원봉사단 등과 긴밀한 연계 시스템을 갖추어 좀 더 체계적이고 효율적인 재해 구호 활동을 전개하기로 하였다. 전경련이 이처럼 '재난재해 극복을 위한 경제계 네트워크'를 구성하게 된 배경은 매번 되풀이되는 재난재해 피해를 최소화할 수 있는 대비책 마련과 실제로 재난재해 발생 시 신속한 복구 지원 체제를 가동하는 것이 무엇보다 중요하다는 점을 인식한 데에 기인한다. '재난재해 극복을 위한 경제계 네트워크' 구성 현황을 보면, 전경련이 추진 사무국을 맡게 되고 조직 체계는 행정지원반(연락·현장조사·애로 사항 접수 등), 물품지원반(구호물품), 응급복구반(인명구조·붕괴시설물 복구), 대민구호반(인력봉사·급식·통신·의료 및 약품·가전 및 자동차 A/S·금융 서비스 지원), 홍보반 등 5개 반으로 편성하였다. 경제계 네트워크에 참여한 기업은 업종단체를 포함하여 200여 개사가 넘었으며, 앞으로 더 많은 기업의 참여로 확대될 것으로 보고 있다.

기업 간의 역할 분담을 체결함으로써 과잉 중복 지원으로 인한 자원의 낭비를 해소하고 효율적인 자원 연계를 기할 수 있다는 점에서 매우 바람직하며, 활동의 표준화를 위한 매뉴얼 제작 그리고 재해정보 공유를 위한 재해 대책 사이트 운영 및 정기적인 모임 등은 재해 현장에서의 긴밀한 공조 체제를 확립해 줄 것이며, 관리자들에 대한 교육 세미나 개최 등을 통하여 규범의 내재화가 이루어질 것으로 기대된다.

제2절 민관 협력 체계

1. 재해관리 단계별 민관 협력 체계

재해관리 단계별 민관 협력 체계가 어떻게 구성하는 것이 바람직할 것인가를 다음 [그림 6-1]을 통하여 설명해 보고자 한다.

각 단계별로 중요한 사회자본 지표와 민관의 공통 주요 과제를 가운데에 표시하였으며, '정부-시장-시민사회 간의 삼발이 의자 모델'에 따라 시민, 기업, 정부로 나누어 각기 추진하여야 할 역할별로 주요 과제를 정리해 보았다.

예방 단계에서는 시민, 기업, 정부가 안전문화를 정착시키기 위하여 공동의 노력을 기울여야 하며, 시민은 특히 안전감시 활동 분야에서, 기업은 안전규칙을 준수함으로써, 그리고 정부는 안전법규는 제정하고 지속적인 방재 연구를 통하여 안전대책을 마련하고, 공영방송을 통하여 국민들의 안전의식을 고취하도록 하여야 하며, 안전도 검사를 철저히 하여 다중이용시설의 안전을 책임지는 활동 등을 전개하여야 한다.

대비 단계에서는 민관공동의 재해대응 계획을 수립하고 민관합동 협의체를 구성하여 운영하며, 민관 협력으로 재해교육(합동훈련 포함)을 실시하여 대형 재해를 준비하는 활동을 전개하여야 한다. 이 단계에서 시민조직은 구호물자 및 장비 확보, 분야별 재해 구호요원 양성 그리고 장애인, 노인, 아동 등 취약층에 대한 구호 프로그램 개발 등의 활동이 필요하다. 기업은 방재자원을 확보하고 피고용인에 대한 훈련을 실시하며 시설안전 점검을 한다. 정부는 구호기금을 적립하고 구호장비 및 물자를 비축하며 방재시설을 점검하고 국가안전관리정보시스템을 구축하도록 한다.

대응 단계에서는 민관합동재해상황실을 운영하여 각종 재해정보를 교류하면서 자원을 연

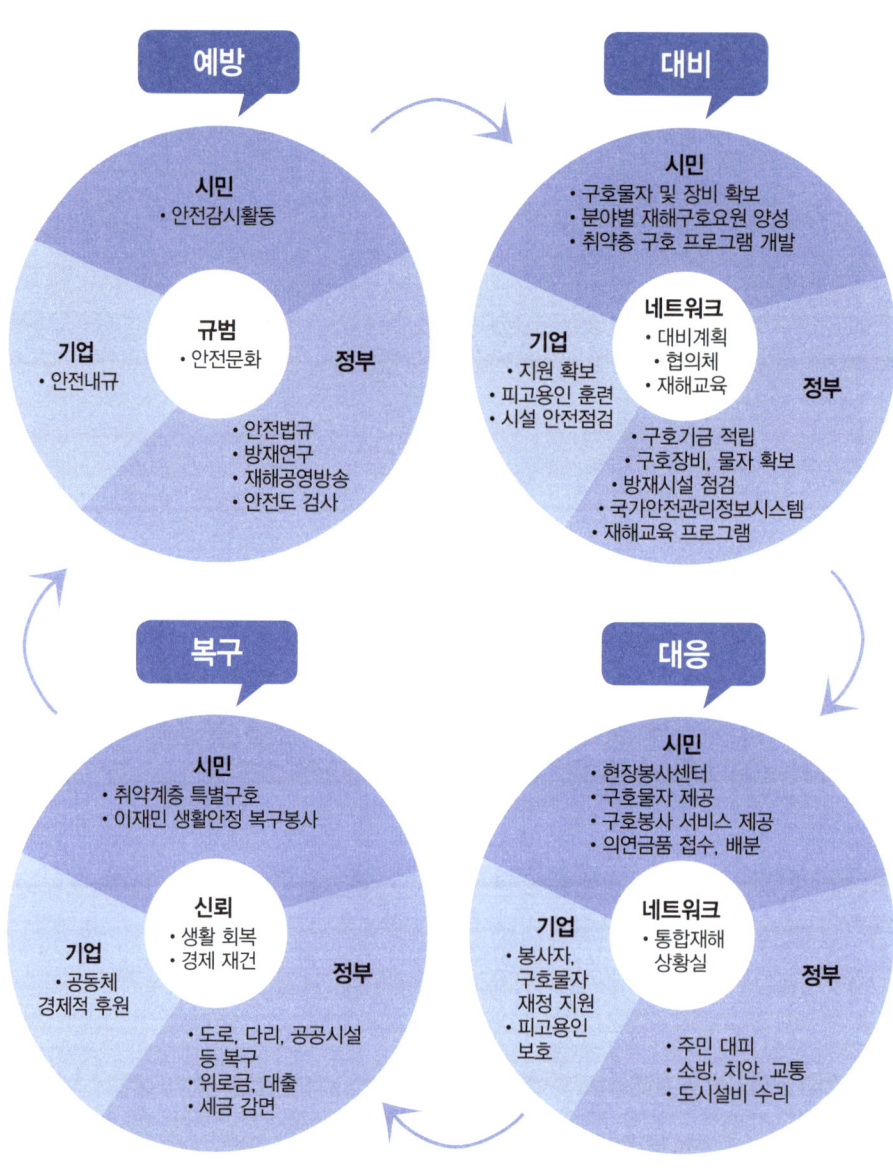

[그림 6-1] 재해관리 단계별 민관 협력 체계

출처: 성기환(2014).

계하여 활동하여야 한다. 시민조직은 재해 현장에 봉사센터를 개설하여 각종 구호 서비스를 제공하고 의연금품 등의 관리를 하게 된다. 기업은 봉사자 제공, 구호물자 제공, 재정적 지원 등을 통하여 지역사회에 기여하며 피고용인의 보호를 위하여 활동한다. 정부는 주민을 안전하게 대피시키고 소방, 치안, 교통대책을 마련하며 라이프 라인(life line) 등의 긴급 수리를 실시하여 주민들을 보호한다.

복구 단계에서는 이재민의 생활을 회복시키고 지역 경제를 재건하기 위하여 민관의 공동 노력을 전개하여야 한다. 시민조직은 저소득층에 대한 자활 지원이나 외국인들에 대한 지원 등 특별 구호활동을 전개하며, 이재민이 조속히 생활 안정을 할 수 있도록 복구활동을 전개한다. 기업은 지역 공동체의 재건을 위하여 경제적으로 후원하며 정부는 도로, 다리, 공공시설 등에 대한 복구를 전개하고 이재민들의 생활 안정을 위하여 위로금 지급, 긴급생계금 대출, 세금 감면 등을 실시한다.

한국은 재난관리법과 지방자치단체 조례에 민간조직의 구체적인 역할이 명시되어 있지 않았으며,[1] 재정적 지원도 미흡한 상황이었다. 기초자치단체의 '지역방재계획'을 통하여 개별적으로 자율방재조직의 활용을 도모할 여지는 있었으나, 지역주민과 함께 재난관리를 하기보다 주민 안전의식 함양에 주력하고 있는 실정이었다. 그러나 「재난 및 안전관리기본법」에서는 민간기관의 참여를 활성화하고 육성하기 위한 근거 규정을 마련함으로써 민간단체의 역할과 책임을 강화하고 있다.

일본은 1972년 미국의 산페르난도(San Fernando) 지진을 계기로 최초로 소방청 방재 업무계획에서 자주방재조직의 정비규정을 마련하였으며, 1995년 고베 지진을 계기로 「재해대책기본법」을 개정하여 방재기본계획에 자주방재조직의 강화를 위하여 지도자 육성과 지침 작성, 기자재 정비 촉진을 위한 국고보조제도 신설 등 활성 방안을 구체화하였다.[2] 2002년 현재 자주방재조직의 전국 조직률은 57.9%로 1995년 대비 12%가 증가하였다(일본소방청, 2002).

일본은 해당 지역의 '지역성'을 우선한다는 원칙에 따라 국가와 지방자치단체, 민간조직 간의 역할 분담이 명확하고, 1955년부터 국가가 기자재 정비 지원 명목으로 기초자치단체에

---

[1] 「재난관리법」 제4조(국민의 책무) 국민은 국가 및 지방자치단체 등의 재난관리 업무에 최대한 협조하여야 하며, 자기가 소유하거나 사용하는 건물·시설 등으로부터 재난이 발생하지 않도록 노력하여야 한다.

[2] 「재해대책기본법」 제5조(시정촌의 책무), 제8조(시책에 의한 방재상의 배려 등) 제13호.

기자재 정비비용의 1/3을 지원하고 있으며, 향후 인력 확보, 프로그램 개발 등 소프트웨어 측면에도 지원을 계획 중이다.

또한 시정촌(市町村)의 볼런티어센터(Volunteer Center)를 전국 규모로 통합하여 '재해 볼런티어 데이터뱅크(Volunteer Data Bank)'를 설치, 운영하고 있다[3](신은성, 2003 : 68).

일본의 고베 지진 때 구출자의 34.9%는 자력으로, 31.9%는 가족에 의하여, 28.1%는 친구와 이웃에 의하여 2.6%는 통행인에 의하여 구출받았다고 하여, 구출자의 95%가 민간에 의한 것으로 조사된 바 있다. 재난 발생 유형의 다양화, 복잡화로 공공 서비스를 통한 방재 효과는 한계가 있으며, 자율방재조직에 의한 재난관리는 세계적으로 확대 추세이다(신은성, 2003 : 70).

재해지역에 대한 복구는 1차적으로 지역주민이, 2차적으로 정부가 책임을 진다는 인식과 복구에 대한 정부의 지원도 지역주민의 복구 의지에 상응하는 지원이어야 한다. 지역주민이 재해관리에 참여한다고 하는 것은 개인적 차원이 아니라 비영리조직과 자원봉사조직을 통한 조직화된 참여가 되어야 하며, 지역주민의 적극적인 참여 하에 재난관리 과정이 이루어질 때 그 효과성이 극대화될 것이다. 재난으로 인한 이재민을 위한 취로사업의 지원을 비롯한 직업 전도사업, 소득증대사업, 학자금 구호사업과 주택복구사업, 지하수 개발사업 등 그 사업의 범위를 넓혀야 하고, 각 지역마다 재난의 종류와 내용이 다르기 때문에 각 지역의 실정에 적합한 지역별 협의체를 설립하여야 한다.

따라서 봉사단체를 중심으로 지역방재조직을 구성하여 현장 대응 능력을 갖추어야 한다. 특히 개인/가족의 1차적인 자구(自救) 노력, 그리고 이웃과 직장 동료, 지역 기업체를 중심으로 한 2차적인 공동 대응 그리고 이들을 포함하고 NGO, 지방정부 등을 포괄하는 지역방재조직의 대응이 중요하다. 여기에 중앙정부의 지원과 국제적인 네트워크를 통한 지원이 뒤따르게 된다고 볼 수 있다. 지역방재조직은 미국의 지역대응반(Community Emergency Response Team: CERT)을 모델로 한국 실정에 맞게 구성할 수 있을 것이다. 지역방재조직은 방재안전 관리를 위한 응급 지원 기능을 수행할 수 있는 기초자치단체 시·군·구 단위의 민관 합동조직으로서 지역 특성에 따라 조직 및 기능을 조정할 수 있다.

주민이나 정부 그리고 지역의 기업과 시민단체가 예방 차원의 협력 관계를 사전에 네트워

---

3) 2001년 5월 17일부터 운용되었으며, 약 250단체가 D/B화되어 있고, 지방공공단체의 재해볼런티어 지원시책, 공공기관의 재해볼런티어 지원책, 재해볼런티어단체의 활동 내용 등을 게시하고 있다.

크를 연결 구축해 둠으로써 재해 전 안전예방 활동을 통한 유대감이 조성되고 재해 시 신속한 대응과 협력에 의한 수습·복구가 원활히 조속하게 이루어질 수 있어 인명과 재산 피해를 줄일 수 있다. 그것을 위하여 사람과 물자와 장소의 네트워크와 그것들을 통합할 수 있는 정보 네트워크 그리고 지역과 행정의 네트워크 정비가 필요하다. 특히 정보 네트워크로서 정보 인프라의 정비가 시급하다.

1) 인적 네트워크

인적 네크워크는 일반적인 자원봉사와 전문기술자로서 의사나 간호원, 중기 운전사, 건설기술자 등 다양한 분야의 전문성이 있는 자로서 구성되어야 하며, 대규모 재해 시에는 행정이나 전문기술자에 의한 대응은 한계가 있어, 일반봉사자의 역할은 크므로 각 시민단체의 지역책임자가 주축이 된 조직적 구성이 필요하다. 그리고, 전문기술자와의 네트워크도 중요하지만 그중 기능직을 잘 활용하여야 한다. 자기 기능을 자원봉사로서 현장에서의 복구활동을 한다는 것은 일반 자원봉사자가 감히 할 수 없는 부분까지 할 수 있으며, 그룹이나 팀으로서 활동할 수 있도록 하여야 한다. 또한, 시민 개개인이나 기업 또는 시민단체가 자원봉사를 희망한다 하더라도 등록이나 지원을 하기 위한 절차나 방법 그리고 정보가 턱없이 부족하다. 시청이나 군, 적십자 등의 단체를 종합적 관리를 할 수 있는 체계가 마련되어야 한다.

2) 물적 네트워크

물적 네크워크는 음식과 음료와 같은 직접 생명과 관계 있는 것에서부터 생활필수품, 연료, 의약품, 복구자재 등이 있다. 특히 피해 직후의 며칠간은 통신 단절과 교통 두절, 음식과 음료의 확보가 곤란하기 때문에 그동안 물자 확보가 중요 검토되어야 하며, 평상시 이런 비상 대비 물자의 확보나 이송 방법에 대한 대책이 정비되어 있어야 한다.

3) 장소 네트워크

장소의 네트워크는 초, 중학교나 구·시민회관 같은 피난소(1차)에서부터 병원, 복지시설, 구원물자 수용 창고 등 시설의 피난소(2차), 군부대의 야영지, 자원봉사 활동 거점, 그리고 자재 창고시설, 임시주택 건설 등 공공용지의 확보가 필요하다.

4) 정보 네트워크

사람이나 물자, 장소 등 개별의 네트워크가 구축되어도 개별의 네트워크뿐으로는 전체의 방재 능력은 개선되지 않는다. 각각의 유기적 연결고리나 신속한 구조활동과 복구활동을 위해서는 개별 네트워크를 연결하는 것은 네트워크가 전체적으로 방재 기능을 다할 수 있는 것이다. 태풍 루사와 같은 수재(水災)처럼 피해가 여러 곳에 동시다발적으로 발생할 경우에는 중앙재해대책본부 중심의 정보 연락 체계만으로는 대응하지 못하였다는 것을 교훈으로 삼아야 한다.

5) 지역 네트워크

외국의 사례를 보면 자발적 방재활동이 이루어지는 지역이 피해가 적다는 것은 방재활동이 피해를 최소화시킬 수 있는 지역 네트워크의 힘이다. 내용을 보면 예방 차원의 소화훈련이나 인명구조 활동, 구원물자의 운반 배급과 피난민에 대한 자원봉사 활동 등이다. 특히 자주방재활동으로서 단지 피난하는 것뿐만이 아니라 피해를 입지 않은 주민 스스로가 자원봉사로써 스스로 이웃을 돕는 것이다.

6) 행정 네트워크

다른 도시로부터의 자원봉사는 행정 당국이나 언론 보도에 의한 참여보다는 자발적 판단에 의한 봉사가 많았다. 그것은 재해가 발생하면 그 지역뿐만 아니라 관련 공무원 자신도 피해자가 되어 본연의 업무가 마비될 수 있는 상황에서는 다른 도시의 업무 응원과 단순행정 업무는 자원봉사자가 할 수 있도록 정부나 관계 기관과 자원봉사자와의 행정 업무 분담 네트워크는 중요하다(김태환, 2003 : 55-57).

2. 지역 자율방재조직 운영 모델

　재난안전활동을 위한 지역 자율방재조직은 시민단체, 정부, 기업 그리고 학계 간의 유기적인 협력 관계여야 한다. 재난 시 또는 평시 안전활동은 시민단체가 현장에서 중심적으로 수행하고, 기업은 물적·인적으로, 그리고 학계는 연구개발 분야에서 후원할 수 있을 것이다. 이에 대하여 정부는 법적·행정적·재정적으로 지원함으로써 민간 재난활동을 활성화하는 데 촉진자로서의 역할을 수행하여야 한다고 본다.
　그리고 자원봉사단체가 현장활동의 중심체로서 통합적 서비스 전달 체계 모형을 제시하고자 한다. 기존 연구에서 협의체를 민간단체 간의 기능 중심으로 구성된 조직 형태를 제시한 적은 있으나(윤명오·송철호, 2003), 여기에서는 재난관리 단계별 프로세스 조직 형태로서 재난예방단, 재난대비단, 긴급대응단 그리고 복구지원단으로 조직하는 것이 바람직하다고 보고 운영 모델을 다음 [그림 6-2]와 같이 제시한다. 왜냐하면 협의체는 회원단체의 역할 분담과 협력으로 운영되어야 하기 때문에, 단체들의 특성에 따라 각 단체가 사업을 분담하여 기획에서 시행에 이르는 모든 과정을 수행하는 대민 서비스 중심의 조직 형태가 적합하다고 생각하기 때문이다. 또한 자원봉사단체만이 아니라 정부, 기업체, 학계를 포함하는 민관산학협의체로 구성하는 것이 필요하다고 본다(성기환, 2006).

1) 재난예방단

　재난예방단은 국민들에게 안전의식을 고취하고 생활 속에 안전문화를 정착시키기 위한 활동을 수행하는 중심체로서 안전진단반, 안전고발센터, 생활안전지도반, 안전문화반 등으로 구성할 수 있다.
　① 안전진단반에서는 위험구조물의 안전진단을 통하여 사전에 대형사고를 방지하는 활동을 수행한다.
　② 안전고발센터에서는 시민들의 제보를 통하여 주변의 위험을 제거해 나가는 활동을 전개한다.
　③ 생활안전지도반에서는 자라나는 어린이들의 안전한 교통생활 지도와 같은 활동을 수행하도록 한다.
　④ 안전문화반에서는 국민의 생활 속에 안전의식이 자리 잡도록 하기 위하여 캠페인이나

백일장을 개최하는 등 안전문화 보급을 위하여 활동한다.

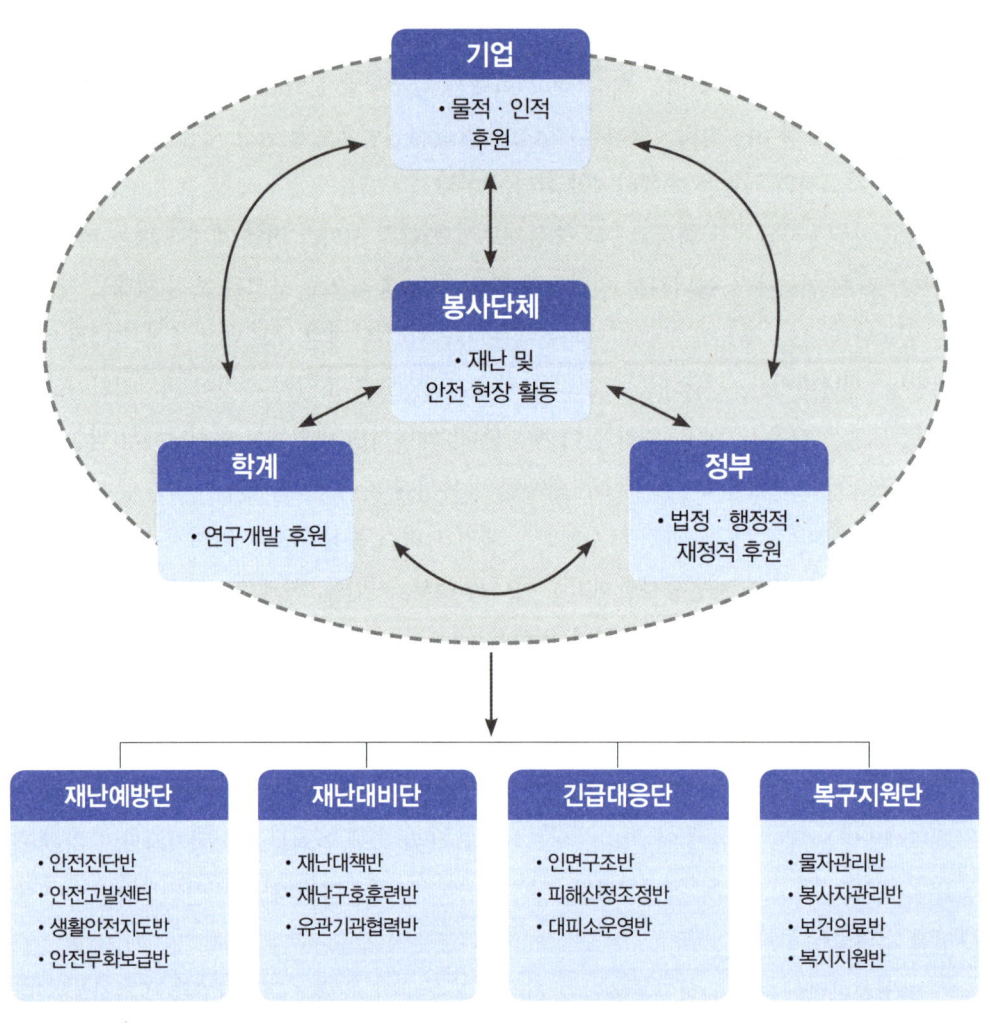

출처: 성기환(2006).

[그림 6-2] 지역 자율방재조직 운영 모델

2) 재난대비단

재난대비단은 재난 발생 이전에 체계적인 재난 준비를 수행하는 중심체로서 재난대책반, 재난구호훈련반, 유관기관협력반 등으로 구성할 수 있다.
① 재난대책반에서는 지역의 재난안전 관련 문제를 진단하고 종합적인 대책을 유관 기관 간에 합동으로 수립하는 활동을 수행한다.
② 재난구호훈련반에서는 공동으로 수립된 유관 기관 간 역할 분담을 중심으로 합동 구호 훈련을 실시하도록 한다.
③ 유관기관협력반에서는 기관 간 비상연락망 체계를 마련하고 비상시 유기적인 협력 관계를 갖도록 정기적인 회의를 개최하는 등의 활동을 수행하도록 한다.

3) 긴급대응단

재난에의 대응은 재난 현장의 긴급성과 위험성에 의하여 전문화되고 일원화된 통합관리체제로 운영될 것이 요구되고 있다. 그러나 조정 기능의 미약, 공공조직과의 연결 접점과 규칙의 미확보 등 일반적인 형성 기반 상에 문제점이 있는 것으로 나타나고 있다. 이와 같은 점으로 해서 재난 발생 시에는 현장에 참여하는 다양한 시민단체를 재난통합관리 시스템으로 편입시킬 수 있는 대응 체계가 이루어지지 않는 데다, 재난 현장의 긴급성과 위험성에 대처할 수 있는 교육·훈련된 시민단체도 부족하다는 점이 시민단체의 위기 상황 대처 능력을 어렵게 하는 요인이 되고 있다. 따라서 우리나라에도 지역 자율방재 체계 구축이 필요하다. 과거에 지역의 재난을 극복하기 위하여 수방단을 구성하였으나 정부 주도로 타율적으로 조직되어 실제 활용되지 못하였다.

긴급대응단은 재난 발생 시 초동 단계 구호활동을 수행하는 중심체로서 인명구조반, 피해산정조정반, 대피소운영반 등으로 구성할 수 있다.
① 미국의 CERT 프로그램이 주로 인명 구조활동 중심으로 운영되고 있어 자신과 가족, 이웃의 생명을 구하는 데 중점을 두고 있듯이 인명구조반의 구성을 통한 자주방재력 향상은 무엇보다 중요하다고 생각된다.
② 국제적십자사연맹에서 초기 구호활동에 중요한 역할을 하는 현장피해협조반(Field Assessment and Coordination Teams: FACT)과 같이 현장 피해 상황에 대한 정확한 조사

와 이를 통한 기관 간의 업무 조정을 통한 통합적 활동을 수행하기 위한 피해산정조정반의 운영이 필요하다.
③ 대피한 이재민을 위한 긴급구호 활동을 수행할 대피소운영반의 운영이 요구된다.

4) 복구지원단

복구지원단은 이재민의 생활을 회복하기 위한 활동 중심체로서 물자관리반, 봉사자관리반, 보건의료반, 복지지원반 등으로 구성할 수 있다.
① 복구 단계에서 이재민에게 구호품을 제공한다든가 구호장비를 지원하는 활동을 수행하는 물자관리반이 필요하다.
② 현장에 찾아온 각 시민단체, 개별봉사원을 현장에 배치하며, 체계적으로 관리할 봉사자관리반이 운영된다.
③ 방역활동, 예방접종 그리고 재난심리 상담 등의 활동을 수행하는 보건의료반이 활동한다.
④ 장애인, 노약자, 만성질환자 등의 취약계층의 보호나 유아, 어린이 등의 아동 보호 등을 수행할 복지지원반이 요구된다.

제7장

재난관리론

재난대비훈련

제1절 재난대비훈련 이론

1. 개념

우리나라는 수십 년에 걸쳐 재난대비훈련을 실시해 오면서 어느 정도 훈련 실시 체계는 정착되었다고 할 수 있다. 그러나 훈련 성과와 효율성을 높여주는 관리 체계는 여전히 미흡하고, 이에 대한 학문적 개념 정의도 일치되지 않고 있다. 이러한 현실을 고려하여 재난대비훈련의 훈련관리 개념 정립을 위하여 사전적 정의, 군대 교범 등을 살펴보고 정의를 해 보고자 한다. 먼저 훈련에 대한 개념이다. 사전적 의미에서 "무예나 기술 등을 실지로 활용할 수 있도록 배워 익힘"(두산동아, 2000: 2577)으로, 그리고 합동참모본부에서는 "개인 및 기관(부대)이 부여된 임무를 효과적으로 수행할 수 있도록 기술적 지식과 행동을 체득하는 조직적 숙달 과정"(합동참모본부, 2006: 601)이라고 정의하고 있다. 또한 육군에서는 "개인이나 기관(부대)에 대하여 군사 전문기술을 가르쳐 이를 숙달시키기 위한 실천적 활동으로 임무 수행에 요구되는 행동을 숙달시키는 과정"(육군본부, 2015: 1-1)이라고 정의하고 있다.

한편 관리(management)는 "예측하여 계획을 수립하고, 조직 체계를 구축하여 명령하고 협동하도록 규정에 따라 전달된 명령이 이루어지도록 통제하는 것"(김두철, 2005: 28)이나, "개인이나 조직의 어떤 목적을 좀 더 효율적으로 달성하기 위한 계획적인 노력 또는 활동"(정진환 외, 1997: 284)이라고 정의하고 있다. 그리고 군(軍)에서는 "기획, 조직, 지시, 통제 및 조정 기능을 적용하여 기관에게 부여된 임무나 과업을 능률적으로 완수하기 위하여 가용한 자원을 효율적으로 활용하는 과정"(육군본부, 2003: 1-2-3)으로 본다. 지금까지 살펴본 바와 같이 훈련과 관리에 대한 다양한 개념을 기초로 재난대비훈련 관리를 "개인 및 기관이 각종 재난에 능동적으로 대처하기 위하여 안전관리계획과 위기관리 매뉴얼을 검토·보완하고, 예방-대비-대응-복구 단계별 업무 수행 절차를 체계적으로 숙달시키기 위하여 실시하는 훈련"이라고 정의하고자 한다.

2. 훈련 형태(방법)

모든 재난은 예방, 대비, 대응, 복구 4단계로 관리되고 있으며, 재난이 발생한 경우 피해를 최소화하기 위해서는 재난 현장의 대응 역량이 매우 중요하다. 이러한 대응 역량 향상을 위하여 재난대비훈련의 필요성은 첫째, 평소부터 대응계획 수립, 이행절차서 작성, 교육·훈련, 환류·평가 등이 필수적인 요소이다. 둘째, 재난 현장에는 일원화된 사고 지휘 및 응원 조정 체계와 공공정보, 정보통신 지원, 방재자원 지원 분야 공통 협력을 증진시킨다. 끝으로 재난 유형에 효과적인 대응을 위해서는 다양한 재난관리 책임 및 지원기관, 단체 등의 수평적·수직적 상호 협력 체계 구축이 중요하다(행정안전부, 2018: 2). 현재 재난대비훈련은 도상연습, 실제훈련, 토의형 연습 등 세 가지 형태로 실시하고 있다(정찬권, 2010: 237).

첫째, 도상연습(圖上練習)은 예상되는 재난 유형별 피해 상황을 상정한 연습 각본에 따라 훈련 참여자가 도상 또는 서면으로 대응 조치를 하는 연습이다. 즉, 통제부에서 훈련 메시지(Master Scenario Event List: MSEL)를 부여하면 훈련 참가자들은 상황 대응 조치 절차와 조치 내용을 문서로 작성하여 실시하는 훈련 방법이다. 이 방법은 기관장을 중심으로 부서별·기능별 협업기관별 협조와 정보 공유를 통하여 재난 대응 절차를 이해하고, 시간과 비용을 절

약할 수 있는 장점이 있으나 실제 현장감이 부족하다는 단점이 있다

둘째, 실제훈련(實際訓練)은 인력, 물자, 장비 등을 동원하여 훈련 현장에서 매뉴얼대로 상황 조치 절차를 실제 행동으로 숙달시키는 방법이다. 기관의 전체 또는 일부가 훈련에 참가하여 각종 훈련 제원 산출, 실시간 문제점 도출 등을 통하여 훈련 참여기관의 재난안전계획과 위기관리 매뉴얼을 수정·보완할 계기를 만들 수 있다. 실제훈련은 다른 훈련 방법보다 성과가 가장 높은 형태이나 인력, 물자, 예산 등을 실제로 동원하여야 하는 부담이 있고, 민간 부문의 소극적인 참여, 주민 불편 민원 야기 등의 단점이 있다. 따라서 훈련 주관기관은 훈련계획 단계에서 예상되는 문제점을 면밀하게 검토하고 현장에서 확인 한 다음에 훈련하여야 할 필요성이 있다.

셋째, 토의형(討議型) 연습은 재난 유형별 주요 이슈에 대한 시나리오를 주관기관, 참여기관이 공동으로 작성하여 지정된 장소에 모여 발표 및 토의로 진행하는 연습을 말한다. 토의형 연습은 통상 훈련주관기관장이 소속기관과 협업기관(산하기관, 관련 단체 등)에 토의할 과제를 사전에 부여하여 실시한다. 그러므로 훈련 성과를 높이려면 모든 훈련 참가자는 부여된 토의 과제에 대하여 시나리오 내용을 숙지하고, 발표와 질의 사항을 준비하고 참여하여야 한다. 토의형 연습은 충분한 사전 준비와 적극적인 참여가 전제되어야 하며, 통상 실제훈련의 보완재로 실시하는 경우가 대부분이다.

지금까지 살펴본 세 가지 훈련 방법은 각각 실시하거나 기관의 임무와 특성, 훈련 성격 등을 고려하여 두 개 이상의 훈련 방법을 혼용 또는 병행하여 융통성 있게 실시할 수 있다. 인간은 반복적인 경험이나 훈련 등의 학습(learning)을 통하여 행동의 변화를 일으킨다(김현택 외, 2003: 84). 그러므로 실제 상황과 같은 훈련은 재난 대응 역량을 강화하는 데 필수적인 요소라고 할 수 있다.

3. 훈련조직

재난대비훈련을 위한 조직은 다음 [그림 7-1]에서 보는 바와 같이 훈련주관기관, 훈련 관계 조직, 그리고 훈련총괄 조정기관으로 구분할 수 있다.

첫째, 훈련주관조직은 재난 유형별 훈련의 계획·실행 및 평가(자율평가)하는 주체로 중앙행정기관과 시·도, 시·군·구 그리고 긴급구조기관으로 자체 훈련계획을 수립하고 실시한다.

둘째, 유형별 훈련 관계 조직은 재난관리 책임기관, 긴급구조 지원기관 및 군부대 등 재난대응 공동 필수협업 기능 13개[1]와 관련된 기관으로 훈련주관기관이 실시하는 훈련에 참여하는 조직을 말한다.

셋째, 훈련총괄 조정조직은 관련 법령에 따라 훈련의 계획·실행·평가의 총괄조정 권한을 보유한 기관으로 매년 재난훈련계획을 수립하여 훈련주관기관에 통보하고 훈련 실시를 관리·감독한다.

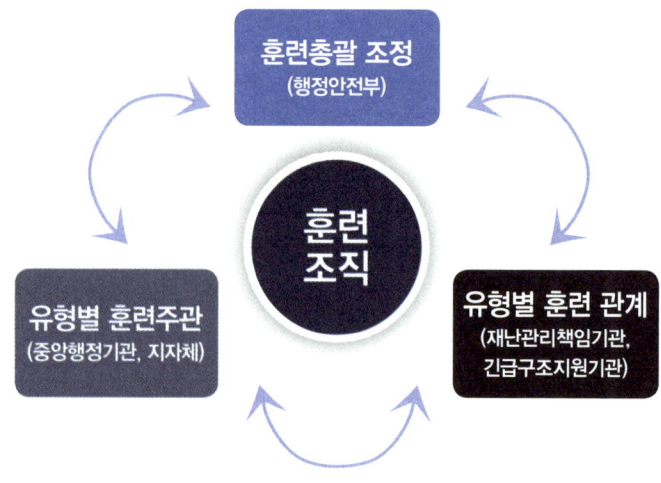

출처: 국민안전처(2017: 51) 재작성.

[그림 7-1] 재난대비훈련 조직

4. 훈련관리 체계

훈련관리 체계는 군(軍)에서는 제도화되어 일상적으로 적용하고 있는 반면, 학계나 행정기관에서는 여전히 생소한 개념에 머무르고 있다. 이에 군의 선진화된 훈련관리 체계를 도

---

[1] 미국의 ESF(Emergency Support Function)와 유사한 개념으로 ① 상황관리총괄, ② 긴급 생활 안정, ③ 재난현장 환경 정비, ④ 긴급통신 지원, ⑤ 시설 피해 응급복구, ⑥ 에너지시설 피해 긴급복구, ⑦ 재난수습 홍보, ⑧ 재난관리자원 지원, ⑨ 교통대책, ⑩ 의료방역 서비스 지원, ⑪ 자원봉사 지원 및 관리, ⑫ 사회질서 유지, ⑬ 수색·구조구급 등이 있다.

입하여 재난훈련 성과를 높이려는 것은 매우 유의미한 시도라고 할 수 있다. 훈련관리란 "개인 및 기관에 부여된 임무를 성공적으로 완수할 수 있도록 제한된 인원, 시설, 물자, 시간, 예산을 효율적으로 활용하여 훈련 목표를 달성하기 위하여 시행되는 조직적인 활동 또는 과정"(정찬권, 2009: 33.수정)이라고 할 수 있다. 이러한 개념은 훈련관리 체계에 따라 계획- 준비- 실시- 평가 등 일련의 순환 과정으로 이루어진다. 따라서 각급 기관장과 담당공무원이 훈련 계획 단계에서는 훈련과제 분석, 소요자원 판단, 기본계획 수립 등이 이루어진다. 준비 단계에서는 당면한 훈련을 실시하기 위하여 시나리오, 시행계획 수립 등을 작성하는 과정이며, 실시 단계는 계획된 일정에 따라 적합한 훈련 방법을 선택하여 실행하는 과정이다. 그리고 훈련평가 및 사후처리 단계는 훈련 실시 전반에 대한 평가 후 성과를 분석하여 문제점 및 개선 사항을 도출한다. 마지막 단계에서는 차기 훈련 과제 도출, 개선계획 수립 등이 이행된다. 그러나 대부분 기관은 업무 담당자의 전문성과 경험 부족 그리고 조직의 열세 등으로 이러한 절차가 제대로 이행되지 못하고 있다. 그 결과 매년 전년도 훈련 답습, 다른 기관의 훈련 무조건 따라하기 등의 병폐가 적지 않아 개선이 필요하다. 이러한 훈련관리 체계는 [그림 7-2]와 같다.

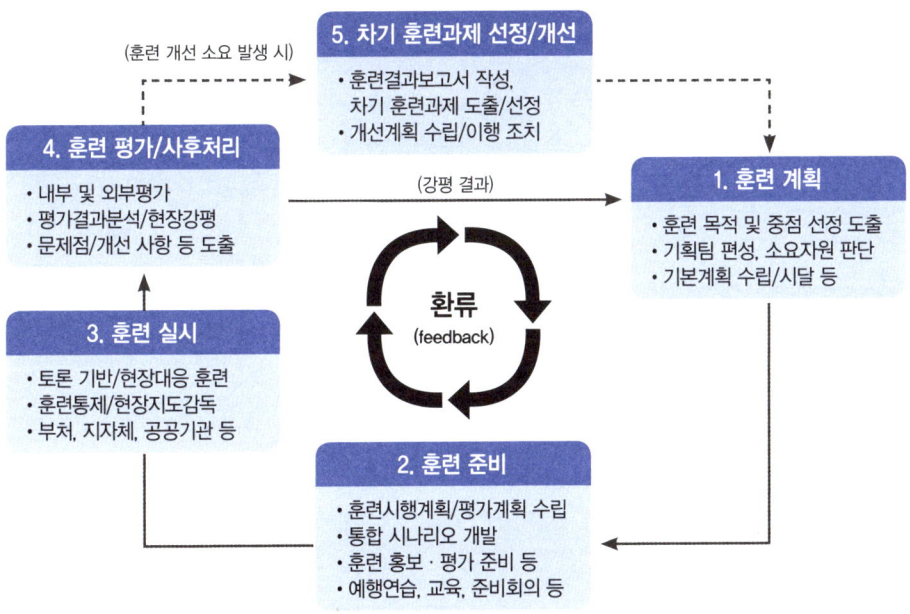

출처 : 정찬권(2010: 239) ; 육군본부(2015: 2-6)를 수정 · 작성하였음.

[그림 7-2] 훈련관리 체계

1) 훈련 기획

훈련 기획은 당해 연도 훈련할 소요와 가용자원을 판단하고 훈련계획을 수립하는 단계를 말한다. 즉, 부여된 훈련 목표를 효과적으로 달성하기 위하여 "무엇을, 어떻게 훈련시킬 것인가?"를 구체화하는 단계로서, 기관과 개인에게 부여된 훈련 임무를 분석하고, 전년도 훈련 강평 결과, 사후 처리 및 개선계획의 이행 조치 결과 등을 반영하여 당해 연도 훈련 소요를 파악하고, 이를 기초로 훈련 기획을 하는 과정이다. 훈련 기획은 훈련의 필요성과 범위, 훈련 대상 및 취약 장소, 참여기관 및 인원·장비, 훈련 유형 등이 포함되어야 하고, 전년도 훈련 성과 분석, 기관과 개인의 훈련 수준, 임직원 순환주기 그리고 인간의 망각 현상 등을 종합적으로 고려하여 수립한다. 여기서 중요한 것은 기관에 부여된 명시된 훈련 과제와 기관에서 추정된 훈련 과제를 도출하는 것이다. 통상 훈련 과제는 위기관리 매뉴얼, 재난관리계획, 상급기관 훈련지침 등에서 얻을 수 있다(정찬권, 2010: 240). 재난 발생 시 개인과 기관의 대응 수행 절차를 중점적으로 숙달하여야 하는 필수적인 훈련 과제를 도출하는 절차를 도식화하면 [그림 7-3]과 같다.

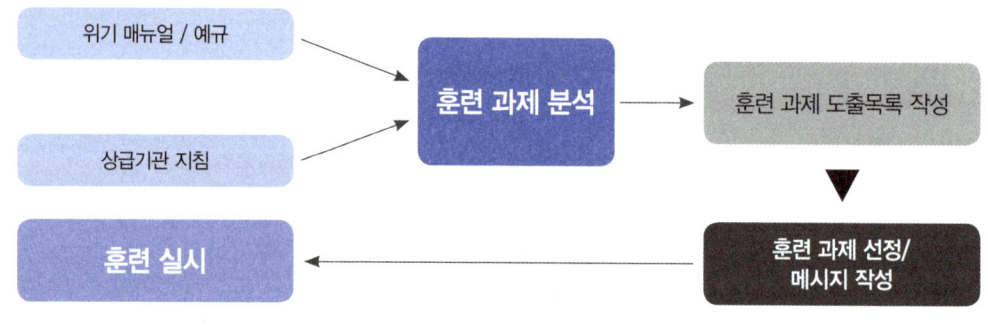

출처 : 정찬권(2010: 240) 수정 보완.

[그림 7-3] 훈련 과제 도출 절차

2) 훈련 준비

훈련 준비 단계는 기획 단계에서 작성한 각종 문서를 바탕으로 훈련 시행계획 수립, 훈련 시나리오(훈련 메시지, 도상 및 실제 훈련) 작성, 훈련평가계획, 홍보계획 등 제반 훈련을 준비하는 과정이다. 세부적인 업무로 예산, 인력, 장비 등 훈련자원 획득·지원, 유관 기관과의 훈련협조회의, 직원교육, 훈련통제 및 평가 준비, 기관장 현장지도 등 훈련 준비에 필요한 모든 활동이 포함된다(육군본부, 2015: 2-37). 그리고 훈련 준비 과정에서 훈련기획팀 업무담당자는 소속기관이나 산하기관 및 협력업체 등에 대한 불필요한 통제와 간섭을 지양하고, 행정소요를 최소화하도록 노력하여야 한다.

3) 훈련 실시 및 통제 단계

사전에 수립된 훈련시행계획에 따라 훈련주관기관, 유관 기관·단체가 참가하여 재난 발생 시 대응 조치 능력을 배양하는 핵심적인 과정이다. 훈련은 도상연습, 실제훈련, 그리고 토의형 연습 등을 개별, 병행, 혼합하여 실시할 수 있다(국무총리비상기획위원회, 2002: 44, 59). 각급 기관은 효율적인 훈련 실시를 위하여 훈련 목표와 수준을 명확하게 설정하여, 형식적인 훈련을 지양하고, 실질적이고 '질(質)' 위주의 훈련을 강하게 실시하여야 한다. 훈련의 중추적인 역할을 하는 실시부는 훈련기관의 각 부서와 협업 관련 유관 기관 직원들로 편성한다. 이들의 주요 임무는 훈련 간 위기관리 매뉴얼의 시행 검토, 종합상황실 운영 및 상황 대응 조치, 기관 간 수평·수직적 협조 등을 수행함으로써 훈련 성패를 좌우한다.

훈련통제부는 전반적인 훈련의 조정 통제와 상황을 유도하는 훈련 컨트롤 타워와 같다. 이들은 통제하는 분야별·일정별 계획표를 작성하고, 실시부 직원들에게 추가 메시지, 우발상황 부여, 그리고 훈련 불참 기관의 역할 대행 등을 수행한다. 통제관은 예상하지 못하였던 기상 이변, 안전사고 발생 등과 같이 불가피한 상황이 발생한 경우에 기존 계획을 변경하고, 현장에서 가능한 훈련 과제를 부여하여 실제 상황에 부합된 훈련이 이루어지도록 유도하고 통제하여야 한다. 그러므로 통제관은 훈련 현장과 훈련계획에 대하여 전반적인 이해는 물론 관련 기관과의 긴밀한 협조 체계 유지 등의 능력을 구비하여야 한다(정찬권, 2010: 241).

4) 훈련평가 및 사후 처리 단계

훈련평가는 기관에서 설정한 훈련 목표 달성 여부와 재난 발생 시 대응 능력 수준을 확인·점검하기 위하여 실시한다. 즉, 훈련 성과를 높이고, 훈련 참여 동기 유발, 훈련 과정의

적절성 여부를 파악하고 차기 훈련 소요를 도출하기 위한 중요한 과정이다(육군본부, 2015: 2-78). 그리고 평가결과보고서에 적시된 기관별 재난 대응 체계의 미비점 발굴과 개선 대책을 강구하여 환류시키고, 위기관리 매뉴얼을 검증·보완하는 계기를 제공함으로써 효과적인 재난 대비 훈련관리를 뒷받침하는 단계이다(소방방재청, 2014: 89). 따라서 평가 중점은 훈련 목적 달성 여부를 평가하기 위하여 평가 항목별로 계량화(計量化)된 평가지표를 작성하여 객관적이고 공정한 평가를 할 수 있게 설정하여야 한다. 훈련평가는 [그림 7-4]와 같이 훈련주관기관에서 평가하는 내부평가와 상급기관의 외부평가로 구분되며, 계획-준비-실시/통제-사후 처리까지 전반적인 과정을 망라하여 평가하여야 한다(정찬권, 2010: 242).

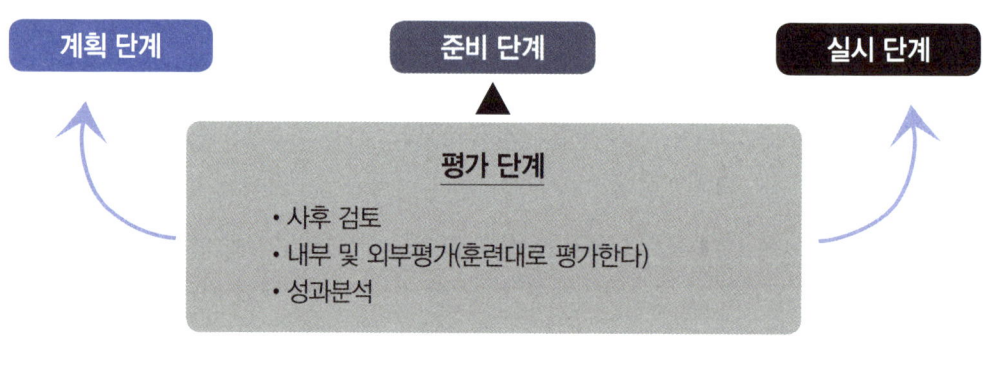

출처 : 정찬권(2010: 286).

[그림 7-4] 평가 단계

한편 훈련 사후 처리는 기관별로 강평 및 성과분석을 마친 이후 나타난 문제점 선정, 평가결과보고서 작성, 개선계획 수립, 그리고 차기 훈련계획에 반영하는 등 매우 중요한 과정이다. 특히 훈련 종료 후 이루어지는 강평은 훈련에 참가한 모든 인원이 참석하여 훈련 간 부여된 상황에서 어떠한 행동을 하였고, 왜 그러한 행동이 나왔으며, 어떻게 하면 더 훈련을 잘할 수 있는가를 참가자 스스로가 발견할 수 있게 해주는 사후 검토(After Action Review: AAR)가 효과적이나(육군본부, 2015: 2-83). 다만 이러한 방법으로 강평을 하려면 강평 진행자가 재난대비훈련에 대한 전문적인 지식과 경험이 겸비되어야 실효성이 높아진다. 강평이 끝나면 훈련 간 나타난 여러 가지 문제점을 선정하고 개선계획을 수립하여야 한다. 훈련주관기관은 이러한 사후 처리가 매듭지어지면 훈련주무기관, 예컨대 행정안전부나 소관 중앙행정기관에

훈련결과보고서를 제출하여야 한다. 여기에는 훈련 개요, 훈련통제 및 실시 현황, 평가 사항, 도출된 문제점·대책, 건의 사항 등이 포함되어야 한다(정찬권, 2010: 242).

지금까지 논의한 바와 같이 재난 훈련은 훈련 관리 체계에 따라 체계적으로 이루어져야 훈련 성과 제고와 실효성을 높일 수 있다. 그러나 현행 재난대비훈련은 훈련관리 단계별 상호 연계성 미약, 훈련 결과 환류(feedback) 미흡, 그리고 업무담당자의 전문성 부족 등으로 인하여 훈련 실시 대비 훈련 성과가 그다지 높지 않아 개선이 필요하다.

제2절 재난대비훈련의 실제

재난대비훈련 체계는 통상 다음 [그림 7-5]에서 보듯이 기획, 설계, 실시, 평가, 개선 등 5단계의 선순환 체계로 구성된다. 훈련 기획 단계에서는 훈련기획팀 구성, 훈련일정표 및 훈련기본계획을 수립하고, 훈련설계 단계는 훈련 목표 설정, 훈련 시나리오 및 메시지 작성, 훈련시행계획서를 수립한다. 훈련 실시 단계에서는 훈련 준비, 훈련 상황 보고, 훈련을 시행하며, 훈련평가 단계는 내·외부 평가 실시 후 자체 강평과 평가결과보고서를 작성한다. 그리고 훈련개선계획 수립 단계는 훈련평가 결과에 따른 개선 권고 및 이행 조치, 위기관리 매뉴얼 검토·보완 사항 등 이행 조치 결과를 환류시킴으로써 재난관리 훈련의 지속성과 효율성을 높여주는 시스템이다.

1. 훈련 기획

훈련 기획은 훈련 준비와 실시 그리고 평가에 필요한 토대를 구축하여 성공적인 훈련을 위한 기초를 확립하는 단계이다. 훈련주관기관에서 훈련기획팀을 구성하고 운영한다는 것은 훈련이 공식적으로 개시되었음을 의미한다. 훈련기획팀의 구성은 다음 [그림 7-6]에서 보듯이 팀장, 팀원이 전문성을 바탕으로 역할과 책임을 명확하게 구분하여 조직화한다. 그리고 팀장과 팀원 사이에 원활한 의사소통 구조를 유지하여야 한다.

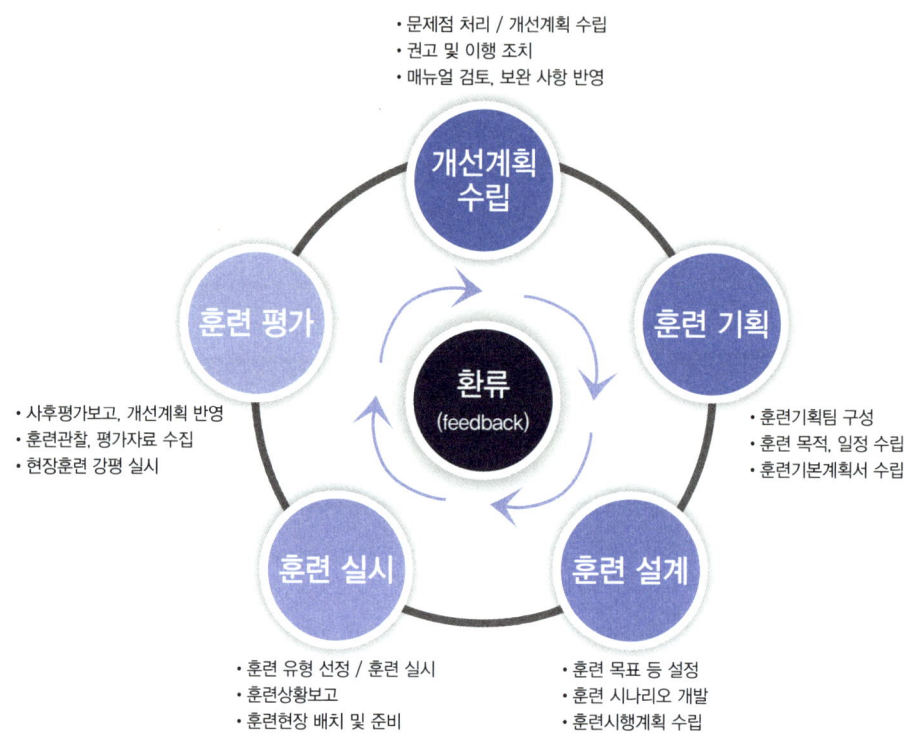

[그림 7-5] 훈련 과정 단계별 주요 내용

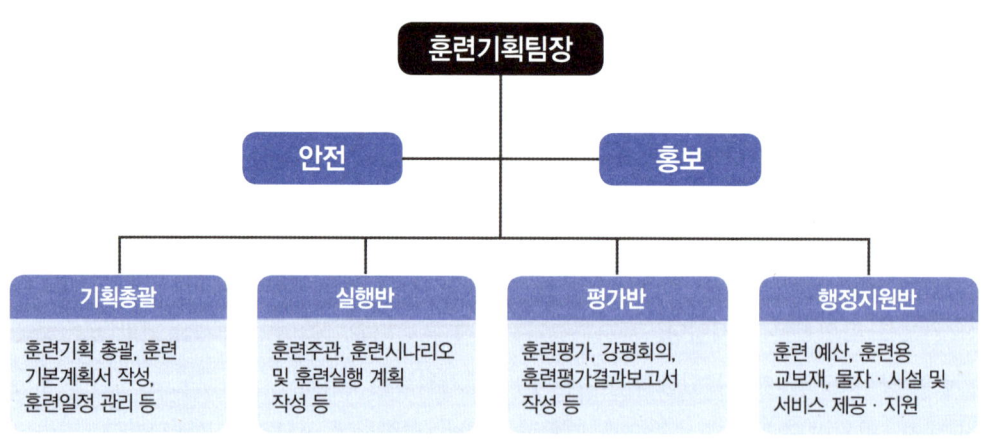

[그림 7-6] 훈련기획팀 편성 예시

기획팀의 규모는 훈련의 범위나 형태를 고려하여 알맞게 편성하고 대규모 훈련을 실시할 경우에는 훈련 참가기관 담당자를 포함하는 것이 좋다. 기획팀은 훈련 단계별 주요 활동과 훈련일정표 작성, 훈련기본계획서 수립 그리고 훈련기획회의 개최 등을 통하여 훈련계획과 준비의 컨트롤 타워 역할을 수행한다. 먼저, 훈련일정표에는 훈련기관(주관, 참여), 훈련 전문가 참석, 기획회의, 훈련 참가자 사전교육 실시, 훈련기본계획 및 실행계획 수립, 시나리오 작성, 훈련 실시(토론 기반 훈련, 현장훈련) 훈련강평, 사후평가보고회 등이 포함되어야 한다. 훈련기본계획서는 훈련 목적과 범위, 중점 사항, 훈련의 설계 및 수행, 평가 등으로 이어지는 일련의 훈련 과정을 기술한 문서로 〈표 7-1〉과 같은 사항이 포함되어야 한다. 기획회의는 통상 3회 정도 개최하며, 필요 시 훈련관계관 회의도 소집할 수 있다.

〈표 7-1〉 훈련기본계획서 포함 사항

- 훈련 목적, 훈련 중점 사항, 훈련 일시, 훈련 장소
- 주요 훈련일정표
- 훈련 내용(재난 유형, 국가지정훈련 또는 자체훈련 등)
- 훈련 참가기관, 참가자 현황
- 훈련평가계획, 홍보계획
- 소요 예산 등 행정 사항

출처: 국민안전처(2017: 82).

2. 훈련 설계

훈련기획팀에서 생산한 결과물을 기반으로 훈련의 필요성, 훈련 범위 설정, 훈련 목적 기술, 훈련 목표의 구체화 제시, 재난 상황 설정, 그리고 훈련 시나리오 및 메시지 작성 등을 하는 단계이다. 평상시 재난대비훈련의 목적은 위기관리 매뉴얼의 확인·검증, 재난 취약성 평가와 대응 역량 진단 결과에서 나타난 격차 확인, 그리고 기관의 재난 대응 역량과 수준을 확인·평가하는 데 있다. 그러므로 정확한 훈련 목표의 설정은 기관의 재난 대응 능력 향상은 물론 보여주기의 형식적 훈련을 방지하는 중요한 역할을 한다.

1) 훈련 시나리오

훈련의 주요 골격과 평가의 중심 주제를 제공하는 훈련 시나리오는 훈련을 위한 가상 사건들의 시간대별 대응 상황 모델을 의미하며, 3개의 기본 요소로 구성된다. 첫째, 전체적인 배경이나 포괄적인 진행 상황에 대한 일정한 이야기 흐름이 있어야 한다. 둘째, 대응·수습 활동 및 임무에 대한 능력 수준을 점검할 수 있는 조건이 있어야 한다. 끝으로, 시나리오상의 조건과 서간에 필요한 기술적 세부 사항 등이 포함되어야 한다. 훈련 시나리오 작성 절차는 통상 ① 과거 재난 발생 사례분석, ② 피해 대상(시설, 인원), 피해 형태, 시간대별 상황 전개 도출, ③ 재난 발생 일시, 장소, 재난 규모에 따른 피해 범위 설정, ④ 기상 조건 및 재난 유형별 주요 변수 도출, ⑤ 시간대별 상황 시나리오 작성, ⑥ 이야기 형태의 상황 시나리오 작성 등으로 이루어진다(국민안전처, 2017: 88). 훈련 간 시간대별로 수행하고 완수하여야 할 주요 과업과 활동 그리고 임무를 정하는 훈련 시나리오는 [그림 7-7]에서 보듯이 통합훈련, 도상훈련, 실제훈련 세 가지로 구분된다.

구분	통합훈련 시나리오	도상훈련 시나리오	실제훈련 시나리오
개념	재난 대응 매뉴얼의 조치목록과 조치 내용을 재난 상황 흐름에 따라 통합표로 작성된 문서	도상훈련에 필요한 이슈 사항과 논의 쟁점, 의사결정 사항 등을 도출한 문서	실제훈련에 필요한 훈련 참가자의 이동 경로, 자원 배치, 대응 기구별 행동 등을 작성한 문서
작성 시기	2차 컨설팅	3차 컨설팅	
구성 요소	상황 시나리오, 대응 시나리오	재난 상황 브리핑 자료, 훈련 메시지	조치목록, 조치 내용의 행동 절차 등
	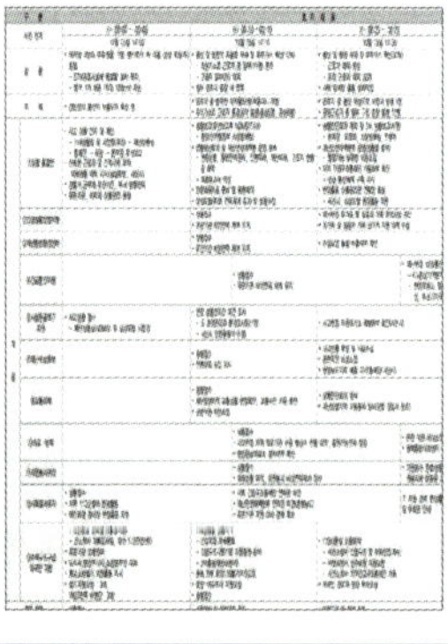	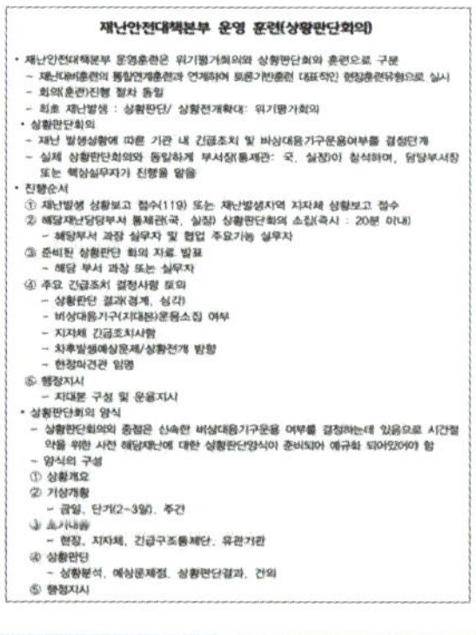 재난안전대책본부 운영 훈련(상황판단회의)	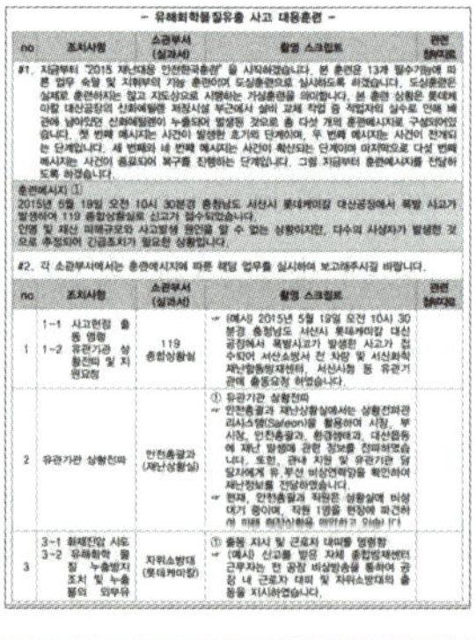 - 유해화학물질유출 사고 대응훈련 -

출처 : 국민안전처(2017: 99) 수정 보완.

[그림 7-7] 훈련 시나리오 구분

2) 훈련 메시지

　훈련 메시지는 도상 및 실제훈련의 유도 및 통제를 위하여 실제 상황과 유사하게 6하 원칙에 따라 작성한 시나리오를 말한다. 훈련 메시지는 〈표 7-2〉에서 보는 바와 같이 각급 기관의 위기관리 매뉴얼 제1장 일반 사항의 위기 형태에 기술된 ① 원인, ② 위기 유형, ③ 전개 양상을 참고하여 작성하게 된다. 예컨대 0000년 0월 0일, 09:30분경 무장괴한이 00청사로 침입하여 폭발물 설치 후 폭파시켜 건물이 반파되고 인명 피해가 0명 발생하였다와 같이 6하 원칙에 따라 작성하면 된다. 이러한 훈련 메시지는 훈련 참가자들이 대응 조치 방안 선택과, 훈련 목표를 달성하기 위한 행동절차 숙달에 초점을 두고 작성한다.

〈표 7-2〉 훈련 메시지 작성 요령: 대테러 예시

제1장 일반사항
3. 위기 형태
　가. 원인①
　　• 의도적 원인 : 강압, 도발, 반란 등으로 인한 테러
　　• 비의도적 원인 : 테러 발생으로 인한 2차 피해 발생(테러, 폭발, 화학물질 누출 등)

나. 위기 유형②

구분	주요 내용(요인)
일반테러	인질 점거, 납치 암살, 폭탄무장 공격, 차량 탈취 등
화학테러	유독성 화학물질 살포, 유독물질 국가기반시설 폭파 등
기타	사이버 테러, 항공기 테러, 생물 테러 등

다. 전개 양상③

차량을 탈취하거나 직원으로 가장하여 건물에 진입

▼

무장한 테러범이 직원을 납치 또는 건물 내 폭발물을 설치하거나 유해성 화학물질을 살포

▼

유해화학물질 누출, 폭파로 인한 건물 붕괴·화재 발생

3) 훈련시행계획서

훈련시행계획서는 성공적인 훈련을 위하여 훈련기획-훈련 실시-훈련통제/평가 등 훈련관리 전반에 걸쳐 훈련 참가자들의 역할과 책임을 지정해 주는 종합적인 훈련지침서이다. 그러므로 훈련주관과 참여기관이 참가한 자문회의를 거쳐 최종 확정하는 것이 바람직하다. 훈련시행계획서에는 훈련 참가자와 참관인의 현실감을 떨어뜨리지 않기 위하여 훈련 시나리오와 같은 너무 상세한 내용은 넣지 않는 것이 좋다. 훈련시행계획서는 목적과 목표, 일시 및 장소, 참가기관 및 인원·장비물자, 시나리오 개요, 진행 순서 및 안전에 관한 사항, 가상 상황에 따른 기관별 임무와 역할 요약(토론 기반 훈련), 그리고 훈련 참가자의 임무와 역할(실제훈련) 등이 포함되어야 하며, 작성은 〈표 7-3〉의 예시를 참조하기 바란다(행정안전부, 2018: 17).

〈표 7-3〉 훈련시행계획서 작성 예시

목차	내용
■ 훈련 개요 　- 일시·장소　- 훈련 주관 　- 참여기관　- 재난 유형	■ 훈련위치도와 전경 사진을 붙임으로 작성함. ■ 재난 유형 작성 시 표준 매뉴얼을 근거로 작성함.
■ 훈련 중점 사항 　- 목적　- 목표　- 범위	■ 점검하여야 할 목적, 범위, 목표, 역량 등 기대 행동 위주로 기술(記述)
■ 훈련 방법 　- 시나리오 개요　- 훈련 유형	■ 점검하여야 할 목표, 역량 등
■ 훈련 참여자 역할 임무	■ 훈련주관 및 참여기관 등 모든 훈련 참가자의 역할과 임무를 기술
■ 일정별 주요 훈련 진행 계획 　- 세부 진행 순서	■ 토론 기반 및 실제훈련별 세부 훈련계획 ■ 현장 및 사후평가계획, 평가관 편성 ■ 주요 훈련 상황 및 현장훈련
■ 기타	■ 장비와 물자(실제훈련) ■ 실제훈련 참가기관/ 참관 인원 현황 ■ 안전 및 홍보에 관한 사항

출처: 국민안전처(2017: 108) 일부 수정.

4. 훈련 실시

훈련설계가 완성되면 훈련주관 및 참여기관이 참가한 가운데 어떤 훈련 방법으로 실시할 것인가를 판단하고 실행하는 단계이다. 훈련 방법은 토론 기반 훈련과 실제훈련의 강약점과 특성을 고려하고, 훈련 목표, 예산 규모, 참가기관 등 훈련 실시 여건에 맞게 선정하여 실시한다. 토론 기반 훈련과 실제훈련의 훈련 유형은 〈표 7-4〉와 〈표 7-5〉에서 보는 바와 같다.

〈표 7-4〉 토론 기반 훈련 유형

구분	내용
세미나	• 재난대비훈련의 가장 기초 단계로 세미나(설명회)만을 별도로 실시하거나 다른 훈련의 사전활동으로 실시할 수 있음. • 훈련 참가자들이 현재의 계획, 정책, 협약 및 절차에 익숙하도록 하며, 새로운 계획, 정책, 협약 및 절차를 개발함.
워크숍	• 워크숍만을 별도로 실시하거나 다른 훈련의 사전활동으로 실시할 수 있으며, 세미나에 비하여 참여자 간 상호작용이 활발하고, 계획이나 정책의 초안과 같이 구체적인 결과물을 얻어내거나 구축하는 데 집중함. • 특정 목표의 달성 또는 결과물(훈련 목적, 시나리오 개발, 평가 기준 개발 등 훈련 개발)을 생산하기 위한 회의임.
도상훈련	• 실제 또는 가상의 재난 상황에서 일어날 수 있는 신속하고 자발적 문제 해결보다는 천천히 문제를 해결하는 과정에서 깊이 있게 현안 사항에 대하여 논의하고 결정함. • 기관의 문제 해결, 정보 공유, 유관 기관 간 업무 조정, 특정 목적의 달성 여부 등을 측정함. • 대규모 복합재난 훈련 대상기관의 특성 및 지형적 영향, 훈련기간에 따른 문제 등으로 실제 훈련이 불가능할 때에는 훈련 메시지에 대하여 문서 또는 메시지로 훈련을 대신함.
재난대책본부 운용훈련	• 재난대응훈련 간 현장 훈련에 적용하는 비상대응기구 운용훈련으로서 실제 상황과 동일한 긴박성을 가지고 진행되는 토론 기반 훈련임. • 주어진 상황에 대한 통제관을 중심으로 문제 해결 위주의 토론을 통한 상황을 해결하는 훈련 형태임.

출처: 국민안전처(2017: 116).

〈표 7-5〉 실제훈련 유형

구분	내용
기능훈련	• 기능 또는 여러 기능의 조합을 검증을 위한 훈련으로 재난안전대책본부 같은 유관 기관 조정센터 근무요원 훈련에 초점을 맞춤. • 현실적이고 긴장감 있는 실시간(real-time) 환경에서 수행되지만 인력과 장비는 실제로 이동하지 않고 가상적으로만 이동함. • 실제훈련 전 단계로서 하나의 프로세스(기능) 단위별로 위기대응 훈련을 실행함. • 위기대응 훈련 참여기관은 프로세스(기능) 단위별 복잡하고 현실적인 문제들을 개선 방향을 제시함으로써 실제훈련 시 상황에 대한 대응 능력을 향상시킴(예시 : 13개 협업기능 훈련).
종합훈련 (현장+기능)	• 각 기관별 훈련장을 설치하여 위기대응 훈련 참여 인원이 전원 참석하여 부여되는 훈련 메시지에 따라 실제 재난 상황과 같은 대응 업무를 수행함. • 기능훈련과 현장의 대응활동 및 자원의 실제 이동을 결합한 종합훈련으로 대응 계획상의 기능 대부분을 포함하여 실시함. • 인력과 장비가 실제로 배치, 실제 재난 상황과 유사하게 긴장감 있고 시간에 제약을 받는 환경에서 훈련을 실시함.

출처: 국민안전처(2017: 116).

<표 7-6> 재난안전대책본부 운영 훈련

훈련 구분	내용
상황판단 회의	• 가상재난 발생에 따른 기관 내 부서별 임무와 역할을 발표·토의하는 단계 　- 실제 상황판단회의와 동일하게 부서장이 참석하며, 담당부서장 또는 핵심 실무자가 진행을 맡음. • 진행 순서는 가상재난 및 부서별 임무와 역할 개요가 수록된 상황판단회의 자료를 담당부서장(핵심 실무자)이 발표한 후, 　- 훈련 설계 단계에서 작성한 부서별 임무와 역할을 각 부서장(핵심 실무자)이 발표 　- 이후 훈련기획팀이 사전 도출한 문제점을 중심으로 토의를 진행 • 중앙재난안전대책본부 운영 훈련의 경우 　- 주무부처에서 같은 방식으로 상황판단회의를 실시하고, 그 결과를 중대본 관계기관 임무 발표·토의 시간에 담당부서장(핵심 실무자)이 발표
관계기관 임무 발표 토의	• 상황판단회의가 종료되면 잠시 휴식시간을 가진 후 　- 내부 참석자들은 퇴장하고 외부 관계기관의 부서장(핵심 실무자)들만 참석한 가운데 훈련설계 단계에서 작성한 가상 재난 발생에 따른 기관별 임무와 역할을 발표 　- 이후 훈련기획팀이 사전 도출한 문제점을 중심으로 토의를 진행

출처: 행정안전부예규(2018: 19).

먼저, 토론 기반 훈련은 비상대응기구의 가동 실태 점검 및 수준 향상을 위하여 재난 대응 능력에 필요한 지식, 기술, 역량 등을 습득하는 데 유용한 방법이다. 재난안전대책(사고수습) 본부 운영훈련은 <표 7-6>에서 보는 바와 같이 상황판단회의와 유관 기관 임무 발표·토의의 두 단계로 구분하여, 재난 발생 시 의사결정권자가 참석한 가운데 시나리오에 따라 부서와 기관별 임무와 역할, 예상되는 문제점을 발표·토의하는 방법이다. 훈련 진행은 브레인스토밍(brain-storming) 방식으로 깊이 있는 문제 해결 노력, 훈련행동의 조정과 유지, 그리고 참가자 전원이 토론에 참여도록 유도하여야 한다. 특히 상황판단회의는 재난담당부서의 통제관(국·실장)의 주재로 비상대응기구 구성 및 운영 여부, 발생한 재난의 확대가능성 및 긴급성 판단, 상황 판단 결과 경보 발령, 현장파견관 임명과 같은 긴급조치 사항 시행 결정 등을 이행한다. 상황판단회의는 상황 접수 후 최단 시간 내에 개최하되, 20분을 초과하지 않아야 한다. 회의시간 절약을 위하여 상황 판단 양식을 상황실에 사전 준비해 놓는 것이 바람직하다.

실제훈련은 재난 발생부터 종료할 때까지 발생한 모든 훈련 상황에 대한 대응 조치 관련 쟁점들을 점검할 수 있어 훈련 성과가 가장 높은 훈련 방법이다. 실제훈련 진행 절차는 다음 [그림 7-8]과 같이 안전 사항 점검, 브리핑, 훈련 실시, 마무리 활동 순으로 진행한다.

안전 사항 점검	① 훈련장 운영을 위한 안전 사항 점검 체크리스트 별도 준비 ② 훈련요원들이 사용할 훈련용 무선주파수나 채널 확보 ③ 훈련 장소 안전 및 보안 사항 확인
▼	
브리핑	① 각 훈련 참가자에게 자신의 임무와 역할 설명 ② 훈련 개요, 재난 발생 및 진행 일정, 시나리오, 기타 정보 등 전달
▼	
실시	① 훈련 시작 선언 ② 현장에 있는 통제관은 다른 전체 통제관과 연락 유지 ③ 훈련 참가자는 훈련 수행 수칙 숙지
▼	
마무리 활동	① 종합적인 훈련 진행 상황 검토 ② 훈련 직후, 각 분야의 통제관은 현장평가회의 실시 ③ 훈련요원으로부터 즉각적인 피드백 수집

출처: 국민안전처(2017: 119).

[그림 7-8] 실제훈련 절차

훈련주관기관은 훈련장의 인원·장비물자 확인·배치, 훈련자원 동원 현황 점검, 그리고 훈련 준비 및 훈련 상황 설명을 통하여 모든 훈련 참가자(실시기관, 통제관, 평가관, 자원봉사자, 참관단 등)가 자신의 임무와 역할을 이해할 수 있게 교육하여야 한다. 그리고 훈련 실행 과정에서 훈련주관기관장의 관심도와 참여, 유관 기관 참여율, 훈련 진행의 적절성, 재난 유형·특성에 맞는 상황 연출, 그리고 교보재 활용 등을 고려하여야 한다(국민안전처, 2017: 61).

5. 훈련평가

훈련평가는 실시하는 훈련에 대한 전반적인 평가를 통하여 훈련기관의 재난 대응 체계 미비점 발굴과 개선 대책 마련, 위기대응 매뉴얼의 검증·보완 등 평가 결과를 환류(feedback) 시켜 기관의 재난 대응 역량을 강화하는 아주 중요한 단계이다. 훈련평가는 사전(서면)평가, 훈련 현장에서 실시하는 현장평가, 그리고 훈련 종료 후의 사후평가로 이루어지며, 평가관의 역할과 책임은 다음 〈표 7-7〉에서 보는 바와 같다.

〈표 7-7〉 훈련평가관의 역할과 책임

구분	평가관의 역할과 책임
사전평가	■ 훈련 준비 사항의 적절성 ■ 훈련기획팀 구성의 적절성 ■ 훈련 상황 설정의 적정성 ■ 훈련준비회의 개최 적정성 ■ 훈련시행계획서의 적정성
현장평가	■ 실제훈련의 중점 사항/핵심 국면 ■ 현장훈련 참가자 질의 및 인터뷰, 평가자료 수집 ■ 전체적인 훈련 실시 과정 관찰 및 평가
사후평가	■ 자체 평가계획 수립 및 평가 실시 여부 ■ 문제점, 권고 사항 및 잘된 점 도출 여부 ■ 개선계획 이행 조치 사항 환류 실적 등

출처: 국민안전처(2017: 127).

훈련평가는 당해 연도 평가계획에 따라 재난훈련 전문가 중심의 평가단을 구성하고, 훈련 관찰 및 평가지표에 의한 평가 실시, 그리고 평가 후 강평 실시 및 평가결과보고서를 작성하는 순으로 진행한다. 평가단의 규모는 훈련 유형, 규모, 참가 기관의 수, 훈련 장소 등에 따라 결정되며, 평가지표는 행정안전부에서 작성한 양식을 활용한다. 훈련 강평은 평가관 또는 통제관의 진행으로 훈련 종료 직후 실시하여 훈련 참가자에게 즉각적인 환류(還流)를 제공한다. 이러한 강평은 훈련 참가자의 훈련 만족도 확인, 현안 사항이나 관심 분야 그리고 개선 사항 유무 확인 등을 위하여 평가자와 훈련 참가자들의 기억이 생생할 때 개최하는 것이 바람직하다. 그리고 훈련평가보고서는 사후조치보고회의에서 도출된 훈련 총평, 장려 사항, 개선 및 보완 사항을 바탕으로 사후 강평 내용을 포함하여 작성한다. 왜냐하면 차후 개선계획 수립의 기초를 제공하고, 다음해 재난훈련 사전평가 때에 전년도 개선계획 이행 조치 실태 확인·평가의 자료가 되는 중요한 문서이기 때문이다.

6. 훈련개선계획 수립

훈련개선계획은 훈련개선 프로그램 관리자가 훈련 과정에서 나타난 문제점에 우선순위를 부여하여 추적관리 및 수정 조치 사항을 작성하고, 사후조치보고서 초안에 수록된 지적 및 개선 사항을 해결하는 일련의 과정이다(국민안전처, 2017: 139). 훈련개선계획의 수립 목적은 훈련평가를 통하여 나타난 재난 대응 체계의 미비점 발굴과 개선 대책을 마련하고, 평가 결과를 환류시켜 재난훈련관리의 효율성을 높이는 데 있다. 훈련개선계획은 [그림 7-9]와 같이 4단계를 거쳐 수립한다.

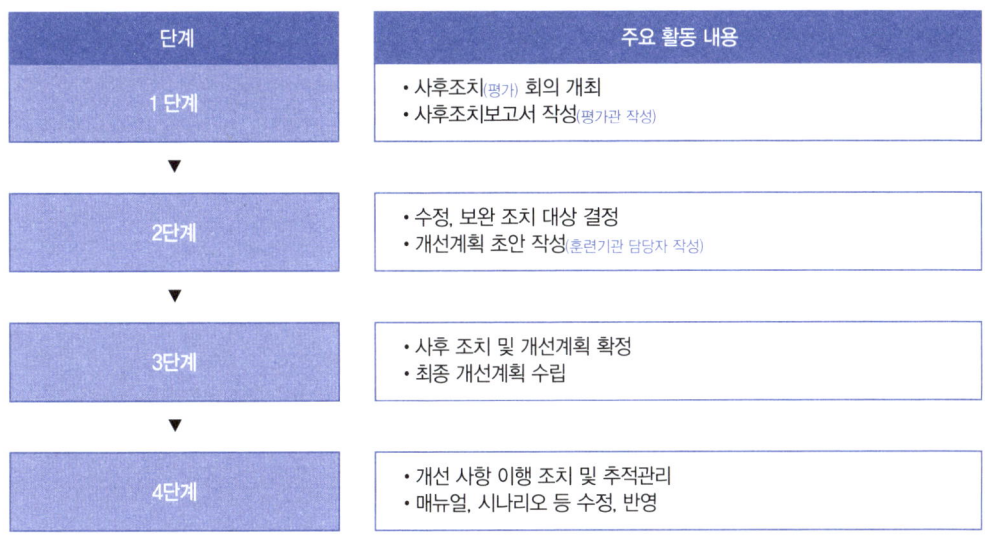

출처: 국민안전처(2017: 140).

[그림 7-9] 훈련개선계획 수립 단계

훈련평가관은 훈련 간 잘한 점과 미흡한 점에 대한 관찰 결과를 분석하여 훈련기관에서 개선할 사항을 분야별로 구체적으로 작성한다. 그리고 개선 이행 진도 측정이 가능하도록 수정 조치 사항으로 바꾸어 개선계획에 수록하여야 한다. 이와 같이 훈련개선계획에 담긴 사항은 계속 추적 관리하며, 개선 항목별 담당부서와 책임자를 지정하고, 수시로 추진 경과를 확인하여 완료 예정일 이내에 조치되도록 하여야 한다. 이러한 개선 조치 이행 과정을 통하여 훈련주관 및 참여기관의 재난대응 역량 강화를 촉진시켜 준다. 특히 개선 조치 사항은 위기관리 매뉴얼, 각종 재난관리계획, 대응계획, 이행절차서 등에 반드시 반영하고, 수정한 근거를 각각의 문건에 기록하여야 한다. 훈련개선계획의 작성은 다음 〈표 7-8〉을 참조하기 바란다.

<표 7-8> 개선계획 작성 양식(예문)

개선계획 작성(양식)

1. 훈련 개요
   - 기간, 참여기관, 훈련 횟수

2. 훈련 결과
   - 훈련의 목표 달성 수준, 효과, 대응 역량 향상 정도
   - 훈련의 우수성, 장려 사항, 홍보 효과 등

3. 개선 사항
   - 미흡한 점 / 개선 보완 사항
   - 잘된 점 / 확대 시행할 사항

4. 향후 계획
   - 개선 보완 방향, 추진 일정, 분야/대상

5. 세부 개선 보완 추진계획
   - 과제번호/분야 / 개선 내용(과제명) / 보완 대상(문서) / 추진(완료) 일정 / 담당자(도표)

6. 행정 사항

제3절 훈련행정

1. 비상근무와 복장

재난관리훈련에 참가하는 훈련주관기관, 유관 기관·단체의 임직원, 자원봉사자 등은 부득이한 경우를 제외하고 훈련지역과 훈련기구별 근무지에서 비상근무를 실시하고, 비상근무복(민방위복 또는 간편복)을 착용하여야 한다. 또한 통제관과 평가관은 훈련기간 중에 좌측 가슴 부위에 정해진 명찰을 패용하여 훈련 참여자와 구별되도록 하여야 한다. 기타 훈련근무와 복장에 관한 세부 사항은 기관별 자체 규정에 따른다.

2. 문서 처리

각급 기관은 재난대비훈련 기간 중 문서의 수발과 통제를 위하여 문서취급소를 설치 운영한다. 대외기관으로 발송되는 모든 문서는 문서대장에 기록하고, FAX 및 유선, 인편 등을 통하여 접수 또는 발송을 한다.

제8장

재난정보통신 시스템

제1절 재난안전 정보통신 개요

1. 재난 상황 정보

   기술 발전과 혁신은 재난 회복력과 위험도를 저감할 수 있는 새로운 기회를 창출하고 있다. 인공지능(Artificial Intelligence: AI), 사물인터넷(Internet of Things: IoT) 및 빅데이터(Big Data)와 같은 혁신적인 기술의 개발과 로봇공학 및 드론 기술과 같은 재난관리 연계 영역의 혁신은 재난 위험도 감소 및 관리를 포함한 많은 분야를 변화시키고 있다(International Telecommunication Union, 2019: 60). 우리나라도 무선 광대역 네트워크, 스마트폰 및 클라우드 컴퓨팅과 같은 디지털 인프라 및 장치를 빠르게 지원함으로써 재난안전관리를 위한 혁신적인 기술을 적용할 수 있는 기반을 마련하고 있다.

   일반적으로 각기 다른 재난 상황이라면 각기 다른 국민을 대상으로 각기 다른 상이한 정보가 요구된다. 재난 저감 및 대응이 얼마나 효과적으로 진행될 것인지는 재난의 저감(혹은 예방, 완화), 대비, 대응 및 복구(혹은 재건, 부흥)와 관련된 정보가 얼마나 효과적으로 관리되고 제공되는 지에 크게 의존한다(NIRAPAD, 2017: 44). 재난의 영향과 재난에 대처할 수 있는 재원에 대한 실시간 정보가 추가적으로 필요하며, 이해당사자가 효과적으로 공동 대응하려면 유관 기관이 가지는 정보를 쉽게 수집하고 처리, 분석 및 공유하는 체계가 반드시 마련되어야 한다.

또한 정부 차원에서도 대비, 비상 대응, 피해 및 손실 평가, 복구 및 재건에 사용될 수 있는 중요 정보를 관리하기 위한 재난정보 활용전략을 항상 마련하여 놓아야 한다(National Disaster Management Authority, 2012: 222). 데이터란 숫자, 단어 또는 이미지 등을 포함한 변수의 측정값인데, 일반적으로 그 자체로는 유용하지 않다. 데이터를 분석하고 추출할 수 있어야만 의사결정과 적정 조치에 활용할 수 있는 유용한 정보가 될 수 있고, 이런 재난 상황 정보가 축적이 되면 재난안전관리 지식이 되어 재난 상황에 장기적으로 활용할 수 있게 된다. 〈표 8-1〉은 재난관리 단계별로 필요한 대표적 정보와 그 정보를 활용하여 진행할 수 있는 활동의 대표 예시이다.

〈표 8-1〉 재난관리 단계별 필요 정보 및 활동 예시

재난관리 단계별 필요 정보	정보 기반 활동 예시
〈저감 단계〉 • 국가, 지역 및 마을 단위에서의 개발계획 • 사회, 인구 통계 및 경제 특성 • 토지 이용 계획, 환경관리 계획 • 유틸리티 서비스 네트워크 정보 • 위험 요인 및 취약성 지도 • 위험구역 • 지질 및 수문 기상정보 • 재난관리계획 등	• 위험 요인의 심각성 정도, 발생 가능성 및 취약성의 공간적/시간적 변동 식별 • 서비스 및 인프라 현황 및 수요 파악 • 재난이 확장할 가능성이 높은 지역 식별 • 적절한 구조적/비구조적 조치 식별 및 우선순위 결정 • 토지 이용 및 개발계획의 적절성 평가 • 홍보활동 및 캠페인 활성화와 적정 메시지/채널 선택 • 적절한 규제와 법령을 마련하고 개선 • 의사결정자들 간의 소통 촉진 및 개발에 따른 재난 영향의 평가 등
〈대비 단계〉 • 국가 위험 요인 프로파일 • 대피소 및 중요 인프라의 위치 • 위험 요인 및 취약성 지도 • 위험구역 • 위험지역에 거주하는 인구 • 통신 및 전기 서비스 접근 가능 여부 • 재난 대응 장비 및 물자 • 비상요원 및 자원봉사자 규모 등	• 위험 요인의 심각성 정도, 발생 가능성 및 취약성의 공간적·시간적 변동을 식별하고, 자원을 비축하며 대피구역/경로 및 응급운영센터로 활용할 수 있는 장소를 식별 • 서비스 및 인프라 현황 및 수요 파악 • 상황 발생 전 상황 전파를 위한 방법 및 메시지 내용을 미리 마련하고 개선 전략 구축 • 내피가 필요한 지역, 대피소, 경로 및 2차 주가 대피소를 식별하여 대피계획 개선 • 훈련을 위한 위험 요인 및 재해 영향 시나리오를 개발하고 시각화 • 학교 교과과정에 포함하는 등 재난안전 인식 제고를 위한 공공 캠페인 수행 • 비상훈련 및 연습 실시 등

〈대응 단계〉 • 위험 요인 및 취약성 지도 • 재난사건에 관한 지리공간정보 　(발생 지역이 어디에 있는지, 그 지역에는 무엇이 있는지, 　어떻게 그 지역에 접근할지 등) • 상황 업데이트 　(재해 영향을 받는 인구, 구조가 필요한 사람, 도로, 피난처 등) • 구호활동 및 배치와 관련한 최신 정보 등	• 적절한 방법 및 메시지를 사용하여 대국민 경보 실시 • 여러 분야에 미칠 잠재 영향을 파악 • 우선 사용할 단기대책을 마련하고 보호소 및 대규모 수용시설 파악 및 관련 정보 전달 • 재난 발생 지역정보를 재난대응팀에게 숙지 • 단기적 재해영향 평가 방법과 기준 제공 • 대응활동의 진행 상황 모니터링 • 손실 및 피해 평가 수행 • 재난지역에서 가족, 친구 및 동료들과 연락할 수 있도록 대국민 지원책 마련 등
〈복구 단계〉 • 피해 및 요구 사항 평가에 관한 정보 • 저감 단계에서 활용된 모든 정보	• 복구지원본부의 위치 식별 및 정보 전달 • 새롭게 대두된 취약성의 위험 패턴 식별 및 기준 제공 • 재개발계획의 적정성 평가 • 적용되는 저감 조치의 적정성 제공 및 확인 • 대비 및 대응활동의 적절한 전이 • 장기적 재난영향을 평가하고 관련 기준 제공 • 복구활동 진행 상황 모니터링 및 관련 기준 제공 등

2. 대국민 정보 공유의 중요성

　2004년 남아시아 지진해일 이후 많은 사람이 원조와 원조 과정에 대한 정보 공개가 충분하지 않다고 비판하기 시작하면서 재난 발생 직후에 필요한 정보는 무엇인가에 대하여 전 세계적으로 심도 있는 논의가 시작되었다. 가장 간단히는 방금 무슨 일이 발생하였는지, 가족과 친구는 어디에 있는지 등이 필요한 정보였지만 시간이 지남에 따라 또 다른 정보가 반드시 필요하다는 것을 인식하게 된다. 예를 들어, 사람들은 식음료의 위치, 해당 지역의 병원에 접근하는 방법, 질병을 예방하는 방법, 위생, 보상을 받기 위한 절차 등이 필요함을 인식하게 되었다. 다시 말해, 사람들은 어떤 서비스와 보상이 가능한지 빨리 알고 싶어하기 때문에 효과적인 의사소통을 통한 정보관리는 모든 비상 상황에서 매우 중요하게 된다(Kremers, 2019: 21). 만약 이 단계에서 비효율적인 의사소통으로 인하여 정부기관을 포함한 재난관리자가 이재민 지원 내용에 대한 잘못된 기대와 오해를 야기한다면 향후 상당한 고통과 문제가 발생하게 된다(Barca & Beazley, 2019: 55).

　재난대응 과정에서 정보와 의사소통의 또 다른 중요한 측면은 정보 박탈이 실제로 스트레스를 유발하고 상황을 악화시킨다는 점이다. 스리랑카에서 2004년 지진해일 발생 이후 많은 사람이 큰 파도가 하늘이 내리는 천벌이라며 두려워하였는데, 이런 문제점을 당시 그 지역에서 구호활동을 벌이던 벨기에 적십자사가 지진해일에 대하여 과학적 설명을 주민들에게 제공함으로써 주민들 사이의 신화를 물리치는 데 도움이 되었다. 재난정보는 인도주의 활동을 진행하는 요원들이 필요한 핵심 요소였지만 최근의 재난 사태에서는 이재민들에게 자원 배정이 어떻게 투명하게 이루어지는지를 알리는 측면에서 그 중요성이 더해지고 있다. 시의적절하고 정확하며 객관적인 정보는 인명구조 및 복구활동의 핵심이 된다.

3. ICT 솔루션

ICT는 재난관리 분야뿐만 아니라 공공 분야 및 산업 부문에서 점점 더 많은 솔루션을 제공하고 있다. ICT 솔루션은 일반적으로 관련 기술, 소프트웨어 및 데이터 표준으로 구성되는데, 이들의 주요 내용과 생애주기를 이해하기 위한 진화 과정을 정리하면 아래와 같다.

1) ICT 관련 기술

재난관리에 활용되는 ICT 솔루션에 포함되는 관련 기술은 광범위하여 모두 기술하기란 불가능할 정도이다. 종이와 연필, 봉화대, 북이나 꽹과리로부터 인공위성에 이르기까지 재난안전 정보통신 시스템의 솔루션 관련 기술은 참으로 다양하다. 다만, 어떠한 기술이 되었든 사용자가 사용하기 편하고 재난 상황에 적합해야 한다는 점은 공통점이라 할 수 있다. 앞서 언급된 기술들을 일부 포함하여 대표적 관련 기술은 데이터베이스(databases), 웹 애플리케이션(web application) 혹은 웹 응용 프로그램, 지리정보 시스템(Geographic Information System: GIS), 센서(sensor), 방송, 휴대전화, SNS 등이 포함된다.

2) 소프트웨어

모든 ICT 솔루션에는 소프트웨어가 포함되어 있을 가능성이 높으며, 재난안전 정보통신에 활용되는 소프트웨어를 제공받는 방법에는 크게 세 가지가 있다.

첫째, 상용 소프트웨어는 회사에서 개발한 후 다른 조직에 판매하거나 라이선스를 부여한다. 검증된 솔루션이라는 장점을 가지며, 특정 업무에 맞게 솔루션을 어느 정도까지는 특화할 수도 있다. 소프트웨어 비용은 단일 지불 또는 지속적인 라이선스 비용의 형태일 수 있고, 유지관리 지원과 지속적인 수정을 제공하기 위한 일련의 서비스 계약이 포함될 수 있다.

둘째, 맞춤형 제작이다. 재난안전관리를 위한 ICT 솔루션을 위해서는 때때로 맞춤형 소프트웨어를 개발하는 것이 더 효율적일 수 있다. 외부 컨설턴트 또는 회사에 소속된 소프트웨어 개발팀이 맞춤형 제작을 수행한다. 사용자 지정 솔루션을 개발할 때는 사용자와 함께 솔루션에 대한 지속적인 확인작업을 진행하고 소프트웨어를 배포한 후 발생할 수 있는 추가 문제를 해결해 주어야 한다. 이러한 유지관리 및 추가 고려 사항은 프로젝트 예산에 반영되어야 하는데, 소프트웨어 개선이나 확장 시 원래 개발자를 더 이상 활용할 수 없는 경우에 새로운 업체에 의뢰할 경우 비용은 더 많이 소요될 수 있다. 경우에 따라 맞춤형 솔루션 개발업체에서 소프트웨어의 소스 코드에 대한 소유권을 보유하여 다른 개발자가 솔루션을 활용하지 못하게 할 수도 있다.

셋째, 무료 및 오픈소스(open source) 소프트웨어는 특별한 제한 없이 사용, 복사, 연구, 수정 및 재배포할 수 있다. 무료 및 오픈소스 소프트웨어는 ICT에 대한 즉각적인 접근, 소유권 및 제어를 허용하기 때문에 저개발국가의 재난안전관리를 위한 정보통신 시스템에 활용이 가능하다. 예를 들어 세라피스(Serapis)나 사하나 오픈소스 재난관리(Sahana Open Source Disaster Management)는 재난안전관리에 사용할 수 있는 무료 및 오픈소스 소프트웨어 솔루션들이다. 활용성이 높은 소프트웨어를 개발하기 위해서는 협력업체, 자원봉사자, 학계 및 비영리단체를 포함하는 이해당사자 커뮤니티 구성이 우선 필요하다. 솔루션 협력업체와의 계약을 통하여 무료 및 오픈소스 소프트웨어에 기반한 사용자 맞춤형 서비스도 추가로 제공될 수 있다.

3) 정보 표준

ICT 솔루션이 점점 일반화되면서 다양한 사용자 및 기관이 상호작용함에 따라 공유할 정보의 형식이 달라질 경우 호환되지 않는 문제가 발생할 수 있다. 데이터 표준이란 쉽게 말하여 수동 변환 없이 다른 소프트웨어 패키지로 데이터가 공유될 수 있는 근거나 기준이다. 정보 표준은 ICT 솔루션 통합을 지원하는데, 특히 재난안전관리와 관련하여 이미 ICT 시스템을 보유한 유관 기관에서 재난관리 주무기관으로 정보를 제공하는 경우가 대부분이므로, 재난관리용 ICT 솔루션에서는 정보 표준이 특히 중요하다. 특정 기관이나 시스템에 대한 의존성을 없애야 하기 때문에 공개적이고 비차별적인 표준이 필요하다. 인터넷의 경우 TCP/IP 및 HTTP와 같은 개방형 표준을 기반으로 하기 때문에 정보 표준의 좋은 예시가 될 수 있다.

4) 수명주기

재난안전관리 과정은 복잡하고 다양하기 때문에 ICT 솔루션의 수명주기를 고려하여야 한다. 비전문가들이 볼 때 ICT 솔루션은 즉시 설치되어 항상 의도한대로 수행될 것이라고 가정하고 있기 때문에 수명주기 개념과 관련하여 ICT 적용 초기부터 유의하는 것이 좋다. ICT 솔루션은 요구 사항 및 사양, 구현 및 교육, 그리고 유지관리 단계로 진행되는 것으로 구분할 수 있다.

제2절 재난관리 성격별 정보통신

1. 재난 저감을 위한 정보통신

재난 저감은 재난의 영향을 줄임으로써 인명과 재산의 손실을 최소화하기 위한 노력이다. 재난의 영향을 완전히 예방할 수는 없지만 다양한 전략과 조치로 그 규모나 여파는 상당히 줄일 수 있는데, 이때 ICT는 저감 전략 수립 및 구현을 가능하게 하는 효과적인 도구로 활용된다.

1) 저감대책 의사결정 지원을 위하여 요구되는 정보

효과적인 저감대책을 위해서는 일반 국민이 신뢰할 수 있고 정확하면서도 시의적절한 정보를 제공하는 것이 중요하다. 이러한 정보가 없다면 개인은 물론 재난관리기관이 재난에 대비하거나 적절한 조치를 선택하는 데 큰 장애가 된다. 의사결정권자 또는 재난관리자가 효과적인 저감대책을 선택할 수 있는 능력은 위험도 분석을 통하여 흩어져 있는 재난 관련 정보를 통합함으로써 크게 향상될 수 있다. 예를 들어, 홍수의 장단기 영향을 이해하고, 이에 따라 수해 방지를 위한 도시를 계획하려면 기상학, 지형, 토양 특성, 식생, 수리수문학, 인프라, 교통, 인구, 사회경제적 조건에 대한 종합 데이터 분석이 반드시 필요하다. 재난 저감대책을 위한 데이터베이스의 주요 구성 요소는 다음을 포함한다.

- 위험도 평가 및 매핑
- 취약성 평가
- 인구의 통계학적 분포 및 특성
- 인프라, 라이프라인 및 중요시설
- 인적 자원 및 방재물품
- 통신시설

저감대책의 주요 목표는 사상자 및 재산 피해 최소화이다. 잠재적으로 영향을 받는 지역 주민들이 직접 참여하는 전략 구상이 필요하며, 정치적으로 논란의 여지가 많기 때문에 더 많은 시민과 이해집단의 참여를 유도하는 것이 바람직하다. 보통 저감대책에 대한 권한은 중앙정부의 여러 기관에 분산되어 있고 전문가 또한 다른 많은 조직에 흩어져 있다. 기타 단체의 전문지식과 관점을 함께 모으기 위한 공동 노력이 필요하며, 협력적인 관계를 유지할 필요가 있다. 다만, 대부분의 저감대책은 지방자치단체 수준에서 구현되어야 하는데, 이 수준의 주요 걸림돌은 저감대책에 대한 의사결정자들의 전문성과 의지가 다소 약하다는 점이다.

2) 재난 저감에 사용되는 ICT

(1) 혁신 및 교육을 위한 ICT

정보 자체는 지식이 아니며 위험을 알고 있다고 해서 자동으로 위험이 감소되는 것도 아니다. 따라서 적절한 위험 저감 솔루션과 기술을 찾는 능력을 향상시키기 위하여 취약한 지역사회에서 지속적인 학습과 훈련을 진행하여야 한다. 개발이 재해 영향을 유발할 수 있다는 사실을 강조하면서 의사결정자에게 재난관리에 관한 교육을 촉진하는 것도 중요하다.

인터넷과 비디오, 애니메이션, 텍스트 및 그래픽을 결합하는 멀티미디어 기술을 사용하여 재난안전관리 및 저감대책에 관한 지식을 제공하고 이-러닝(e-learning), 원격교육 또는 온라인 학습 등을 손쉽게 활용할 수 있도록 지원한다. 예를 들어, 세계은행에서는 '안전도시', '지역사회 기반 재난위험도 관리', '위험도를 고려한 토지 이용계획' 등과 같은 저감대책을 주제로 다양한 무료 학습과정을 제공하고 있다.

방송과 신문 등 미디어는 대중의 인식을 높이는 데 중요한 역할을 할 수 있다. 언론 보도는 여전히 주요 재난과 흥미 위주의 극적인 사건에 중점을 두고 있지만, 언론을 재난 저감 활동에 포함시켜야 한다는 필요성에 대한 인식이 더욱 높아지고 있으며, 재난이 발생하기 전 재난 저감 인식 고취를 위한 효과적인 수단으로 활용할 수 있다. 문제는 유사한 캠페인에 대하여 식상해하는 일반 국민의 관심을 지속적으로 유지하고 이해당사자들이 평시에도 적극적으로 관심을 가지도록 하여야 한다는 점이다.

(2) 저감대책 의사결정 지원을 위한 ICT의 역할

재난과 그 영향을 저감하기 위한 중요한 단계 중 하나는 먼저 잠재적 위험과 비상사태를 준비하기 위하여 필요한 조치를 식별하고 분석하는 것이다. ICT는 데이터를 수집하고, 지질학적 데이터와 사회경제적 데이터를 결합하며, 원격 탐사 이미지를 사용하여 공간분포를 분석하는 데 중요한 역할을 할 수 있다. 예를 들어, GIS는 위험한 지역을 확인하고, 이들 지역의 취약성과 연계된 재난과 영향을 받는 인구 규모를 추정할 수 있게 도움을 주기 때문에 위험도 분석에 매우 효율적인 도구가 된다. 건물, 주거지역, 하천, 도로, 파이프라인, 전력선 등 다양하게 매핑된 데이터를 가진 GIS에서 객관적인 위험도 파악을 기초로 재난관리 담당자는 저감, 대비, 대응 및 복구에 필요한 자원을 요구할 수 있게 된다. 지진이 발생하였을 때 포괄적인 GIS 데이터베이스를 활용하면 취약한 개별 건물을 선택하여 철거하거나 수리하는 데 도움이 된다.

별도로, ICT는 도시 및 지역계획, 건축, 경제 및 금융과 같은 재난 저감 활동에 기반이 되는 기타 중요한 연계 분야의 컴퓨터 모델링에도 사용된다. 잠재적 손상 및 손실을 추정하고 적절한 재무 모델, 위험 모델 및 GIS를 모두 함께 필요로 하는 종합 ICT 영역이 재해보험 분야이다.

(3) 위험도 평가에서의 ICT

위험도(危險度, risk) 평가란 내가 살고 있는 지역에서 재난이 발생하면 어떻게 되는가라는 근본적인 질문에 대한 답변을 찾는 과정이다. 위험도 평가는 위험 요인, 위치, 강도, 빈도 및 확률과 같은 기술적 특징을 모두 검토하는 과정이며, 특히 위험 시나리오와 이와 연계한 대처 능력을 고려하면서 취약성과 노출의 물리적·사회적·경제적·환경적 특성을 분석하는 프로세스이다.

이 과정에서도 역시 GIS는 다층정보를 제공하기 위한 가장 포괄적인 플랫폼 중 하나로서 역할을 한다. 여기에는 위험구역 지정, 재난 상황 매핑, 활용 가능 자원, 위험에 처한 주요 인프라, 위험에 처한 인구, 손상 및 손실 추정이 포함된다. GIS 기반 데이터베이스는 기존 시스템보다 의사결정 프로세스를 더 쉽고 효율적으로 가능하게 한다. 상세 데이터베이스를 가진 GIS의 가장 중요한 역할 중 하나는 대규모 대피, 이재민 수용, 자원 수급 등 기존의 전통적인 방법으로는 시뮬레이션에 한계가 있는 상황을 재현해 보고 사전에 대비하는 도구로서의 역할을 하는 것이다.

2. 대비 단계에서의 정보통신

1) 대비 단계에서의 ICT 역할

ICT는 재난 상황을 관찰, 측정, 기록, 분류, 분석, 공유, 네트워킹 및 경보 전파를 통하여 재난 대비에 필수적인 사항을 지원하고 제공한다. 재난 상황에서 적시에 경고를 발령하면 국민의 생명을 구하고 재산 피해를 줄이며 사회적 부담을 최소화하는 조치를 취할 수 있다는 것은 분명한 사실이다. 따라서 조기경보 시스템은 잠재적 위험을 모니터링하고 위험을 평가하기 위한 정확한 데이터를 광범위하고 일관성 있게 사용할 수 있어야 한다(United Nations Development Programme, 2018: 67). 가용 데이터와 정보는 발생 지점과 시점에서 사용자에게 효과적으로 전송되어야 하는 전제 조건이 있는데 ICT는 실시간 데이터 및 정보의 수집 및 흐름을 촉진하는 데 중요한 역할을 한다. 우주 기반 기술(UN ESCAP, 2017: 64)이나 최근의 드론 기술은 재난안전관리에서 그 효용성이 더욱 증가하고 있다. 지상 기반 ICT가 재난에 취약할 경우, 공간 기반 기술은 재난 중에도 거의 영향을 받지 않는다는 장점이 있다.

대부분의 비상통신 시스템은 위성전화 또는 위성무전기를 백업으로 사용하거나 재난 시 양방향 통신을 위한 수단으로 사용하게 된다. 이러한 기술은 지상 네트워크에 장애가 발생하더라도 계속 작동하기 때문인데 재난 발생 시 고속 인터넷을 위성통신으로 전환할 수 있다.

위성통신은 또한 지상 또는 무선 네트워크 사용이 쉽지 않은 원격지에서 이재민이나 재난관리자를 연결하는 데 사용된다. 원격 감시위성과 통신위성을 결합하면 위성에서 생성된 데이터를 재난관리자에게 전달하는 데 유용하게 사용할 수 있다.

다만, 원격 감지 및 위성 시스템 및 서비스는, 특히 저개발 국가에서는, 매우 비싸고 즉시 획득하기가 쉽지 않은 것이 사실이다. 그러나 이러한 제약을 극복하기 위하여 많은 협력 이니셔티브가 진행되고 있다. 예를 들어, GEOSS(Global Earth Observation System of Systems)는 재난관리 주기의 모든 단계에서 위성 데이터 접근을 지원하고 있다. 또한 구글(Google)과 마이크로소프트(Microsoft) 등 몇몇 상용 회사는 지도와 위성 이미지를 재해 관련 응용 프로그램과 통합하여 강력한 시각화를 제공하고 누구나 사용할 수 있는 도구를 제공하고 있다.

2) 대비 단계에서의 ICT 적용

(1) 조기경보

조기경보는 공인기관을 통하여 시의적절하고 효과적인 정보를 제공하여 위험에 노출된 개인이 위험을 피하거나 줄이며 효과적인 대응을 준비하고 조치를 취할 수 있도록 도와주는 것으로 정의할 수 있다. 조기경보 시스템의 목적은 개인에게 필요한 정보를 제공하여 부상, 생명 손실, 재산 및 환경의 손상 가능성을 줄일 수 있는 충분한 시간을 보장하고 적절한 방식으로 대응하도록 유도하는 것이다. 조기경보를 통하여 재난관리자와 비상 대응 요원은 피해 저감을 위한 선제적인 조치를 취할 수 있다. 조기경보 시스템의 효과성 및 효율성은 위험을 탐지하는 기술뿐만 아니라 국민들이 가지고 있는 안전문화와 사회경제적 요인에 따라 크게 달라진다. 조기경보에 활용되는 이미 다수의 ICT가 존재하며, 조기경보 시스템에 두 가지 이상의 ICT 응용 프로그램을 동시에 적용할 수 있다. 조기경보 시스템의 개발 및 설계에는 다음 사항이 포함된다.

- 위험에 대한 이해 및 매핑
- 임박한 위험 상황 관측 및 예측
- 재난관리자와 지역사회가 이해할 수 있는 경고 내용을 처리하고 전파
- 대응 방법과 행동에 관한 안내

(2) 관측과 예측을 위한 ICT

원격 탐사 및 GIS는 다양한 재난사건의 관측, 예측, 예보, 측정 및 매핑(mapping)의 형태로 재난 대비에 통합 및 개발되고 있으며, 성공적인 도구로 인정받고 있다. 특히 대규모 조기경보 전파에서는 반드시 필요한 도구인 것이다. 위성은 전 세계 어디에서나 정확하고 거의 즉각적인 데이터를 제공할 수 있는 장점이 있으며, 재난이 닥쳤을 때 원격 탐사는 종종 지상에서 일어나는 상황을 파악할 수 있는 유일한 방법이 되기도 한다. 특히 광범위한 지역을 대상으로 하는 큰 그림을 볼 필요가 있을 때에는 그 효용성이 더욱 커지게 된다. 〈표 8-2〉는 재난 대비를 위한 원격 탐사 및 GIS 적용 예시이다.

〈표 8-2〉 재난 대비를 위한 원격 탐사 및 GIS 적용 예시

위험 요인	적용 분야
홍수	홍수 감지, 강우량 측정, 홍수 매핑, 조기경보 등
태풍	장기 기후 모델링, 기상관측, 일기예보, 조기경보 등
가뭄	일기예보, 식생관측, 작물 요구 사항 매핑, 조기경보 등
지진	지반 변형률 측정, 지진동 감지 등
급경사지 붕괴	강우량 및 사면 안전성 관측 등
화산	가스 방출 검측 및 측정 등

(3) 조기경보를 위한 ICT

효율적 재난 대비를 위한 조기경보에서 음성 및 데이터 통신의 중요성이 더욱 증대되고 있다. 조기경보에서 ICT는 위험과 관련한 의사소통과 경보 발령 및 지역사회에 대한 대응을 담당하는 조직에 정보를 배포하는 데 중요한 역할을 한다. 재난관리 시 사전경고의 목적으로 사용되고 있는 효과적인 통신 도구가 많이 있는데, 이전의 봉화대를 사용하거나 북을 쳐서 외부 위협을 전파하던 방법이 발전되어 현재는 라디오 및 텔레비전과 같은 전자 도구가 널리 보급되어 대부분의 국가에서 단방향 대량 통신에 적절히 활용되고 있다. 휴대전화 가입이 급격히 증가함에 따라 휴대전화는 필수 통신장치로 활용된다.

앞서 설명된 모바일 기술인 CBS는 조기경보 관점에서 SMS보다 몇 가지 장점이 있다.

SMS는 일 대 일 및 일 대 소수 서비스이지만 CBS는 지리적으로 집중된 메시징 서비스이다. 즉, 네트워크 범위의 일부에 위치한 여러 휴대전화 가입자에게 맞춤형 메시지를 제공할 수 있다. CBS는 또한 트래픽의 영향이 적어 통신 부하가 집중되는 재난 상황에서 활용이 용이하다. 모바일 보급률이 높은 국가의 경우 CBS는 기존 모바일 통신 시스템을 사용하므로 추가 장치가 필요 없는 저렴한 기술이다. 그러나 한계점도 존재하는데, 예를 들어 CBS를 통하여 경고를 받으려면 사용자는 CBS를 지원하는 전화기를 가지고 있어야 하며, 전원은 켜져 있어야 하고, 또한 이동통신 시스템 자체가 중단되면 CBS의 기능 또한 멈춘다는 점이다.

재난 대비 및 재난관리 책임기관 사이에 사용이 가능한 기타 ICT장치로는 유선전화, 위성전화, 위성 라디오, 아마추어 라디오, 무선로컬 루프, 웹서비스(인터넷/전자우편), 컴퓨터, GPS를 포함한 전 지구적 내비게이션 위성 시스템 등이 있다. ICT에 대한 접근성 부족은 조기경보 시스템을 설정하는 데 치명적인 병목 현상을 유발할 수 있다. 최종 사용자에게 재난 정보를 전달하기 위해서는 다양한 기술 적용은 물론 비기술적 솔루션과의 조합이 때때로 중요하다. 성공적으로 적용된 비기술적 솔루션에는 마을 이장이 주로 사용하는 확성기, 손 사이렌, 스피커 등이 포함되며, 사전교육과 참여를 통해 지역주민이 자체적으로 적절한 의사소통 채널을 확보하는 것도 중요하다.

(4) 자원관리

재난 대응을 위하여 특수장비와 숙련된 인력을 동원하려면 대비 단계에서 자원의 가용성 및 위치에 대한 포괄적인 자원목록이 매우 중요하다. 자원에 관한 정보를 전파하기 위해서는 체계적인 시스템이 필수적인데, GIS와 인터넷은 자원목록을 준비하고 공유하는 데 유용한 ICT 도구로 활용된다.

(5) 공공정보 및 교육

경보를 받을 때 시민들의 반응과 적절한 조치를 취할 수 있는 능력 등은 다양한 요소에 영향을 받으며, 그중 많은 요소가 대비 과정을 통하여 개선될 수 있다. 사람들은 사전에 위험에 대하여 교육을 받고 어떤 조치가 필요할 것인지를 알면 경보에 더욱 주의를 기울일 가능성이 높아진다. 재난 위험 인식을 학교 교과과정에 통합하는 등 공공교육과 캠페인은 바람직한 안전문화 형성에 기여할 수 있다. 예를 들어, 컴퓨터와 인터넷이 연결된 학교의 경우 ICT 도구는 함께 배우고 경험을 공유하며 서로를 지원하는 학생, 교사 및 지역사회를 통하여 재난 위험 인식을 높이는 데 활용될 수 있다. 커뮤니티 매핑(community mapping)은 커뮤니티 구성원이 함께 사회문화나 지역의 이슈, 안전, 도시재생과 같은 특정 주제에 대한 정보를 현장에서 수집하고, 이를 지도로 만들어 공유하고 이용하는 과정인데, 안전지도 만들기 캠페인 등을 통하여 재난안전 인식 제고에 일조할 수 있다.

인터넷은 재난에 관한 공공정보 및 교육을 위한 다목적 플랫폼을 제공한다. 인터넷은 재난 대비 및 비상관리, 기상관측, 지구관측 시스템 및 위성과 같은 실시간 데이터를 포함한 재난안전관리 지식에 접근하도록 해준다. 웹페이지는 재난 관련 정보를 신속하게 전 세계에 배포할 수 있는 가장 효율적인 방법이다. 인터넷에 접근하면 재난정보, 활용 가능한 자원 및 각종 기술적 조언을 찾아내어 재난 대비에 활용할 수 있다. 물론 가짜 뉴스나 검증이 안 된 정보에 대해서는 주의가 필요하며 정보가 제공되었다고 해서 대비 단계가 자동으로 완성되는 것은 아니다. 조기경보 과정과 그 효과를 테스트하고 정기적인 훈련을 실시하여 재난 대비 요소에 대한 지속적인 개선작업이 필요하다.

3. 재난 대응을 위한 정보통신

1) 정보통신시설

적절한 의사소통을 위한 지원시설이 없으면 재난 대응에 심각한 문제가 발생하게 된다. 정보관리는 통신 시스템에 의존하며, 통신이 제한되면 필요한 재난정보 수집 및 전파가 불가능해진다. 아래에서 비상통신 및 위험도 커뮤니케이션 솔루션과 취약점에 대하여 정리한다.

(1) 공중전화교환망

공중전화교환망(public switched telephone network: PSTN)은 과거로부터 사용되던 일반 공중용 아날로그 전화망을 지칭하는데, 통상적으로 데이터망과는 별도로, 재래 전화 위주의 유선 통신망이라는 의미가 강하며 회선 교환을 기본적으로 사용한다. 공중전화교환망은 공중전화 서비스만 제공한다는 오해의 소지가 있는데, 국제 케이블 및 스위치 네트워크는 기본적으로 전화 통화를 제공하도록 구축되었지만 실제로는 거의 모든 통신신호를 전달하여 인터넷과 같은 다른 응용 프로그램 및 서비스 전송에 활용될 수 있다. 공중전화교환망이 파괴되면 전통적인 재래 전화 서비스보다 손실이 더 크고 이러한 이유로 비상대응 담당자들은 이러한 네트워크의 작동과 기능을 방해할 수 있는 사항을 명확하게 이해하여야 한다.

(2) 지역유선전화

많은 곳에서 전화선은 개방형 전선이거나 전신주에 매달린 수많은 전선 쌍을 가진 케이블이다. 전신주 자체도 강풍과 지진 등 재난에 취약한데, 연결 경로의 전신주 중 하나만 쓰러지거나 한 지점에서 케이블이 끊어지면 회로가 손상되어 통신재난이 추가로 발생될 수 있다. 특히 도로 접근이 불가능할 경우 복원까지는 며칠이 걸릴 수 있다. 전선을 지하에 매설하여 취약성을 줄이는 것이 바람직하며, 서비스 손실 위험을 획기적으로 줄이려면 모든 재난관리시설을 지하 케이블을 통하여 연결하는 것이 좋다. 물론 이런 경우 지하공동구 자체도 화재 등 재난취약성에 대비하여야 한다.

(3) 무선 가입자 회선

무선 가입자 회선은 사용자를 지역 전화국에 무선으로 연결하는 시스템인데, 무선신호를 사용하여 가입자와 공중전화교환망 사이의 마지막 부분을 연결하는 서비스를 제공한다. 일부 운영자는 지역 무선기지국을 통하여 접근을 제공할 수 있으며, 일부 지역에서는 기존 유선회선보다 저렴하고 빠른 설치도 가능하다.

(4) 이동통신

휴대전화 서비스는 대규모 지상 무선기지국 네트워크를 통하여 제공된다. 전형적으로 무선기지국을 통하여 적어도 세 개의 셀(cell)을 제공한다. 평시 빈도를 고려하여 설계된 모바일 시스템은 적용 범위와 용량이 최적화되어 있지만 긴급 상황에서는 정체되는 문제가 발생할 수 있다. 이러한 이유로 휴대전화를 재난관리 목적을 위한 기본 통신수단으로 간주하여서는 절대 안 된다. 또한 모바일 스위치에 연결하는 고정회선 또는 마이크로웨이브 링크가 단절되거나 주 전원 시스템에 장애가 발생하는 경우는 문제가 더욱 심각해진다.

(5) 개별 네트워크

개별 네트워크라는 용어는 소방, 경찰, 구급, 전기가스 등 공익사업(utility), 운송, 보안, 정부부처와 같은 전문 사용자가 이용할 수 있는 통신시설에 사용된다. 우리나라에서 2019년 현재 재난안전통신망 구축을 위하여 다각도로 검토 중인데 바로 개별 네트워크로 분류되는 서비스이다. 이러한 네트워크는 개인기업 및 산업시설 등에서 사용될 수도 있는데 네트워크는 대개 다중환경에서 네트워크를 공유할 수 있는 개별 사용자가 소유한다. 사용자는 일반적으로 개별 네트워크를 관리하고 경우에 따라 용역 운영자가 개인 고객을 위해 네트워크를 관리해 주기도 한다.

개별 네트워크는 각기 다른 형태로 제공될 수 있는데, 유선 또는 무선일 수 있으며, 공용 네트워크 자원을 공유할 수도 있다. 고정되거나 이동성을 제공할 수 있으며 육상 이동무선 네트워크, 해상 네트워크, 항공 네트워크, 가상 개별 네트워크(Rossi et al., 2019: 28) 및 위성 네트워크 등으로 분류할 수 있다.

2) 정보관리

재난 대응과 관련한 다양한 업무를 성공적으로 실행하려면 효과적이고 효율적인 정보관리가 필수적이다. 재난상황실에서 일하는 사람이나 그와 통신하는 사람에게 통신장비를 제공하는 것은 단순히 기초적인 단계이다. 정보관리는 적절한 대응 조치를 계획하고 구현하기 위하여 개인과 기관 간에 정보를 어떻게 하면 효율적으로 전송하고 정확하게 전달할 수 있는 고민에서 시작한다.

평소에는 정보를 효율적이고 효과적으로 처리하는 정보관리 전문가일지라도 재난 이벤트가 발생하면 이들의 능력이 현저히 저하될 수 있다. 이는 과도한 양의 정보를 처리하여야 하거나 정보 교환으로 인한 결과가 심각하거나 생명을 위협할 수 있다는 사실 때문일 수 있으며, 시간에 대한 압박이 가중되거나 사소한 장비의 고장이 원인으로 작용할 수도 있다. 이러한 다양한 이유 때문에 재난상황실 직원이 가장 효과적인 방식으로 정보를 수집, 수정 및 배포할 수 있도록 간단하고도 강력한 정보관리 시스템이 제공되어야 한다.

상황이 발생하면 재난상황실 직원이 필요로 하는 중요 정보에는 여러 유형이 있다. 몇 가지 예시가 아래에 정리되었다.

- 재난 발생이 임박한 지역에 대한 기본 정보
- 정부 대처계획, 기능 및 자원에 대한 기본 정보
- 위급 상황을 유발하는 위험 요인에 대한 정보
- 비상사태의 영향에 대한 정보

- 위험지역에 거주하는 주민의 규모와 요구 사항에 대한 정보 등

상기 정보 중 일부는 재난이 발생하기 전에 확보하여야 하며, 응급 상황이 발생하면 필요에 따라 상황실에서 선택적으로 사용할 수 있다. 일부 정보는 재난이 발생하였을 경우에만 파악할 수 있는 것이며, 지방자치단체나 유관 기관을 통하여 중앙상황실로 모아야 한다. 재난 관련 정보관리는 어떻게 재난상황실로 정보가 이동하고 정보를 필요로 하는 사람들은 어떻게 접근할 수 있는지에 중심을 두고 진행하여야 한다.

4. 복구 단계에서의 정보통신

1) 정보관리 및 조정기관의 구성

재난이 발생하면 정부는 국가 차원에서 정보관리를 조정하도록 주관 기관을 결정하여야 한다. 이를 통하여 국제 구호물품을 효율적으로 수집하고 국내 전체 복구 및 재건 과정을 조정한다. 중앙정부 차원에서 정보가 수집될 때, 이 기관은 의사결정을 위하여 고품질의 정보를 제공할 수 있어야 한다. 수동이든 컴퓨터를 사용한 자동이든 데이터베이스 시스템을 구축하여 복구 정보를 효율적으로 관리하여야 한다. 지방자치단체에서도 지역 수준에서 재원이 매우 중요하기 때문에 중앙정보관리기관과 연락하고 협력할 정보관리 조정자를 지정할 필요가 있다.

정보관리 및 조정기관이 수행하여야 할 또 다른 작업은 복구담당 조직과 긴밀히 협력하여 복구 성능평가 및 모니터링에 필요한 정보 요구 사항을, 예를 들어 GIS데이터 및 지도, 사용 가능한 재원, 투입된 비용 등을 사전에 정하는 것이다. 지역에서 수집한 정보를 중앙 데이터베이스에 추가할 수 있는데, 현장에서 중앙 데이터베이스로 정보를 수집, 전송 및 업로드하기 위하여 휴대용 GPS 장치 또는 휴대전화를 활용할 수 있다.

2) 재난 복구를 위한 정보통신

재난안전관리의 다른 활동과 마찬가지로 ICT는 복구 및 재건작업을 수행하는 데 중요한 역할을 한다. 재난 직후에 정보관리 및 조정기관을 구성하고 복구 및 재건 단계가 끝날 때까

지 이를 유지하는 것이 중요하다. ICT는 재난 이후의 평가, 복구계획 및 모니터링, 복구 프로젝트 설계 및 구현을 포함하여 각 요소별로 업무의 속도와 품질을 모두 향상시킬 수 있다. 다만 적용되는 ICT는 제한된 통신 서비스에서도 작동할 수 있도록 결정하여야 한다.

　재난 이전에 설치되어 있던 ICT 및 ICTS 품질은 복구 및 재건 업무에 상당한 영향을 미친다. 의사결정자는 이들의 약점과 데이터 격차를 이해할 필요가 있으며, 개선 방안을 명확히 하여야 한다. 재난으로 인한 응급 상황이 일단 끝나면 국민의 관심에서 멀어지고, 결국 망각하게 되면 이러한 개선 방안에 대한 요구는 점차 우선순위가 낮아지는 경우가 많다.

　복구와 관련된 정보는 짧은 시간 내에 획득이 가능하여야 하며, 속도와 정확도의 균형을 잘 유지하여야 한다. 이러한 과정에서 ICT를 사용하여 다양한 정보를 결합하여 관련 정책을 수립하고 적시에 정확한 정보를 처리는 것이 바람직하다. GIS를 사용하여 생성된 지도는 패턴, 추세 및 상관관계를 시각화할 수 있어 복구 단계에서도 큰 도움이 된다. 또한 위험 순위 및 투자 우선순위를 식별하고 복구 기준을 설정하기 위하여 GIS를 사용하여 서로 다른 정보를 중첩할 수 있다.

3) 복구 프로젝트 실행

　복구 실행 과정에서 정보관리 및 조정기관은 구호 및 복구 관련 기관 및 지역사회와 지속적으로 대화하여 투명성과 동반 관계를 유지하여야 한다. 휴대전화 및 전자우편 서비스와 같은 기본적인 ICT는 대면회의와 평시 상호작용을 보완하기 위한 추가적 선택 옵션이며, 정기적인 대화를 유지하는 데 도움이 될 수 있다. ICT 응용 프로그램은 프로젝트 관리에도 널리 사용되는데 ICT 기반 솔루션을 사용하여 전략적 요구를 충족시킨다. ICT가 지원하는 다양한 프로세스 및 방법론이 존재한다. 예를 들어, 2004년 남아시아 인도양 지진해일 이후 복구재원의 흐름을 추적하기 위하여 여러 조직에서 데이터베이스를 개발하였다. 인도네시아 아체(Aceh)의 영국 적십자사는 복구활동에 투입되는 예산을 추적하기 위한 데이터베이스를 개발하였는데, 이 데이터베이스는 추가적인 기능을 통하여 대피소를 위한 현금 이체를 추적하고 관리하는 데 유용하게 사용되었다. 데이터베이스는 수혜자 등록에서부터 은행에 지급을 지시하는 것까지 복구 지원 프로세스의 모든 단계를 연결한 유용한 솔루션으로 평가받았다. 데이터베이스는 또한 생계 보조금 및 토지 소유권 등록을 포함한 복구 프로그램의 다양한 요소를 추가로 연결하면서 확장되었다.

4) 복구 프로젝트의 모니터링 및 평가

모니터링 및 평가를 위하여 컴퓨터를 활용한 다양한 종류의 관리정보 시스템이 널리 사용되고 있다. 이러한 시스템은 주로 복구 및 재정착에 대비하여 건설 상황 등 물리적 진행 상황을 모니터링한다. 전반적으로 복구 후 지속가능성과 프로젝트 혜택 확장에 기여할 수 있으며, 프로젝트 모니터링 ICT 중 기증자 지원 데이터베이스는 웹 기반 도구 중 하나로 기증자가 지원해준 재원을 모니터링한다. 이러한 프로그램은 중앙정부 및 국제 공여자 커뮤니티에서 사용하기 위한 추적 및 분석 도구로 사용된다. 특히 국제기구에서 중요시하는 핵심 성과지표 및 협업 기관과의 조정 등도 ICT를 통한 응용 프로그램으로 효율적 적용이 가능하다.

제3절 우리나라 시스템 및 통신재난

1. 국가재난관리정보시스템

1990년대에 발생한 성수대교 및 삼풍백화점 붕괴사고를 계기로 1996년 5월 국무총리실 및 16개 부처가 합동으로 범정부 차원의 국가안전관리정보화 기본계획을 수립하였으며, 1998년까지 국가안전관리정보시스템(National Disaster Management System: NDMS)의 시범사업을 실시하였다. 행정안전부에서 관리하고 전국 광역시도가 공동으로 참여한 국가시책사업으로 재난과 관련된 자료의 전산관리를 통하여 각종 위험 요소의 사전 예방과 신속한 대응 체계를 확립하고 복구 기간을 줄여 국민의 생명과 재산 피해를 최소화하기 위한 정보 시스템이다.

국가재난관리정보시스템은 재난에 체계적인 재난 저감, 대비, 신속한 대응, 복구 업무 지원 및 화재, 구조구급 등 119서비스 업무의 모든 과정을 정보화하여 대국민 재난안전 서비스를 제공한다. 자동우량 경보시설, 산불 감지시설, 통합경보망시설, 재난안전무선망, 영상위성통신망 등을 하위 시스템으로 두고 있으며, 위성 등을 이용하여 국가 전역의 재난지역을 실시간으로 감시하는 목적으로 위성 전용망도 구축 운영하고 있다. 최근에는 태풍 등 자연재난으로 인한 피해 발생 시 지자체 공무원의 업무 부담을 획기적으로 덜어주는 피해조사 모듈과 복구계획 전산 시스템도 구축하였다. 또한 이재민의 신속한 생활 안정 지원을 위해 피해 주민 원스톱 서비스를 구축하고 피해 주민이 기관별로 신청하던 융자, 세제 감면 등 지원 신고를 NDMS 전산대장에서 한 번의 신고로 처리가 가능하게 하였다.

NDMS의 기본 방향은 정보 수집, 처리, 대응의 동시성 확보로서 재난관리 단계별 업무를 언제 어디서라도 수행할 수 있도록 디지털 재난관리 환경을 구축하고자 하는 것이다. 또한 재난정보의 공유 및 공동 활용 기반 강화를 위하여 중앙정부, 지방자치단체, 유관 기관, 민간단체 및 해외 관련 기관 간 유기적인 재난정보 공유 체제 확립하고 예방 위주의 재난정책 전환 지원을 위하여 각종 위험 요소에 대한 감시 및 분석으로 재난 발생 요인을 사전 제거하기 위한 재난 예방정보 관리를 강화하고자 하는 우리나라 시스템이다. 현장(지자체) 중심의 정보활용 시스템 구축에 우선순위를 두며, 중앙 보고 위주 시스템을 탈피하고 재난 유형별 현장 대응 시스템 구축과 다양하고 종합적인 재난정보 제공으로 참여 안전문화 활성화 및 민간자율 대응 능력을 제고한다. 특히 무중단 재난정보 인프라 확충을 위하여 국가재난관리 정보 인프라의 호환성, 확장성, 안정성을 최우선 고려하여 24시간 돌아가는 시스템을 확보하였다. 최근에는 NDMS와 아래에서 소개될 재난안전통신 간 연계를 추진하고 있는데, 재난 현장 대응 역량 강화를 위하여 재난안전통신망용 단말기에 모바일 앱 등을 탑재하고 있다.

2. 우리나라 재난안전통신

재난 유형과 범위에 따라 대응 조직 간의 의사소통이 필요한데, 그 인원과 네트워크의 수량과 방법이 달라진다. 각 주요국에서는 전국 단위의 공공안전통신(Public Protection and Disaster Relief: PPDR)에 대한 구축이 진행 중에 있고, 공공안전이라는 특수성으로 상용통신 서비스 및 기술과는 다소 차별화된다. 국제전기통신연합(International Telecommunication Union-Radio Communication Sector: ITU-R)에서는 PP와 DR을 공공안전(PP), 재난구조 전파통신(DR)으로 분리하여 PP의 경우 "법과 질서 유지, 개인 생명, 재난 보호와 긴급 상황을 책임지는 기관에서 사용하는 전파통신"으로 정의하였으며, DR의 경우 "사고나 재난 또는 인간활동에 의하여 심각한 사회적 붕괴나 다수의 생명, 건강, 재산, 환경에 위협이 발생하였을 경우 이 상황을 책임지는 기관에서 사용하는 전파통신"으로 정의하고 있다.

우리나라 「재난 및 안전관리 기본법」 제34조의2(재난현장 긴급통신 수단의 마련)와 국무총리훈령 제652조 「긴급통신수단 관리지침」 제2조(정의)에 긴급통신에 대하여 정의되어 있다. 긴급통신 수단이란 "재난의 발생으로 재난 현장의 통신이 끊기는 상황에 대비하여 유선·무선 또는 위성통신망을 활용하기 위하여 마련한 정보통신설비와 이를 관리·운영하는 전문 인력" 등을 의미한다. 또한 정부는 「재난 및 안전관리 기본법」 제34조의2(재난현장 긴급통신 수단의 마련) 및 동법 시행령 제43조의3과 국무총리훈령 제652조 '긴급통신수단 관리지침' 제4조(긴급통신수단 관리계획의 수립)에 근거하여 '긴급통신수단 관리계획'을 수립한다.

3. 통신재난

국가경쟁력에 막대한 손실을 끼칠 수 있는 통신재난을 막기 위해서는 통신재난 발생에 대비하여 재난 대비 통신 체계 간 연동 체제를 구축하여 효율적이고 신속한 대응 체제의 구축이 필요하다. 국가비상통신 체계 마련이 시급한 과제로 떠오르고 있는데, 통신재난 및 비상통신의 중요성이 국가적으로 강조되고는 있고 관련 표준화 기술 또한 매우 중요하지만 여전히 비상통신에 대한 명확한 체계 정립을 위한 연구가 필요한 실정이다. 정보화의 진전에 따라 네트워크는 모든 경제활동의 근간이 되어 있으며, 재난이 발생하면 대응 및 복구 단계에서 통신의 활용도가 더욱 높아진다. 특히 통신장애를 일으키는 통신재난이 발생하면 그 영향은 넓게 확산된다. 전 세계적으로 국가 주요 활동의 정보통신 의존도와 그에 따른 정보통신 취약성은 이전에 비하여 크게 증가하고 있으나 통신 부문이 민간으로 확대되어 다양한 위협에 노출되어 있다.

5G 이동통신 등 통신망은 4차 산업혁명 시대 핵심 인프라이며, 어떤 환경에서도 끊김없이 작동할 필요가 있으며, 특히 재난안전과 관련한 통신망의 경우 시스템 안정성은 더욱 중요하다. 우리나라에서도 2014년 이후 정보통신 분야 위기관리 표준 매뉴얼은 중앙부처에서, 현장조치 행동 매뉴얼은 지방자치단체에서 각각 작성하여 적용하고 있는데, 이 매뉴얼은 방송, 유무선 통신 기능 마비 사태에 대하여 범정부적 위기관리 체계 및 기관별 활동 방향을 규정한 것이다. 하지만 안타깝게도 우리나라는 세계 최고 수순의 통신망을 구축하였다고 평가받아 왔으나 2018년 11월 24일 서울 서대문구 KT 아현지사에서의 화재 발생 등으로 인하여 통신이 마비되어 사회적 재난 상황으로 확장되거나 재난 현장에서의 통신장애가 발생하여 대응에 어려움이 초래되는 사례가 발생하고 있다.

이에 과학기술정보통신부는 2020년 통신재난관리 기본계획을 확정하였는데, 통신망 이원화의 기간을 단축하여 안정성을 강화하는 것을 골자로 하고 있다. 또한 이와 별도로 2020년부터 주요 통신사업자 재난 담당자의 통신재난 관련 교육을 과학기술정보통신부가 지정한 교육기관에서 이수하도록 하기 위하여 통신재난교육기관을 지정하였다.

제4절 국제 협력 및 국제표준화

1. 재난안전 정보 교환을 위한 국제 협력

앞에서 언급하였듯이 특정 국가에서는 법적 규제로 인하여 정부의 승인 없이 첨단 ICT를 사용하지 못하도록 하거나 국경 간 통신 장비의 사용을 금지하고 있다. 이러한 보안지역에서 재난이 발생하면 인도적 지원 및 복구 진행에 상당한 제한이 발생할 수 있다. 2005년에 시행된 재난 완화 및 구호활동을 위한 통신자원 제공에 관한 탐페레 협약(Tampere Agreement)을 통하여 재난에 대한 통신자원의 사용을 방해하는 규제를 제거하는 등 국제적 노력이 진행되고 있다.

어떤 재난의 규모는 한 국가의 경계를 뛰어넘는다. 다수의 국가가 같은 바다, 하천 유역 또는 산맥을 공유하는 경우가 많이 있다. 지역 및 국제 협력은 공유된 지리적 특징을 바탕으로 상호 환경 보호 및 지속 가능한 개발을 촉진할 수 있다. 2004년 지진해일의 경우 공유 대상은 지진해일이 발생할 수 있는 인도양이다. 기후 변화 회복력의 경우, 모든 사람이 같은 행성인 지구를 공유하므로 모든 국가가 대응전략을 공유하고 상호 협력 관계를 유지하여야 한다.

재난안전관리 과정이 특정 국가에만 국한되지 않는 경우가 많다. 가장 간단한 예는 모든 바다(인도, 태평양 및 대서양)에서 지진해일이 발생하면 모든 해안에 도달할 수 있다는 점이다. 하천의 유역도 예시가 될 수 있는데 상류에 위치한 국가의 경제활동, 예를 들어 수자원 활용, 오염물질 투기 또는 댐 건설 등은 하류에 위치한 국가의 하천 유량과 수질에 영향을 미친다. 조류 및 인간 인플루엔자 바이러스(H1N1) 또는 급성호흡기 증후군을 유발하는 코로나 바이러스와 같은 새로운 위협은 사람에서 사람으로 빠르게 전염될 수 있다. 국가 간 동물과 인간의 이동에 의하여 확산된다는 뜻이며, 이러한 상황에서 ICT가 활용되면 효율적 관리에 도움이 된다.

2. 국제표준화

표준화는 재난안전 정보와 통신과 관련하여 더 나은 상호운용성을 달성하기 위한 강력한 도구이다. 그러나 표준에 관한 이해가 부족하고 이해관계자의 참여가 제한적인 문제를 해결하여야 하며, 새로운 연구 결과가 항상 새로운 표준의 기초로 사용되는 것은 아니라는 문제를 가지고 있다. 표준이란 합의에 의하여 작성되고 공인된 기관에 의하여 승인된 것인데 적용 영역에 따라 국제표준, 지역표준, 국가표준, 관청표준, 단체표준, 사내표준 등으로 나뉜다. 데이터 저장을 위해서도 반드시 필요하며, 특히 정보의 교환 및 협업을 위한 수단으로 데이터 통신 방식에 대한 표준화도 필요하다. 여기에서는 국제표준화기구 기술위원회 (International Organization for Standardization Technical Committee: ISO TC) 292에서 국제표준으로 공표가 임박하거나 공표한 것 중 재난안전 정보통신에 관한 세 건만 소개하고자 한다.

1) ISO/TR 22351: 2015

"ISO/TR 22351:2015 사회안전 - 긴급사태 관리 - 정보 교환을 위한 메시지 구조"는 2015년에 공표되었다. 이 ISO 기술보고서 22351(Technical Report, Societal Security - Emergency Management - Message Structure for Exchange of Information)은 비상관리와 관련된 조직 간의 정보 교환을 위한 메시지 구조를 설명하고 있다. 재난안전관리 조직은 메시지 구조에 따라 수신한 정보를 자체 운영 체계로 수집할 수 있으며, 구조화된 메시지를 EMSI(Emergency Management Shared Information)라고 명명한다. 이 국제표준은 기존 정보 시스템과 새로운 정보 시스템 간의 상호운용성을 촉진하기 위하여 구축된 메시지 구조를 설명하고 있으며, 이 국제표준의 대상은 비상관리 분야의 세어실 엔지니어, 정보 시스템 설계자 및 의사결정자이다. 참고로 EMSI는 공통 경고 프로토콜(common alert protocol: CAP)과 같은 이미 시행 중인 여타 메시지 프로토콜을 보완하여 적용할 수 있다.

2) ISO/FDIS 22396

"ISO/FDIS 22396 – 보안과 회복력 – 커뮤니티 회복력 – 조직 간 정보교환 지침"은 2019년 현재 최종 검토 단계에 있다. 이 국제표준(Final Draft International Standard, Security and Resilience – Community Resilience–Guidelines for Information Exchange between Organizations)은 2020년 공표를 목표로 원칙, 프레임워크 및 프로세스를 사용하여 정보 교환에 대한 지침을 제공한다. 경험, 실수 및 성공을 통하여 배울 수 있는 정보를 조직 간에 교환할 수 있는 체제를 개발하고자 하는 것이다. 참여를 높이기 위하여 정보 교환 장치의 유지관리 방법을 제공하고 위험을 극복하기 위한 조직의 능력을 향상시키는 조치를 명기한다. 이 국제표준은 정보 교환 조건을 설정하는 방법에 대한 지침이 필요한 개인 및 공공기관에서 사용할 수 있다. 이 국제표준은 기술적인 측면을 다루고 있지 않으며 방법론에만 중점을 둔다.

3) ISO/CD 22329

"ISO/CD 22329 – 보안과 회복력 – 긴급사태 관리–긴급사태에서 소셜 미디어 사용에 대한 지침"은 2020년 이후에 공표될 예정이다. 22329(Committee Draft, Security and Resilience – Emergency Management – Guidelines for the Use of Social Media in Emergencies)는 재난 발생에 따라 재난관리 책임조직과 유관 기관이 응급 상황에 적절히 대처할 수 없다면 심각한 결과를 초래한다는 관점에서 시작한다. 응급관리의 일부는 시민뿐만 아니라 관계 기관과 응급 서비스 간의 최적화된 의사소통에 의존하게 된다. 전통적인 의사소통 채널인 텔레비전, 라디오 또는 신문 다음으로 페이스북이나 트위터와 같은 소셜 미디어가 점점 더 중요해지고 있다. 따라서 기관들은 이러한 시대적 상황에 직면하여 소셜 미디어를 업무에 통합하여야 하는데, 다수의 기관은 소셜 미디어에 대한 경험이 없거나 단지 경험이 미미하기 때문에 그러한 통합이 어려울 수 있다. 따라서 이 국제표준을 통하여 소셜 미디어의 편익을 고려하여야 한다. 2019년에 공표 예정인 이 국제표준은 소셜 미디어로 일상생활에 응급 서비스가 어떻게 통합될 수 있는지 그리고 시민들이 긴급 상황에서 소셜 미디어를 어떻게 사용할 수 있는지에 대한 지침을 제공한다.

재난관리론

제9장

국가핵심기반 체계 보호와 정부 기능 연속성

제1절 국가핵심기반 체계 보호의 의의와 현황

1. 국가핵심기반의 개념

국가핵심기반은 고도로 상호 의존적으로 함께 작동하는 인적 자산, 물리적 시스템, 사이버 시스템을 포함한다(The White House, 2003: viii: 이재은, 2018: 192 재인용). 즉, 국가핵심기반(critical infrastructure)은 국민의 생활, 국가의 경제적·사회적·문화적 생명력의 기반이 되는 핵심적인 시설, 시스템, 기능으로 정의할 수 있다. 특히 국가핵심기반의 보호는 안보상에서 복잡한 요구 사항을 다루어야 하는 새로운 영역이고, 국가핵심기반을 보호하기 위해서는 포괄적 접근법(comprehensive approach)이 요구된다(Adar & Wuchner, 2005: 이주호, 2016: 4 인용). 이에 이재은(2018)은 광의적 의미에서 국가핵심기반을 "국가사회의 운영 및 유지를 위하여 필수적인 정치, 경제, 사회, 문화 체계의 핵심 요소 및 가치"라고 정의하고 있다(이재은,

2018: 192 재인용).[1]

우리나라는 최근 2019년까지 국가기반 체계 용어를 사용하여 왔으나, 2019년 12월 3일 재난 및 안전관리 기본법 개정에 따라 2020년 6월 4일 시행되는 재난 및 안전관리 기본법에서는 사회재난의 유형으로 국가기반 체계의 마비를 국가핵심기반의 마비로 정의하고, 동법 제3조 12항에 국가핵심기반 마비를 에너지, 정보통신, 교통 수송, 보건의료 등 국가경제, 국민의 안전·건강 및 정부의 핵심 기능에 중대한 영향을 미칠 수 있는 시설, 정보기술 시스템 및 자산 등으로 정의하면서 그 범위의 차이는 있으나 협소한 의미에서 국가핵심기반시설에 대한 학술적 용어와 실무적 용어 사용을 통일하였다.

2. 국가핵심기반의 유형 및 지정 기준

국가핵심기반은 "국가기반 체계 보호를 위하여 계속적으로 관리할 필요가 있는 시설을 의미"하며(신진동 외, 2013: 9), 재난 및 안전관리 기본법 제26조(2020.6.4.시행)에서는 국가핵심기반의 지정 대상으로 다른 국가핵심기반 등에 미치는 연쇄 효과, 둘 이상의 중앙행정기관의 공동 대응 필요성, 재난이 발생하는 경우 국가안전보장과 경제·사회에 미치는 피해 규모 및 범위, 재난의 발생 가능성 또는 그 복구의 용이성을 고려하여, 동법 시행령 제30조에 따라 다음과 같이 분야별 국가기반시설의 지정 기준을 정하고 있다.[2]

그러나 실무적 차원에서 국가핵심기반으로서 보호 대상 유형은 국가마다 차이가 있다. 가령, 미국의 경우 핵심기반 보호 대상은 농업 및 식품, 식용수, 공중보건, 행정 서비스, 방위산업, 통신, 에너지, 교통, 은행·금융, 화학산업 및 유해물질, 우편·해운, 주요 제조산업 등과 주요 자산으로서 국가적 기념물 및 상징, 핵발전소, 댐, 정부시설, 주요 상업자산 등을

---

1) 최근까지 국가기반 체계 보호 관련 중앙재난안전대책본부 운영 및 상황관리 규정(대통령훈령 제150호)에서는 물리 체계를 주된 대상으로 국가기반 체계를 "에너지, 정보통신, 교통·수송, 금융, 산업, 보건·의료, 원자력, 건설·환경, 식용수 등으로 재난 및 안전관리기본법의 국가기반시설보다 광범위한 물적·인적 체계"로 정의하였으며, 국가위기관리기본지침(대통령훈령 124호)은 국가핵심기반의 보호를 "국민의 안위와 국가 경제의 안정성 및 정부 기능을 보장하기 위하여 테러, 대규모 시위·파업, 폭동, 재난 등 제반 위협 및 위험으로부터 국가핵심기반을 보호"하는 것으로 정의함으로써 국가핵심기반시설에 한정하지 않고 있다(조원철, 2008: 74 수정 인용).

2) 재난 및 안전관리기본법 개정에도 시행일 이전에 따라 분야별 국가기반시설의 지정 기준(재난 및 안전관리 기본법 제30조 제1항 관련)에 대하여는 국가핵심기반 용어 대신 국가기반시설 용어를 사용 중이다.

> ⟨재난 및 안전관리기본법 개정, 2019.12.3.⟩
>
> 제26조(국가핵심기반의 지정 등) ① 관계 중앙행정기관의 장은 소관 분야의 국가핵심기반을 다음 각 호의 기준에 따라 조정위원회의 심의를 거쳐 지정할 수 있다. ⟨개정 2013.8.6., 2017.1.17., 2019.12.3.⟩
> 1. 다른 국가핵심기반 등에 미치는 연쇄 효과
> 2. 둘 이상의 중앙행정기관의 공동 대응 필요성
> 3. 재난이 발생하는 경우 국가안전보장과 경제·사회에 미치는 피해 규모 및 범위
> 4. 재난의 발생 가능성 또는 그 복구의 용이성
> ② 관계 중앙행정기관의 장은 제1항에 따른 지정 여부를 결정하기 위하여 필요한 자료의 제출을 소관 재난관리책임기관의 장에게 요청할 수 있다.
> ③ 관계 중앙행정기관의 장은 소관 재난관리책임기관이 해당 업무를 폐지·정지 또는 변경하는 경우에는 조정위원회의 심의를 거쳐 국가핵심기반의 지정을 취소할 수 있다. ⟨개정 2013.8.6., 2019.12.3.⟩
> ④ 삭제⟨2017.1.17.⟩
> ⑤ 국가핵심기반의 지정 및 지정 취소 등에 필요한 사항은 대통령령으로 정한다. ⟨개정 2019.12.3.⟩
>
> [시행일 2020.6.4.]

포함하고 있다(정종수 외, 2019: 19 인용). 일본의 경우는 국가핵심기반에 "국민들의 경제적 활동과 사회생활의 영위를 위한 기본적 요소와 크게 대체할 수 없는 서비스를 제공하는 기업들을 포함"하면서, 정부기관, 기업체, 연구기관 파트너십에 의하여 기반 체계를 관리하며, 국가 중요시설물의 정보 시스템을 통한 상호연계성 및 산업체의 관련성 등을 고려하여 광범위한 국가핵심기반에 대한 상호 협력을 강조하고 있다(조원철 외, 2008: 69; 정종수 외, 2019: 22 수정 인용).

<표 9-1> 분야별 국가기반시설의 지정 기준(개정 2019. 8. 27 기준)

분야별	지정 기준
에너지	전력·석유·가스 공급에 필요한 생산·공급시설과 비축시설
정보통신	교환기 등 주요 통신장비가 집중된 시설 및 정보통신 서비스의 전국 상황 감시시설 국가행정을 운영·관리하는 데에 필요한 기간망과 주요 전산 시스템
교통수송	인력 수송과 물류 기능을 담당하는 체계와 실제 운용하는 데에 필요한 교통·운송시설 및 이를 통제하는 시설
금융	은행 및 투자매매업·투자중개업을 운영하는 데에 필요한 시설이나 체계
보건의료	응급의료 서비스를 제공하는 시설과 이를 지원하는 혈액관리 업무를 담당하는 시설
원자력	원자력시설의 안정적 운영에 필요한 주제어장치(主制御裝置)가 집중된 시설과 방사성폐기물을 영구 처분하기 위한 시설
환경	「폐기물관리법」에 따른 생활폐기물 처리를 위한 수집부터 소각·매립까지의 계통상의 시설
정부중요시설	중앙행정기관이 입주하고 있는 주요 시설
식용수	식용수 공급을 위한 담수(湛水)부터 정수(淨水)까지 계통상의 시설
문화재	「문화재보호법」 제2조 제2항 제1호에 따른 국가지정문화재로서 문화재청장이 특별히 관리할 필요가 있다고 인정하는 문화재
공동구	「국토의 계획 및 이용에 관한 법률」 제2조 제9호에 따른 공동구로서 행정안전부장관 또는 국토교통부장관이 특별히 관리할 필요가 있다고 인정하는 공동구

3. 국가핵심기반 위기와 국가핵심기반 체계 보호 필요성

현재 대형 위기로 확대되어 발생하지는 않았으나 국가사회 전반에 치명적인 영향을 미치게 되는 각종 국가핵심기반 위기에 대한 보호 체계 구축은 전통적인 군사적 위기관리에 버금가는 중요성을 지닌다(이주호, 2016: 4).

국가핵심기반 위기는 정치, 경제, 사회, 문화 체계의 필수적인 시설, 시스템, 기능, 가치 등이 마비되거나 훼손됨으로써 국가의 생존성 보상과 운영 유지에 심각한 위협이 발생하는 상태라고 말할 수 있다. 여기에는 "국민의 안전, 국가경제와 사회의 생명력과 일체성, 정부의 핵심 기능에 중대한 영향을 미치는 시설·시스템·기능"이 마비되는 상황을 의미한다(이재은, 2018: 191).

국내에서는 당초 일부 사회적 재난을 대상으로 시작된 국가기반 체계 관리는 최근 기후 변화, 세계 정세 변화, 산업 고도화 등의 다양한 원인으로 인하여 발생한 동일본대지진에 의한 원전사고, 국내에서 발생한 9·15 정전사태 등의 발생으로 새로운 형태의 대형 위기 위협 요인으로 인식되면서 관리전략이 강조되어 왔다(한국건설기술연구원, 2012: 3).

국가핵심기반시설의 지정 기준에서 알 수 있는 바와 같이, 국가핵심기반은 상호연계성을 지니고 있으며, 특히 리날디 외(Rinaldi et al., 2001)에 따르면, 이들 핵심기반시설 간의 물리적·네트워크적·지리적·합리적 차원의 상호의존성을 갖는다.

<표 9-2> 핵심기반시설 상호의존성의 분류

구분	설명
물리적	투입-산출의 관계가 물리적으로 나타나는 관계 (예: 다른 기반시설에 필요한 원자 내의 생산 또는 가공을 담당하는 기반시설)
네트워크적	해당 기반시설의 제어와 관리를 위한 위해 정보통신 담당 기반시설에 의존 (예: 전력거래소, 한국거래소 등)
지리적	인접한 다른 기반시설에 발생한 사건(화재 등) 등에 의하여 중단될 수 있는 요소를 가짐 (예: 정수장, 쓰레기매립장, 원자력발전소 등)
합리적	물리적, 지형적 또는 네트워크적인 상호의존성 없이도 영향을 미침.

출처: ㈜우노·성균관대학교(2018: 9).

달리 말해 국가핵심기반은 현대 경제와 사회의 기능에 필수적 요소로서 고려되는 서비스와 산물의 집합이라 할 수 있으며, 정보통신기술(ICT)의 사용을 더욱더 증가시킴으로써 상호 상시적인 활용에 의한 의존성은 더욱 높아지고 있다(Bruijne & Eeten, 2007: 18-19; 이주호, 2016: 4 수정 인용).

따라서 국가핵심기반 위기 예방은 국가 안보와 국가 경제의 안정성 및 정부 기능을 보장하는 동시에 국민생활의 안전과 안정을 보장하는 활동으로 통상의 재난관리(자연재난, 인적재난)와는 다소 상이한 관리 체계를 요구한다. 즉, 특정의 위기 유형별 접근이나 상호 독립된 시설에 대한 개별적 취약성과 불확실성의 논의에서 한 걸음 더 나아가 국가핵심기반 상호의존성에 따른 경계의 불확실성과 이에 따른 위기의 불확실성의 차원에서 관리될 필요가 있다(이주호, 2016: 3-4 수정 인용).

4. 국가핵심기반의 관리 및 보호계획 수립

재난 및 안전관리기본법 제26조의2(국가핵심기반의 관리 등)에 의거하여 관계 중앙행정기관의 장은 지정된 국가핵심기반에 대하여 소관 분야 국가핵심기반 보호계획을 수립하여 관리기관의 장에게 통보하도록 하고 있으며, 관리기관의 장은 통보받은 국가핵심기반 보호계획에 따라 소관 국가핵심기반에 대한 보호계획을 수립·시행하도록 하고 있다.

또한 행정안전부 장관 또는 관계 중앙행정기관의 장은 국가핵심기반의 보호 및 관리 실태를 확인·점검하는 한편, 행정안전부 장관은 국가핵심기반에 대한 데이터베이스를 구축·운영하고 관계 중앙행정기관의 장이 재난관리정책의 수립 등에 이용할 수 있도록 통합 지원할 수 있도록 하고 있다(재난 및 안전관리기본법, 2019.12.3. 개정 사항).

이에 2019년 기준 재난 및 안전관리기본법 시행령 제30조 1항(2019.8.27.개정 기준)에 따른 분야별 국가기반시설의 보호계획 수립 대상은 9개 분야, 119개 기관, 273개 시설로 주요 내용은 다음과 같다(정종수 외, 2019: 28-29 수정 인용).

첫째, 에너지 분야는 산업통상자원부가 주관기관으로 전력(21), 가스(4), 석유(18)의 분야별 16개 기관 43개를 지정하고 있으며, 이 가운데 전략 분야는 화력(13), 원자력(4), 수력(2), 전기(2) 등의 전력 수급 및 생산을 담당하는 관련 시설을 포함하고, 가스와 석유는 생산기지(4), 비축 및 수송시설 등으로 분류하고 있다.

둘째, 정보통신 분야는 과학기술정보통신부가 주관기관으로 통신망(11), 전산망(8)의 19개 시설을 지정하고 있으며, 통신 교환국과 전산망, 주요 정보를 관리하는 정보센터 등이 대상이 된다.

셋째, 교통 수송 분야는 국토교통부와 해양수산부가 각각 주관기관으로 관리하는 시설이 구분된다. 국토교통부의 경우 철도(1), 항공(9), 화물(1), 도로(1), 지하철(11)의 23개 수송 기반시설을 모두 지정하고 있으며, 해양수산부는 주요 도시별 해양 수송을 위한 항만시설에 대한 보호계획을 수립하고 있다.

넷째, 금융 분야는 기획재정부와 금융위원회가 주관기관으로 한국은행, 한국수출입은행 등을 기획재정부가 주관하고, 나머지 금융 관련 기관은 금융위원회가 주관하고 있다.

다섯째, 보건의료 분야는 보건복지부가 주관기관으로 의료 서비스(12)와 혈액(19)의 31개 시설을 지정하고 있다.

여섯째, 원자력 분야는 원자력안전위원회에서 원자력발전소(4)와 4개소의 35개 하위 시설을 주관하여 보호계획을 수립하고 있다.

일곱째, 환경 분야는 환경부가 주관기관으로 지역별 쓰레기 매립장을 대상으로 하고 있다.

여덟째, 식용수 분야도 환경부가 주관기관으로 전국의 댐(34)과 정수장(50)의 84개 시설을 대상으로 보호계획을 수립하고 있다.

아홉째, 정부중요시설로 서울·과천·대전·세종의 정부청사는 정부청사관리본부가 보호계획을 수립하고, 그 밖의 기관들은 해당 중앙행정기관이 관리하여 보호계획을 수립하고 있다.

국가핵심기반 보호계획은 재난 및 안전관리 기본법 제25조의2(재난관리책임기관의 장의 재난예방 조치), 제26조(국가기반시설의 지정 등), 제26조의2(국가기반시설의 관리 등)에 근거를 두고 있으며, 안전관리계획과 연계되도록 작성하고, 국가핵심기반에 대한 보호조직, 전담 담당자의 지정, 관리카드의 작성, 분야별·시설별 국가핵심가반의 보호계획의 수립을 포함하여 작성하도록 행정안전부 장관이 보호계획 수립지침을 마련하고 있다. 적용 대상은 에너지·교통 수송 등 10개 관계 중앙행정기관(주관기관)과 국가기반시설을 관리하는 109개 기관으로 보호계획 수립지침에 따라 ① 보호 목표 및 대상 범위의 설정, ② 위험평가, ③ 위험관리 전략 수립 등을 포괄하는 개념으로 국가핵심기반의 기능연속성 확보를 위하여 행하는 일체의 계획을 포함하도록 하고 있다.[3]

국가핵심기반 보호계획은 재난 상황 등 비상 상황에서 핵심 기능의 유지 및 신속한 복구 등의 보호 목표를 지정하고, 각각의 시설별로 보호계획을 작성하며, 구성 요소에는 보호 목표, 보호 대상 범위, 위험평가, 위험관리 전략 및 유관 기관과의 상호연계성에 맞게 작성하고 있다.

특히 상기 구성 요소 중 위험관리 전략은 위험 해소 대책과 위험 예방 대책으로 구성하며, 위험 예방 대책은 다시 안전점검·정밀안전 진단계획, 국가기반시설 자체방호계획, 정보통신시설 보호계획, 보호자원 관리, 위기관리 매뉴얼, 상황관리, 교육, 훈련, 그리고 상호연계성 강화를 위한 체크리스트 점검 사항의 9개 요소를 포함하여 작성하도록 하고 있다.

---

[3] 가장 최근의 국가기반시설 보호계획 수립 기한은 2019년 3월 22일까지 이루어졌다.

제2절 정부의 기능연속성 계획

재난 및 안전관리기본법 제25조의2 제5항 내지 7항의 개정에 따라 307개 재난관리책임기관은 2018년 1월 19일부터 기능연속성 계획의 수립이 의무화되었다. 이에 따라 국가핵심기반 보호계획의 핵심인 기능연속성 계획은 현재 중앙행정기관 41개 및 지방자치단체 245개(시도 17, 시군구 228)의 모든 재난관리 책임기관으로 확대되었다. 또한 동법 개정에서 제29조3의 신설로 기능연속성 계획의 수립 및 이행 실태의 확인·점검을 강화하였다.

〈사업연속성관리와 비즈니스 연속성 계획〉

(참고) 기능연속성 계획과 비교할 만한 기준으로 사업연속성관리(Business Continuity Management: BCM)는 국제표준인 ISO22301에 따를 때 "비즈니스 활동을 수행하는 민간기업과 공공 서비스를 제공하는 공공기관을 모두 포함한다"고 밝히고 있으며, 국내에서는 2018년 국가기반 체계 재난관리 평가지표상에 사업연속성 관리 평가 요소 중 계량평가지표(위험관리전략) 추가, 2019년 공공기관 경영평가 중 '안전 및 환경평가' 지표의 비계량 평가지표가 추가되면서 함께 주목받고 있다(Deloitte, 2018: 1-2, 2019: 2). 특히 사업연속성 관리체계(Business Continuity Management System: BCMS)는 수립, 이행, 운영, 감시, 검토, 유지 관리 및 개선의 총체적 관리체제(Deloitte, 2018: 2)로 기능연속성 계획의 핵심인 위험관리전략으로서 비상시 핵심 기능의 정의, 기능 확보, 비상운영계획 및 평가, 그리고 개선 및 보완을 위한 훈련 등 전략을 포함하고 있다는 점에서 그 유사성 또한 높다.

유사 개념으로서 비즈니스 연속성 계획(Business Continuity Planning: BCP)을 제시하는 사례도 있으나, 위험평가분석의 절차를 포함한다는 점에서는 유사한 부분이 있으나, 기본적으로 잠재적 위협으로부터 위기 발생 시 직원과 자산을 보호하고 신속히 경영 상태를 회복하는 예방과 복구에 초점을 두고 있다는 점에서 차이가 있다.

1. 기능연속성 계획의 개념

공공 부문에서 기능연속성 계획(Continuty of Operation Plan: COOP)[4][5]은 공공기관이 직면할 수 있는 광범위한 위기 상황하에서 기관의 핵심 기능을 지속할 수 있도록 연속성을 확보하기 위한 기능연속성 계획을 수립하고 운영하는 일련의 체계를 의미한다(조해성 외, 2013: 13). 무엇보다 기능연속성계획의 목적은 재난 상황의 극복이 아닌, 공공기관의 재난 피해 발생에도 불구하고 각 기관이 수행하여야 하는 핵심 업무를 연속적으로 수행할 수 있도록 하여 사회와 국가 전체의 연속성을 확보하는 데 목적이 있다.

행정안전부(2018) 기능연속성 계획 수립 기준에 따르면, 실무적 차원에서 기능연속성 계획은 재난으로 기관의 핵심 기능이 중단된 경우 피해를 최소화하고, 복구 목표 시간 내에 핵심

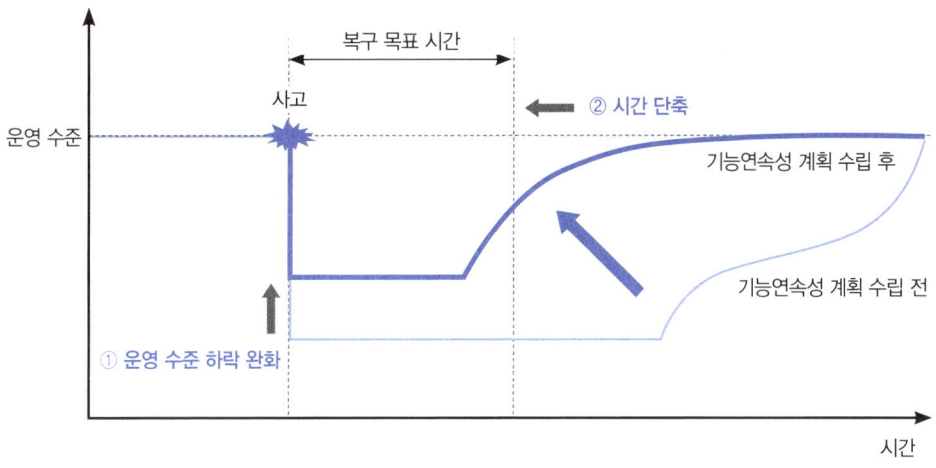

출처: 행정안전부(2018: 8).

[그림 9-1] 기능연속성 계획의 효과

---

4) 미국이 냉전시대 이후 1995년 클린턴 행정부에 들어 자연재해와 테러리즘 위협을 정부의 연속성 계획에 반영할 것을 권고한 이래 미국의 대통령 훈령인 PDD-67을 근거로 모든 위협(all hazard)에 대한 국가 기능의 연속성 계획을 기능연속성 계획(COOP)으로 명명하였으며(Deloitte, 2018: 1), 2001년 부시 행정부에서 NSPD-51를 통하여 실효성 있는 정책으로 실행되고 있다(조해성 외, 2013: 13).

5) 일본의 경우, 2005년 수도 중추기관 및 지방기관의 업무 연속성 확보를 위하여 중앙부처 및 지방정부를 대상으로 한 '기능연속성 계획' 수립이 의무화되었다(https://library.krihs.re.kr/bbs/content/2_759).

기능을 재개하는 것을 목표로 기능연속성 계획에 대한 정책과 방향을 결정하고 핵심 기능의 식별 및 소요되는 자원 분석, 리스크 평가, 기능을 재개하기 위한 전략과 절차 등을 수립하는 한편, 수립된 기능연속성 계획을 교육·훈련하고, 주기적으로 검토하며, 지속적으로 개선하는 일련의 체계로 정의된다(행정안전부, 2018: 7).

2. 기능연속성 계획 운영과 PDCA 모델 적용

현재 정부의 기능연속성 계획의 운영은 준비(Plan), 이행(Do), 검토(Check), 개선(Act)이 지속적으로 진행되는 PDCA 모델을 적용하며, 단순 계획 마련에 그치지 않고 검토, 개선 과정을 통하여 계획의 실행력을 높이며, 개선된 결과가 준비 과정에 환류될 수 있도록 하는 데 목적을 두고 있다(행정안전부, 2018: 8).

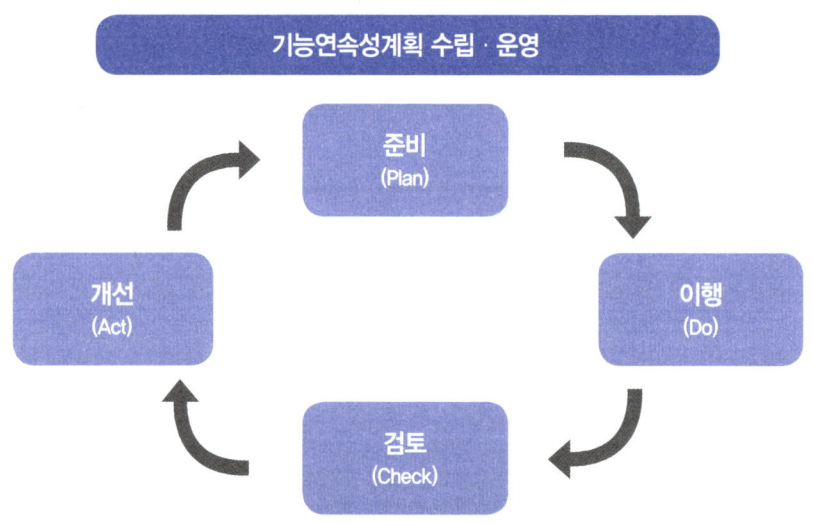

- 준비 : 3장. 연속성 정책
- 이행 : 4장. 기능영향분석, 5장. 리스크 평가, 6장. 연속성 전략, 7장. 연속성 절차
- 검토 : 8장. 검토 / - 개선 : 9장. 개선

출처: 행정안전부(2018: 8).

[그림 9-2] 기능연속성 계획에 적용된 PDCA 모델

정부의 기능연속성 제도가 추구하는 공공기관의 핵심 기능(essential funtion)이란 수행 기능(또는 업무) 중 기관의 설립 목적 실현을 위하여 반드시 수행하여야 하는 중심 기능으로 법률에 명시되었거나, 사회적·국가적 영향력을 고려하여 기관이 지정하는 기능으로 위기 상황하에서도 반드시 유지되어야 하는 요소를 의미한다(조해성 외, 2013: 15). 이에 따라 핵심 기능 유지를 위하여 반드시 요구되는 역량은 연속성 역량(continuity capability)이며, 여기에는 지휘 체계(leadership), 요원(staff), 시설(facilities), 통신 수단(communication)을 포함한다(DHS, 2008; 2009; 조해성 외, 2013: 16). 미국의 경우(DHS, 2008, 2009) 이를 기반으로 기능연속성 계획의 구성 요소에 핵심 기능, 승계의 순서, 권한의 위임, 대체시설, 통신수단, 인적 자원, 평가, 교육 및 훈련, 통제 및 감독의 이양, 재구성을 구성 요소로 포함한다.

〈표 9-3〉 미국의 기능연속성 계획 구성 요소

요소	주요내용
핵심 기능 (Essential Functions)	기관과 조직의 기능연속성 계획 프로세스에 반드시 포함되어야 하는 보조 업무와 보조자원을 확인하기 위한 주요 활동을 확인하는 데 사용되는 주요 활동의 subset
승계의 순서 (Orders of Succession)	연속성 플랜의 핵심적인 부분으로, 리더십 부재 시 누가 기관의 권한과 책임, 조직의 리더십을 승계할 것인가를 명시
권한의 위임 (Delegations of Authority)	기능 연속이 필요한 상황에서 주요 사항에 대한 신속한 의사결정이 가능하도록 주요 보직자의 권한위임에 대한 사항
연속성을 위한 시설 (Continuity Facilities)	위험 상황에서 벗어난 지역에 있으며 핵심 기능을 수행할 수 있는 대체시설 선정 및 운영
연속성을 위한 통신수단 (Continuity Communications)	기관과 조직의 운영에 필수적인 대중과 내·외부 조직, 고객과의 연결해 줄 주요 통신 체계의 유효성과 중복성
주요 정보 및 기록 관리 (Vital Records Management)	기능연속성 상황 동안 핵심적인 기능을 수행하기 위하여 필요한 주요 문서(출력문서, 전자문서, 참고 자료, 기록물, 정보 시스템, 데이터관리 소프트웨어 및 장비 등)의 확인, 보호 및 준비된 효용성에 관한 내용
인적 자본 (Human Capital)	연속성 플랜이 필요한 상황 발생 시, 각 기관이나 조직에 선정된 대응활동을 수행할 비상운영요원의 지정 등에 관한 사항
시험, 교육 및 훈련 (Tests, Training, and Exercises)	핵심 기능의 연속적 수행을 지원하기 위하여 대체시설에 재배치될 수 있는 구성원들의 확인, 훈련 및 대비를 위한 조항의 명시
통신 및 감독의 이양 (Devolution of Control and Direction)	업무시설 및 대체시설 모두 사용이 불가능하거나, 인원 부족 등의 이유로 핵심 기능의 수행이 불가능할 경우, 핵심 기능에 대한 재정법상의 권한과 책임을 다른 기관이나 다른 조직의 구성원과 시설로 이전하기 위한 계획 및 절차 등
재구성(Reconstitution)	기관 운영이 기능연속성 사건 발생 이전의 정상적인 상태로 복구할 수 있도록 하는 프로세스

출처: DHS(2008; 2009); 조해성 외(2013: 21) 재인용.

3. PDCA 모델 기준의 정부 기능연속성 계획 수립 내용

1) 준비 단계(Plan)

준비 단계의 구성 요소는 연속성 정책이다. 연속성 정책은 기능연속성 계획을 수행하는 첫 단계로 기관장을 중심으로 조직구성원 모두가 기능연속성 계획의 수립과 운영 과정에 참여할 수 있도록 기관의 목표와 추진 방향을 제시하는 단계에 해당한다. 기관장은 직원을 대상으로 기능연속성 계획 수립 및 운영의 중요성, 필요 자원의 지원, 지속적 개선 등에 대하여 공표하여 직원 모두가 기능연속성 계획에 대하여 인지하고 참여할 수 있도록 알려야 한다(행정안전부, 2018: 10).

또한, 연속성 방침(행정안전부, 2018: 11)은 ① 기능연속성 계획의 목표, 범위, 수립 계획, ② 총괄부서 및 총괄 담당자 임명과 그에 대한 역할, 책임, 권한, ③ 총괄부서 외 협조 부서의 역할, 책임, 권한, ④ 기능연속성 계획 관련 교육 및 훈련 방안, ⑤ 기능연속성 계획의 지속적인 개선을 위한 검토 방안, ⑥ 그 외 연속성 방침에 포함되어야 한다고 판단하는 사항을 포함하여 작성하여야 한다.

2) 이행 단계(Do)

이행 단계의 작성 내용은 기능영향분석, 리스크 평가, 연속성 전략과 절차를 포함한다(행정안전부, 2018: 12-25 인용 재정리).

첫째, 기능영향분석은 핵심 기능의 식별과 기능 수행의 필수 자원을 분석하는 단계로 연속성전략 및 절차 수립의 기초가 된다. 여기에는 관계 법령과 제반 사항을 통하여 기관의 기능을 재정의하고, 이해관계자의 요구 사항과 법령상의 준수 사항을 파악하는 한편, 기능 중단에 따른 영향 시간을 분석하여 재난 시 복구 목표 시간을 기준으로 신속히 재개하여야 하는 기능을 식별하여 이에 필요한 자원의 현 수준과 최소 수준을 파악한다. 특히, 복구 목표 시간의 실정은 국가 주요 기능으로서 외교, 국방, 공공실서 유지, 경제 안정, 재난 대응 등에 미치는 영향, 기관의 기능과 정책, 기능 중단 시의 이해관계자에 대한 신뢰 영향, 법령 및 계약 위반의 영향, 다른 관계 기관에의 영향을 고려하며, 기관 기능 수행에 기반이 되는 시설(facilities) 요소로서 전력, 통신, 행정망, 회계 등 기능 재개에 기반이 되는 사항을 고려하여 설정한다.

둘째, 리스크 평가는 기능 중단 등으로 기관에 미치는 영향을 기준으로 리스크(risk)를 식별하며, 리스크의 처리를 통하여 리스크 허용 한도를 향상시키는 한편, 기관이 수용할 수 없는 한계 리스크를 명확히 확인하는 데 초점을 둔다. 이에 따른 리스크 평가 방법은 위험 요인으로 인한 피해 영향, 가능성, 대처할 수 있는 능력과 기관이 처한 취약성을 고려하여 평가할 수 있는 방법을 선정하고 리스크 평가 방법이 선정되면 ① 위험 요인을 식별하고, ② 위험 요인의 피해 영향과 가능성을 분석하며, ③ 기관의 대응 능력과 기관이 처한 취약성을 고려하여 평가를 수행한다. 리스크 평가의 결과를 통하여 주요 리스크를 식별한다.

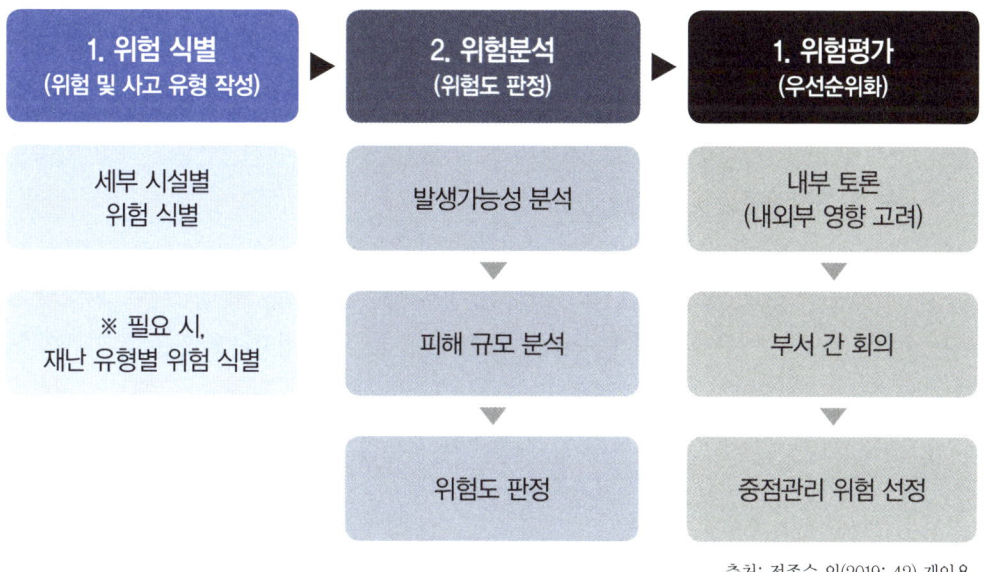

출처: 정종수 외(2019: 42) 재인용.

[그림 9-3] 위험평가 방법

셋째, 연속성 전략은 기능영향분석과 리스크 평가의 결과를 기반으로 중단 사고로 인한 피해를 최소화하고, 복구 목표 시간 내에 신속히 기능을 연속, 재개할 수 있는 방안을 수립하는 단계이다. 연속성 전략은 리스크로 인한 ① 피해의 완화, ② 기능 중단 가능성의 감축, ③ 기능 중단 기간의 단축, ④ 기능 재개 시간의 단축을 고려하여 적절한 방안을 포함한다. 연속성 전략의 핵심이 되는 재개 전략의 수립에는 필수 고려 자원으로서 인력, 대체시설, 자원과 예산, 협력 기관(업체)을 고려하여 ① 자원 대체전략, ② 대체시설 이전전략 그리고 ③ 복구 전략의 3개 전략으로 구성한다.

넷째, 연속성 절차는 재난으로 인하여 기능이 중단되는 상황을 관리하여 복구 목표 시간 내에 필요 최소 수준으로 기능을 재개하기 위한 비상경보, 대피, 내·외부 이해관계자와의 커뮤니케이션을 위한 방안을 마련하고, 초기 대응부터 연속성 및 복구계획의 절차를 작성하고 훈련을 수행하는 단계이다. 여기에는 비상대응계획으로 ① 비상조직의 구성과 구성원의 역할, 비상통제본부의 준비 물품을 사전에 정하고, ② 인명 피해 최소화를 위한 비상집결지의 위치를 사전에 결정하며, ③ 비상 상황 시, 내·외부 이해관계자와 공유하여야 하는 주요 내용과 커뮤니케이션 수단을 준비하여야 한다. 그리고 이를 기반으로 기능이 중단된 상황을 가정하여 비상대응계획의 비상조직, 비상집결지, 커뮤니케이션 방안을 기반으로 상황의 흐름에 따라 수행자와 수행 방법이 기재된 연속성 계획과 복구계획, 그리고 훈련을 통한 개선 과정을 지속적으로 반영하여야 한다.

3) 검토 단계(Check)

검토 단계는 개선(act)을 통한 계획의 완결성을 확보하기 위한 활동에 해당한다. 따라서 검토는 수립된 기능연속성 계획이 기능연속성 계획 수립지침에서 제시하고 있는 각 단계의 요구 사항 충족과 목적 달성 여부를 자체적으로 검토하여야 한다. 또한, 수립된 계획이 기관에서 추구하는 바와 연속성정책에 부합하는지 여부를 확인하고, 계획이 수행되기 위하여 필요한 지원이 적절한지 확인하는 과정을 포함한다.

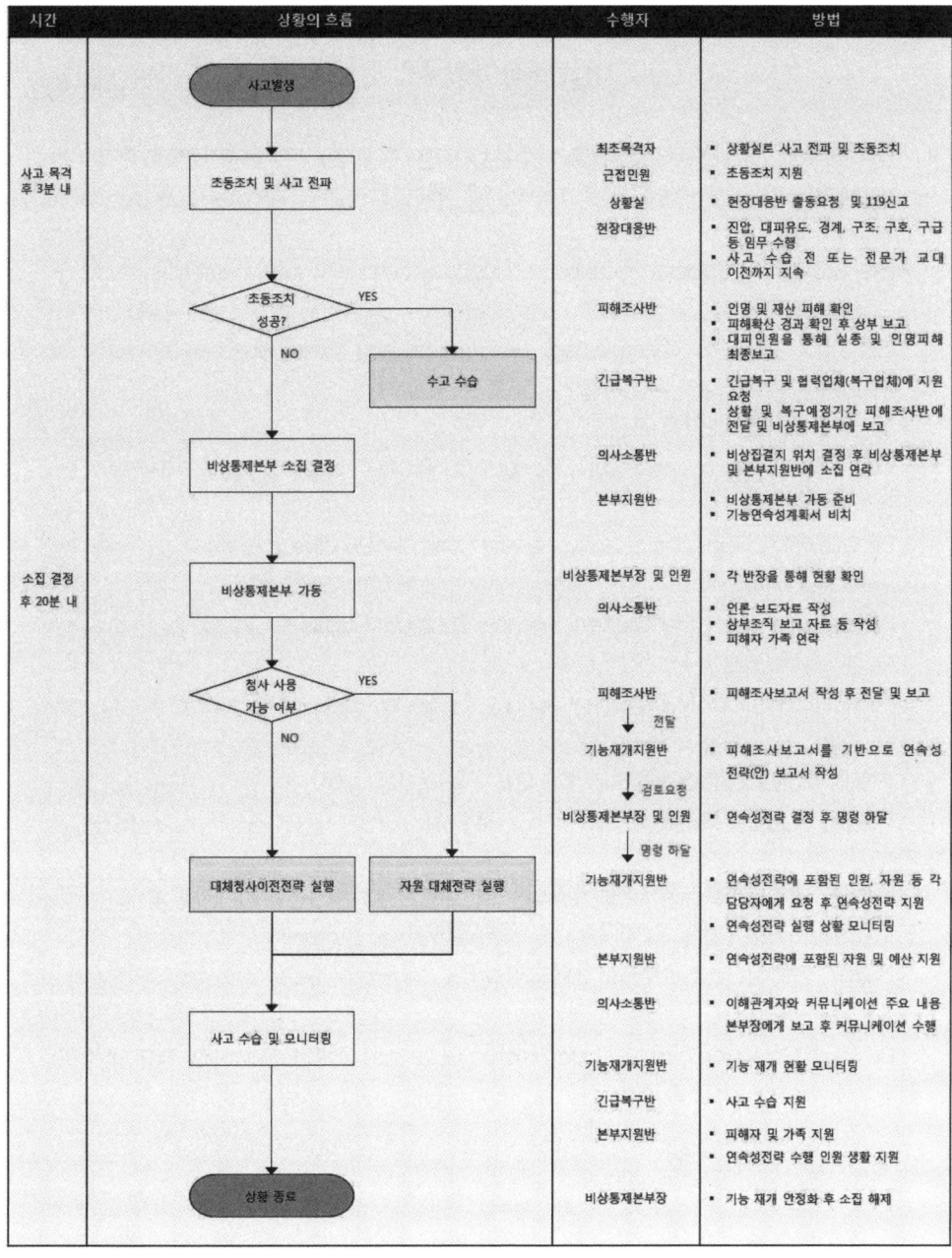

출처: 행정안전부b(2018: 24).

[그림 9-4] 기능연속성 계획 작성 예시

⟨정부 기능연속성 계획 수립 참고 규범⟩

- ISO 22301:2012 Societal security — Business continuity management systems — Requirements(2012)(국제표준기구, ISO 22301:2012 사회 안전 — 업무연속성 관리시스템 — 요구 사항)
- ISO 22313:2012 Societal security — Business continuity management systems — Guidance(2012)(국제표준기구, ISO 22313:2012 사회 안전 — 업무연속성 관리시스템 — 안내서)
- ISO 31000:2009 Risk management — Principles and guidelines(2009)(국제표준기구, ISO 31000:2009 리스크 관리 – 원칙과 지침)
- 행정안전부, 기업재난관리표준(2013)
- Department of Homeland Security, Federal Continuity Directive 1(2012)(미국 국토안보부, 연방 연속성 훈령 1)
- Department of Homeland Security, Federal Continuity Directive 2(2013)(미국 국토안보부, 연방 연속성 훈령 2)
- Federal Emergency Management Agency, Continuity Guidance Circular 1(2015) (미국 연방 재난관리청, 지방정부 연속성 안내서 1)
- Federal Emergency Management Agency, Continuity Guidance Circular 2(2015) (미국 연방 재난관리청, 지방정부 연속성 안내서 2)
- 内閣府, 政府業務継続計画(2014) (일본 내각부, 정부업무지속계획)
- 内閣府, 中央省庁業務継続ガイドライン 第2版(2016)(일본 내각부, 중앙부처 업무지속지침 제2판)
- 内閣府, 地震発災時における地方公共団体の業務継続の手引きとその解説 第1版(2010)(일본 내각부, 지진 재난 발생 시 지방공공단체의 업무연속안내서와 그 해설 제1판)
- 内閣府, 市町村のための業務継続計画作成ガイド(2015)(일본 내각부, 시읍면을 위한 업무연속성 계획 작성 가이드)
- Business Continuity Institute, Good Practice Guidelines 2018 Edition(2018) (영국 업무연속성 협회, 모범사례 안내서 2018년판)

재난관리론

재난관리 커뮤니케이션

제1절 재난 및 재난관리 커뮤니케이션

1. 커뮤니케이션 관점에서의 재난 및 재난관리

최근 우리 사회는 각종 감염성 질병, 지진, 폭염, 미세먼지, 조류독감이나 아프리카돼지열병(ASF, 아프리카돼지콜레라) 등 다양한 재난을 경험 중이다. 이러한 재난이 발생하였을 때 재난의 대응과 극복의 실마리가 되는 것은 정확한 정보이다. 이 정보로 위험으로 인한 피해 규모가 확인되고, 재난을 바라보는 국민들의 불안과 걱정의 크기가 결정되기 때문이다. 따라서 재난정보를 어떻게 구성하고 전달하느냐가 중요하다.

재난을 명확히 규정하는 것은 매우 어렵다. 재난은 국가별·시대별·사회적 배경에 따라 많은 의미가 혼용되었기 때문이다. 또 재난과 유사한 용어가 많고, 재난의 개념과 분류가 학문과 학자마다 다양하게 사용되기도 한다. 이는 시대적 배경과 사회환경의 변화에 따라 재난의 범주를 동일하게 이해하기 어렵고, 문명이 발달하고 이전에 비하여 생명을 중시하게 되면서 재난의 범주도 점차 늘어나는 추세가 원인이기도 하다.

재난과 유사한 단어들은 대표적으로 사고, 위해(危害), 위험, 위기, 비상사태, 재앙 등이다. 주로 이 용어들이 학문이나 정책 영역별로 내포하는 의미가 다양하여 혼란이 발생한다는 것을 쉽게 이해할 수 있다. 특히 최근 학문 분과 사이에 교류가 활발하게 이루어지면서 의사소통의 장애를 초래하기도 한다.

2. 재난관리 커뮤니케이션

현대 사회에서 재난관리 커뮤니케이션이 중요한 이유는 다음 세 가지이다.

첫째, 사회환경 및 미디어 환경의 급속한 변화이다. 사회가 복잡하고 다양화되면서 현대인의 삶의 양상 역시 다변화하고 있다. 이 같은 환경에서는 예측하기 힘든 재난이 발생할 가능성도 지속적으로 증가하기 때문에 재난관리 커뮤니케이션의 중요성 역시 강조되는 것이다. 그뿐만 아니라 급속한 정보기술의 발달과 무선 인터넷 네트워크를 기반으로 한 미디어의 출현으로 정보의 생산과 유통, 소비의 주체와 시스템이 다양하고 복잡하게 발전하면서 이들을 효과적으로 운용할 필요성이 있다.

둘째 정보의 확산 속도가 빨라지고 있다. 커뮤니케이션 기술의 발달과 스마트폰의 보급률 증가, 소셜 네트워크 서비스(Social Network Service: SNS)의 발달로 정보의 생산과 확산 주체가 일반인으로까지 확대되었다. 또 정보의 속도 역시 급격하게 빨라져 재난을 효과적이고 통합적으로 관리하는 커뮤니케이션이 점차 중요해지는 것이다. 하지만 정부나 기업 등 조직의 재난관리 커뮤니케이션을 효율적으로 운영할 수 있는 소통 전략 및 시스템은 부족하다고 보는 것이 일반적이다. 즉, 재난에 효율적으로 대응할 수 있는 수단의 진화 속도에 비하면 정부나 기업 등의 커뮤니케이션 전략은 아직까지도 전통 언론매체 중심으로 수립되어 있기 때문이다.

셋째, 재난관리에 참여하는 관련 기관 간의 갈등 요소 해결을 위하여 재난관리 커뮤니케이션이 필요하다. 재난 수습이나 관리 과정에서 여러 갈등 요소가 잠재되어 있다. 그러므로 현재 재난관리와 관련된 법령 제정이나 개정, 재난 관련 각종 사업 계획의 수립과 추진, 재난 대응과 복구 과정에서 부서나 기관 간에 가치나 관점 또는 이해 등이 충돌할 수 있다. 따라서 재난 수습과 관리에 참여하는 조직과 부서 등 재난을 관리하는 이해관계자 간의 갈등을 조절하고 해결하는 커뮤니케이션 전략은 반드시 필요하다.

3. 재난관리 커뮤니케이션의 목적과 기능

재난관리 커뮤니케이션은 정보 전달 기능과 소통 기능을 갖는다. 정보 전달은 재난 수습 단계에서 피해자와 공중, 언론매체 등을 대상으로 재난과 관련된 정보를 지속적으로 전달하는 기능을 말한다. 정보의 지속성은 재난과 관련한 허위 사실이나 루머와 같은 재난관리에 부정적 영향을 미칠 수 있는 정보의 유통을 억제한다. 또한 국민의 협조와 신뢰를 이끌어 내는 기능도 한다. 이는 재난과 관련된 정확한 정보를 신속하게 제공하고 재난에 대한 국민의 의견이나 궁금증 등을 다양한 방법으로 수집해 의견을 수용하고 궁금해 하는 부분에 대하여 질문하도록 유도하며, 적극적으로 답변하는 소통활동을 통하여 이루어진다.

재난관리 커뮤니케이션의 목적과 기능은 크게 세 가지이다.

첫째, 재난으로 인한 피해의 최소화이다. 다시 말하면, 피해자, 공중, 언론 등을 대상으로 재난 현장의 상황이나 재난 수습 상황, 재난 관련 정보를 정확하고 시의적절하게 제공해 재난의 피해를 줄이는 것이다.

둘째, 재난에서 오는 사회적 혼란과 불안의 예방이다. 즉, 언론의 원활한 취재 지원으로 재난 관련 정보를 국민들에게 신속하게 전달해 재난으로 인한 사회적 혼란과 불안을 예방하는 것이다.

셋째, 재난관리 및 대응에 대한 국민의 신뢰 확보이다. 재난이 발생하였을 때 관련 기관 간의 원활한 커뮤니케이션 체계를 구축해 일관된 정보를 피해자와 공중, 언론에 제공한다. 이로 인하여 재난관리 및 대응활동에 대한 국민의 신뢰를 확보하는 것이다.

제2절 재난관리 커뮤니케이션의 전략과 방향

1. 재난관리 커뮤니케이션의 원칙

재난관리 커뮤니케이션의 원칙은 신속성, 개방성, 진실성, 일관성 등 네 가지를 들 수 있다(유재웅, 2016).

첫째, 재난관리 커뮤니케이션의 가장 중요한 원칙인 신속성은 재난 발생 시 재난 수습 및 관리 책임이 있는 조직이 즉각적으로 재난 수습과 관리를 위한 커뮤니케이션 시스템을 가동하는 원칙을 의미한다. 재난이 발생하면 관련 정보가 매우 빠른 속도로 사회에 확산되기 때문에 조직의 의사결정이 이보다 늦어질 수 있다. 재난과 관련된 정보의 발표가 늦어지면 재난 피해뿐만 아니라 재난 수습 및 관리 책임이 있는 조직에 대한 부정적 정보도 확산될 가능성이 높다. 따라서 조직은 재난의 발생 원인과 피해자 현황, 피해 정도를 가능한 한 신속하게 발표하고 언론사에 관련 내용을 보도자료로 제공하여야 한다. 이를 통하여 모든 국민이 즉각적으로 재난에 대응하도록 함으로써 피해의 규모를 줄이고 조직에 대한 신뢰도 쌓을 수 있다.

둘째, 개방성이다. 재난이 발생하면 조직은 관련 정보를 국민에게 적극 알려야 한다. 만약 재난이 발생하였을 때 재난과 관련한 정보를 적극적으로 공개하지 않으면 재난으로 인한 피해를 확산시킬 수 있다. 또 국민들이 효과적으로 대응할 수 없어 엄청난 사회적 혼란을 야기할 수도 있다. 이러한 부작용을 예방하기 위하여 조직은 재난 관련 정보를 투명하게 공개하여 국민이 재난 상황을 정확히 이해하고, 재난 복구나 대응에 적극적으로 참여할 수 있도록 하여야 한다.

셋째, 일관성 유지의 원칙을 지킨다. 다시 말하면 'One-Voice, One-Mouth Policy'이다. 이는 한 사람만 말하라는 것이 아니라 모든 사람이 마치 한 사람이 말하는 것처럼 일관되게 말하는 것이다. 조직의 재난과 관련한 발표 내용이 상충되면, 국민은 발표 내용을 신뢰하지 못하게 되고, 이는 결국 재난 수습 과정에서 국민의 자발적인 참여와 지지를 얻지 못한다. 나아가 일관되지 못한 대응은 관련 이해관계자로 하여금 조직의 진정성을 느끼지 못하게 만들어 재난 수습 활동에 대한 의심과 비난을 받을 수 있게 한다. 따라서 재난에 대한 정보나 발표 내용의 일관성을 유지하여 언론과 국민으로부터 재난 수습 활동에 대한 신뢰와 지지, 참여를 이끌어 내야 한다.

 넷째, 진실성이다. 재난이 발생하게 되면 가능한 한 빠른 시간 안에 정확하고 올바른 정보를 언론과 국민에게 제공하여야 한다. 이를 통하여 조직은 재난과 관련한 언론과 국민의 불필요한 불신과 오해를 줄일 수 있을 것이다. 만약 관련 부서나 조직이 자신들의 책임을 회피하고 축소하기 위하여 재난 상황에 대하여 거짓 정보를 언론과 국민에게 제공하면 2차 피해를 불러올 수 있다. 또한 관련 부서와 조직, 나아가 정부에 대한 국민의 신뢰를 추락시키고 이미지에 부정적인 영향을 미칠 수도 있다. 따라서 조직은 어떠한 상황에서도 재난에 관련해서는 정확하고 확인된 정보만을 언론과 국민에게 전달하여야 한다.

2. 재난 발생 단계별 커뮤니케이션 전략과 방법

 재난관리는 재난으로 인한 부정적인 결과를 예방하거나 최소화함으로써 피해로부터 보호하는 것을 목표로 한다. 그래서 재난관리에서는 공중의 의견이 존중되는 쌍방향 커뮤니케이션이 중요한 의미를 갖는다. 재난관리는 크게 위기관리의 범주에 속하기 때문에 포괄적인 위기관리 커뮤니케이션 관점에서 전략과 방법을 살펴볼 필요가 있다.

 일반적으로 위기 상황에서의 커뮤니케이션은 이해관계자(stakeholder)의 지각에 영향을 주며, 위기의 특성도 커뮤니케이션 전략을 선택하는 데 많은 영향을 미친다(Benoit, 1995). 이러한 전략은 조직이 위기에 대응하기 위하여 사용하는 실제적 행동이다(이현우, 2001). 가장 흔히 발견되는 것은 '자기방어를 위한 사과문(apologia)'(Ware & Linkugel, 1973)이나 타인의 공격을 받을 때 자신의 행동을 설명하기 위하여 사용하는 '이유달기(accounts)'(이현우, 2001)가 대부분이다. 이 방법들은 공중의 공격으로부터 조직의 평판을 방어하고 보호하는 역할을 한다.

 쿰스(Coombs, 1999)는 책임성 기준을 두고 위기 유형과 전략을 설명하고 있는데, 책임성이 있느냐 없느냐는 대응전략에서 매우 중요한 틀로 적용되고 있다. 이전 연구자들이 단지 유형화한 것에 비하면 책임성과 관련한 쿰스(W. T. Coombs)의 논의는 위기관리 이론의 발전을 가져왔다고 볼 수 있다(김영욱, 2003).

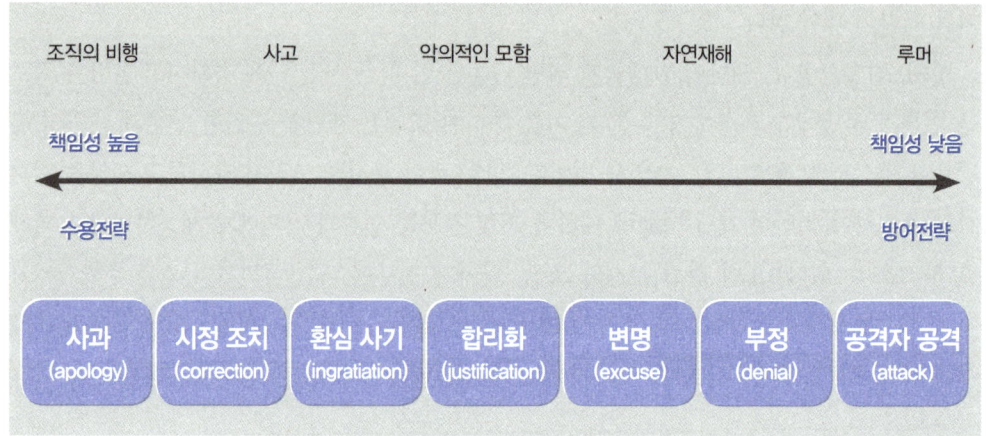

출처: 백진숙(2006).

[그림 10-1] 위기의 책임성에 따른 대응 메시지 전략

〈표 10-1〉 쿰스의 커뮤니케이션 전략

유형	정의
공격 (attack the accuser)	위기를 주장하는 사람이나 조직에 맞서는 전략 조직을 비난하는 사람들을 대상으로 법적 소송을 불사하겠다고 위협하는 식의 대응
부정 (denial)	위기가 존재하지 않는다고 주장하는 전략 위기가 존재하지 않는 이유를 설명하는 행동이 동반
변명 (excuse)	조직의 책임을 최소화하려는 전략 조직이 유발한 사건에 대하여 통제력이 없었다고 주장하거나, 부정적 결과에 대한 의도성을 부인
정당화 (justification)	위기로 발생된 피해가 대수롭지 않다는 인식을 형성하기 위한 전략 심각한 피해나 부상자가 존재하지 않는다고 말하거나 희생자들이 희생당할 만한 이유가 있다는 주장
환심 사기 (ingratiation)	이해관계자를 칭찬하거나 조직의 과거 선행을 상기하는 전략
시정 조치 (corrective action)	위기로 인한 피해를 회복하기 위한 방법을 찾거나 재발 방지를 위한 조치를 취하는 전략
사과 (full apology)	위기에 대하여 전적인 책임을 지며, 용서를 구하는 전략 금전이나 원조와 같은 보상을 제공하는 방법을 사용

출처: Coombs(1999) 재구성.

커뮤니케이션 전략을 설명한 [그림 10-1]을 보면 쿰스(Coombs, 1999)는 가장 책임성이 높은 위기 상황은 조직의 비행(非行)이며, 다음으로 사고(기술적인 문제, 현장에서의 범죄 등), 악의적인 모함, 자연재해이고, 책임성이 가장 낮은 위기는 루머라고 구분하였다. 조직의 책임성이 낮으면 방어적인 '공격자 공격'이나 '부정'이 바람직하며, 책임성이 높은 경우 상대를 수용하는 전략인 '시정 조치'나 '사과'를 사용할 수 있다.

예를 들어, 폭우로 인한 홍수와 같은 재난이라면 조직으로서는 책임성이 낮기 때문에 통제력을 발휘하지 못하고, 의도성이 없으므로 책임을 최소화하는 변명을 사용할 수 있다. 그러나 홍수가 난개발로 인한 확대된 인재(人災)라면 사과의 메시지를 써야 한다. 또 미처 대비하지 못하여 인명의 피해가 발생하였을 때에는 위기로 인한 피해를 회복하기 위한 방법을 찾거나 재발 방지를 위한 조치를 취하는 시정 조치 전략을 세워야 한다. 또 부정적 여론으로 인명 피해 정도가 과장되거나 잘못된 대응 조치가 SNS에서 급속도로 퍼져 나갈 때에는 루머에 해당하기 때문에 루머를 퍼트리는 집단이나 개인에 대한 공격의 메시지를 만들어야 한다.

김영욱(2001)은 브누아(Benoit, 1995)의 위기의 책임성과 심각성에 따라 효과적으로 대응 가능한 이미지 회복 전략을 제시하였다는 점에서 의의가 있다. 또한 조직은 위기가 발생할 경우 최우선적으로 위기 상황의 심각성과 조직의 책임 여부를 결정하는 것이 가장 중요하며, 이후 이미지 회복 전략을 선택하여야 효과적임을 보여준다.

〈표 10-2〉 심각성과 책임성에 따른 이미지 회복 전략

구분		심각성	
		낮음	높음
책임성	낮음	공격자 공격 / 부정	변명
	높음	정당화 / 환심 사기	시정 조치 / 사과

3. 재난관리 단계별 커뮤니케이션 방향

재난관리 단계별 커뮤니케이션 방향을 설명하기 위하여 먼저 재난의 단계를 구분하면 다음 [그림 10-2]와 같다. 크게 재난 예방 단계, 대비 단계, 대응 단계, 복구 단계 등 4단계로 제시할 수 있다.

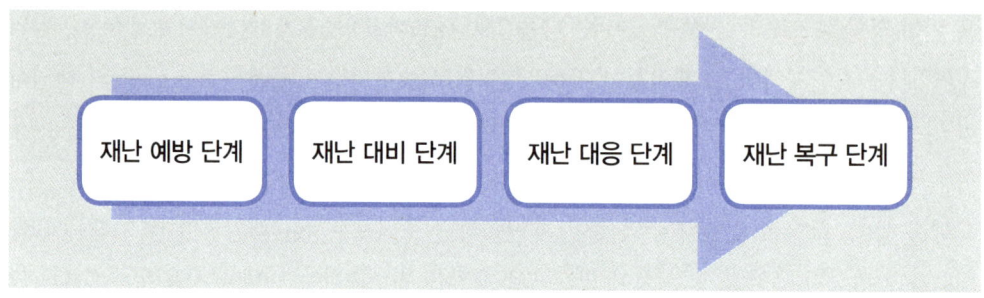

[그림 10-2] 재난관리의 4단계

1) 재난 예방 단계의 커뮤니케이션

재난 예방 단계의 커뮤니케이션에서 가장 중요한 요소는 재난 발생의 위험 요인을 사전에 제거 또는 감소하는 것이다. 이를 위하여 재난 발생을 차단하고 방지하기 위한 커뮤니케이션 활동을 수행한다. 그러기 위하여서 주로 재난에 대한 이해와 예방 교육에 중점을 두어야 한다. 또 재난에 대한 사회 구성원들의 이해를 도모하는 커뮤니케이션 활동이 요구된다.

또 재난이 발생하였을 때 언제라도 즉각적으로 대응할 수 있는 커뮤니케이션 전략을 수립하여야 한다. 구체적으로는 재난의 유형화 및 유형별 커뮤니케이션 전략 수립, 지역별 여건에 적합한 재난관리 커뮤니케이션 전략 수립, 재난 예방 중심의 커뮤니케이션 체제 구축, 재난 예방에 대한 국민 인식과 참여를 이끌어 내기 위한 각종 안점 점검 및 안전문화 캠페인 계획 수립 등이 해당된다.

2) 재난 대비 및 대응 단계의 커뮤니케이션

이 단계에서는 재난이 발생하였을 때 수행하여야 할 커뮤니케이션 활동을 위한 모든 사항을 사전에 계획 및 준비하며, 이를 위한 교육과 훈련이 필요하다. 이를 통하여 재난에 대한 커뮤니케이션 대응 능력을 강화할 수 있다. 나아가 재난이 발생하면 커뮤니케이션 비상조직을 가동하여 피해의 확산을 방지하고, 2차 피해로 야기될 가능성을 감소시키는 활동을 적극 수행하여야 한다.

주요 커뮤니케이션 활동으로는 재난 관련 정보를 신속하게 전달하는 홍보 체제를 구축하여 국민과 언론을 대상으로 한 재난 관련 정보를 지속적으로 업데이트한다. 재난정보를 신속하게 국민들에게 전달하도록 방송통신위원회 등과 긴밀한 협조 체제를 구축하는 것도 필요하다. 또한 재난 발생과 동시에 방송을 긴급 방송 보도 체제로 전환하여야 한다. 이는 재난 상황을 즉각적으로 국민들에게 전달하는 커뮤니케이션 체제를 가동하는 것으로 재난 대피와 구조활동, 이재민 대책 관련 홍보계획 수립, 초동 대응 체제를 확립하는 것이다. 이 과정에서는 유관 기관의 협조도 이끌어 내야 한다.

3) 재난 복구 단계의 커뮤니케이션

복구 단계에서는 재난 이전의 상태로 복구하는 과정에 대한 커뮤니케이션 전략을 수립하여야 한다. 또 재난 대응과 복구 과정의 커뮤니케이션 활동과 체계에 대한 분석과 평가를 통하여 이후의 재난 발생의 가능성을 최소화하고 재난의 효율적 관리를 위한 향후 커뮤니케이션 전략을 도출한다.

주요 활동은 재난 복구와 관련한 정보를 국민과 언론에 알리는 것이다. 또 재난 복구활동에 참여하는 다양한 기관 간의 효율적인 커뮤니케이션 체계를 가동하는 것이다. 사회봉사단체나 NGO 등 재난 복구 지원에 자발적으로 참여 가능한 단체를 대상으로 캠페인을 실시한다. 이는 재난 복구 지원에 참여할 수 있도록 독려하고, 평판을 관리하는 의미이다. 또한 재난 피해자나 희생자 가족을 위한 지원 대책과 상담 프로그램, 피해 보상 방안 등을 적극적으로 알릴 수 있는 홍보계획도 수립하고 실행하여야 한다.

제3절 재난관리 커뮤니케이션과 언론 관계

1. 언론 대응 원칙

재난 상황에서 효율적인 언론 대응을 위한 언론 관계(media relations)의 원칙은 첫째, 진실성이 가장 우선적이다. 재난 수습과 관련하여 조직은 일시적으로 부정적 여론이 형성될 수 있는 나쁜 소식이라 할지라도 절대로 은폐하거나 왜곡하여 발표하지 않는다. 재난 상황과 관련하여 조직에 부정적인 이미지를 주는 정보일 경우에도 사실에 근거하여 사과의 표현과 함께 발표하면 정직하다는 이미지를 줄 수 있다. 그러면 궁극적으로는 국민들의 신뢰를 얻을 수 있다. 그러나 비난이 두려워 재난정보를 언론에 부정확하게 발표하면, 나중에 그 사실이 밝혀지게 될 때 신뢰는 회복하기 힘들 정도로 추락한다. 그리고 이후에도 재난 수습과 관련된 정부의 발표에 대하여 국민들이 항상 의심과 불신의 시선을 보낼 것이다.

둘째, 재난 상황에 대한 정확한 사실이 확인되지 않은 상태에서는 추측이나 해명을 삼가야 한다. 재난 상황에서 커뮤니케이션 담당자는 기자의 질문이나 인터뷰 언론 브리핑에서 재난에 대한 확인되지 않은 정보를 추측하여 발표하거나, 재난 대비 및 대응에 대하여 부실하다는 국민들의 비판에 대하여 섣불리 해명을 시도해서는 안 된다. 추측이나 해명은 기자들의 취재와 보도 과정에서 오해나 유언비어를 유발할 위험성이 급격히 높아지기 때문이다.

셋째, 기자를 상대로 한 불필요한 언급은 피하되, 기자들을 피하지 않는다. 재난관리 커뮤니케이션 담당자는 기자들의 질문, 인터뷰 또는 언론 브리핑에서 불필요한 언급은 가급적 자제하여야 한다. 담당자가 무심코 던진 발언이나 언급은 조직의 이미지와 정부에 대한 국민의 신뢰에 부정적인 영향을 줄 수 있다. 특히 불필요한 발언이나 언급은 대부분 부정적으로 보도되기 때문에 최대한 자제한다. 반면, 재난관리 커뮤니케이션 담당자는 정부의 재난 수습활동을 알리는 홍보활동에는 적극적으로 나서야 한다. 즉, 기자들에게 보도자료를 제공하거나 브리핑을 통하여 재난 수습 과정을 적극적으로 알려야 한다.

넷째, 기자들의 질문에는 신속하게 대응한다. 재난 관련 상황에 대한 기자들의 질문에 커뮤니케이션 담당자들이 신속하게 응대하지 않으면, 기자들은 재난의 피해자나 희생자의 가족을 대상으로 취재한 내용에 따라 재난 관련 기사를 작성한다. 이 경우 일반적으로 재난 피해자나 희생자 가족은 재난을 부정적으로 인식하기 때문에 재난 대응활동도 같은 논조로 보도될 가능성이 높다. 따라서 커뮤니케이션 담당자는 이를 예방하기 위해서라도 취재기자의 질문에 신속하고 적극적으로 대응하여야 한다. 커뮤니케이션 담당자가 기자들의 궁금증에 신속하고 자신 있는 모습을 보이면, 기자들은 재난과 관련한 정부의 공식 입장을 기사 작성에 반영할 가능성이 높아진다. 또한 커뮤니케이션 담당자가 재난 관련 상황에 대하여 정확히 파악하고 있다고 인식하여 조직에서 제공하는 정보를 더 신뢰하게 될 것이다.

2. 대변인 선정과 재난관리 팀 구성

1) 대변인 선정

조직의 재난관리 커뮤니케이션의 체계에서 가장 중요한 요소 중 하나는 대변인 선정이다. 대변인 지정이 중요한 이유는 재난과 관련된 정보를 발표하는 과정에서 상반된 내용이 언론을 통하여 발표될 가능성을 줄이기 때문이다. 대변인은 재난관리 커뮤니케이션을 총괄하는 사람으로 재난관리 커뮤니케이션에 대한 전문적인 이해와 경험, 지식이 필요하다. 또 언론매체나 공중은 대변인을 조직과 동일시하기 때문에 신중하게 선정하여야 한다. 대변인의 부재 상황을 대비하여 부대변인도 미리 정해 놓을 필요가 있다.

조직은 현대 사회에서 발생하는 재난의 내용과 종류가 점차 다양화되고 복합적이기 때문에 재난 유형별로도 전문 대변인을 지정할 필요가 있다. 재난 상황의 내용과 종류에 따라 해당 분야에 전문성을 갖춘 대변인을 배치하여 재난 수습 상황에 적정하게 대처하여야 한다는 것이다. 전문 대변인이 준비되고 상시 배치되어 있다면 자신의 전문 분야와 관련된 재난이 발생하였을 때 재난 현장에 즉각 투입되어 역할을 수행할 수 있다.

대변인은 언론을 포함하여 대외적으로 조직을 대변하는 역할을 하기 때문에 언론과 공중의 주목을 받을 수밖에 없다. 그러므로 이미지 관리가 매우 중요하다. 따라서 대변인은 어떤 질문에도 평정심과 냉정함을 잃지 않아야 한다. 언론 브리핑에서 발표나 질문에 대답할 때는 간결한 어조로 분명하게 발언하고, 재난 관련 정보를 발표할 때는 이성적인 태도를 취하며, 재난에 대해서는 우려하고 있음을 적극적으로 보여주어야 한다. 기자의 공격적이고 신랄한 질문에 화를 내거나 언성을 높이면 기자들은 반론의 내용보다 감정적인 대처에 대하여 크게 보도하는 직업적 특성이 있다. 따라서 최대한 이성적인 태도로 일목요연하게 정리하고 설득력 있는 내용의 입장과 반론만을 제기하여야 한다. 대변인의 감정적인 대처가 언론에 보도되면 조직에 대한 반감으로 이어지기 쉽다.

대변인은 일반적으로 다음 〈표 10-3〉과 같은 기준으로 선정하는 것이 바람직하다. 재난의 구분에서 크게 인명의 피해와 기술적인 전문 분야가 주로 고려되어야 한다. 인명의 피해가 무엇보다 가장 중요하기 때문에, 이 경우에는 조직의 최고책임자가 동시에 대변인 역할을 수행하는 것이 좋다.

〈표 10-3〉 대변인의 일반적인 선정 기준

재난의 구분	대변인 선정 기준
인명 피해와 관련된 사건 기술적인 전문 분야가 아님.	최고책임자
인명 피해와 관련된 사건 기술적인 전문 분야	최고책임자 관련 내부 전문가 공동
인명 피해와 관련되지 않은 사건 기술적인 전문 분야가 아님.	홍보책임자
인명 피해와 관련되지 않은 사건 기술적인 전문 분야	관련 내부 전문가

　대변인이 갖추어야 할 능력과 자질은 첫째, 설득력 있는 정보 전달 능력이다. 대변인은 재난 발생 시 언론사 취재기자들을 대상으로 정기 뉴스 브리핑을 하고, 수시로 언론 인터뷰를 하여야 한다. 결국 대변인이 재난 수습과 관련한 정보를 제공하는 것이다. 따라서 언론매체를 대상으로 정보를 설득력 있게 전달할 수 있는 능력이 가장 우선적이다.

　둘째, 기자의 질문에 적절한 답변을 즉각 생각해 내는 상황 대처 능력이 요구된다. 대변인이 취재기자의 질문에 적절한 답변을 하려면 먼저 질문을 정확하게 이해하여야 한다. 따라서 대변인은 효과적인 청취, 즉 경청 능력이 필요하다. 기자에게 대답하기 곤란한 질문을 받았을 때, 어떤 답변을 하여야 하는지 분명하지 않을 때 '노코멘트'보다는 다른 답변을 할 수 있는 능력을 갖추어야 한다. 왜냐하면 논평 보류는 기자에게 해당 질문을 인정하는 의미로 해석될 수 있기 때문이다. 이처럼 대변인은 재난이 발생한 어떤 상황에서도 침착함을 유지하여야 한다.

　셋째, 재난정보를 쉽고 명확하게 전달할 수 있어야 한다. 대변인이 재난정보를 브리핑 또는 인터뷰 형식으로 전달할 때, 전문용어를 사용하지 않고도 명확하게 전달하여야 한다. 왜냐하면 보도를 통하여 설명을 듣는 일반 공중은 재난 관련 용어들을 제대로 이해할 수 없는 경우가 종종 있기 때문이다. 또 질문에 대한 답변을 짜임새 있게 구성할 수 있는 능력을 갖추어야 한다. 대변인의 답변이 '중구난방' 또는 '중언부언'하면, 공중은 재난 수습 과정을 제대로 이해할 수 없고, 이는 공중이 재난 수습활동을 불신하는 원인이 될 수 있다.

　넷째, 대답하기 어려운 질문에도 적절히 대처하여야 한다. 이를 위하여 대변인은 대답하기 곤란한 질문은 재치 있게 피해 가는 능력 또한 갖추어야 한다. 그뿐만 아니라 질문에 포함되어 있는 정확하지 않은 정보를 찾아내서 지적하고, 대답하기 곤란한 질문에 대해서는 답변하지 못할 적절한 이유를 설명할 수 있는 능력이 필요하다. 그리고 취재기자의 질문에 가장 적합한 답변을 취사선택하여야 한다. 여러 질문이 포함되어 있는 복합적인 질문에도 중요도와 우선순위에 따라 적절하게 답변할 수 있는 능력이 요구된다.

이와 관련한 대변인의 역량 강화 방안을 다음과 같이 제시하고자 한다. 첫째, 전문 PR 회사나 전문인의 정기적인 자문을 받거나 전문훈련을 받는다. 둘째, 대변인의 전문성 강화를 위하여 재난 유형별로 특화된 언론 대응 방안에 대한 실전 지식을 습득할 수 있는 기회를 제공한다. 대변인을 대상으로 재난 유형과 사례별 교육을 실시하여 재난의 종류와 유형별로 특화된 대변인을 사전에 양성할 수 있다.

2) 재난관리 커뮤니케이션 팀

재난이 발생하면 커뮤니케이션 활동을 주관할 '재난관리 커뮤니케이션 팀'을 구성하여야 한다. 재난관리 커뮤니케이션 팀은 대변인 또는 재난 관련 최고책임자의 지휘에 따르며, 홍보분석 분야와 취재 지원 분야로 구분하여 운영하여도 좋다.

홍보분석 담당자들은 재난과 관련한 여론분석과 보도자료 및 언론 브리핑을 위한 자료 취합, 재난 대응 유관 단체 간의 정보 공유와 협조 체계 구축 및 유지 등 재난 수습을 위한 재난관리 커뮤니케이션 업무를 총괄한다. 이를 위하여 먼저 재난상황실과 재난 현장, 재난 대응 유관 부처에서 자료를 입수하여 분석한다. 또 재난 관련 기관의 SNS와 홈페이지와 재난 대응 및 수습에 대한 보도자료와 언론 발표문, 재난 수습에 대한 정보를 게시하고 관리하는 역할을 수행하게 된다.

취재 지원 분야는 보도자료를 배포하고 취재기자의 취재를 지원하기 위한 취재지원센터를 운영하는 등의 언론매체의 취재 지원을 주요 업무로 한다. 이를 위하여 취재 지원 분야의 구성원은 보도자료를 온·오프라인을 통하여 배포하고, 언론매체 취재기자를 대상으로 언론 브리핑을 계획 및 실행한다. 또 온라인으로 재난 수습 상황을 알리는 e-브리핑 시스템을 관리하고 운영하는 역할을 담당한다. 또 담당자들은 재난 대응 및 수습활동과 관련하여 발생할 수 있는 언론의 오보나 유언비어 등을 지속적으로 모니터한다. 또 확인하여 문제가 발생하면 즉각 대응하는 역할을 수행한다.

3. 언론 관계

1) 언론 브리핑

　언론 관계(media relations)에서 언론 브리핑(press briefing)은 공공기관이나 비영리단체, 또는 기업의 PR 팀은 대형 재난이 발생하거나 대형 사건 사고가 발생해 국민에게 관련 정보를 알려주고 공유할 필요가 있을 때 주로 하게 된다. 즉, 적극적인 보도를 원하는 사안이 발생할 때 활용하는 것이다. 나아가 정보 과잉 혹은 정보 부족으로 인하여 루머나 유언비어가 발생할 가능성이 있을 때 이를 억제하는 수단으로 활용할 수 있다.

　언론 브리핑이 중요한 이유는 재난 대응 및 수습과 관련하여 조직의 통일된 정보와 견해, 방침을 전달할 수 있기 때문이다. 언론사 기자를 상대로 브리핑을 통하여 재난 대응과 수습에 대한 정부의 공식 입장과 해결 방안 등을 국민에게 전달함으로써 국민의 신뢰를 높일 수 있다. 만약 재난이 발생하였는데도 커뮤니케이션 팀이 언론 브리핑을 적극적으로 실시하지 않으면, 어떤 형태로든 마감 시간 안에 재난 관련 기사를 작성하여야 하는 기자들은 재난 대응 및 수습의 공식 경로가 아닌 다른 채널로 입수한 정보를 바탕으로 기사를 쓴다. 이 경우 정확하지 않은 정보나 일방적인 언론의 주장으로 정부나 조직의 부정적인 이미지와 루머를 만들게 한다. 언론 브리핑에 포함되어야 하는 주요 내용은 다섯 가지이다.

　첫째, 유감 표명이다. 재난으로 인하여 발생한 희생자나 신체적 부상 또는 재산상의 피해를 당한 피해자들에게 진심 어린 위로와 유감을 표명하여야 한다.

　둘째, 재난 발생의 원인에 대한 철저한 규명을 약속하는 것이다. 재난 발생의 원인 규명에 착수하였음을 알리고, 앞으로 재난 발생 원인을 철저히 조사하여 밝혀줄 것을 약속하는 내용이 포함되어야 한다.

　셋째, 현재의 재난 상황에 대한 공개이다. 재난 피해자나 희생자 또는 일반 국민이 재난에 대한 불안감이나 재난 발생의 원인 및 수습에 대한 의혹을 갖지 않도록 재난과 관련된 정보를 투명하게 공개하여야 한다.

　넷째, 동일하거나 유사한 재난이 다시 발생하지 않도록 재발 방지 대책을 수립하고 제시하여야 한다. 이 대책에는 제도와 조직의 정비 등 구체적인 내용이 포함되어야 한다.

　다섯째, 재난 발생의 책임에 대한 공식 표명이다. 재난관리의 책임이 있는 정부는 재난으로 인한 희생자와 피해자 그리고 국민에게 재난 발생을 예방하지 못한 데 대한 책임을 공식적으로 표명하고 책임을 다하는 모습을 보여주어야 한다.

2) 재난보도의 신속성, 정확성 그리고 적절성

그동안 재난과 관련하여 언론의 지나친 보도 경쟁과 SNS 등 각종 매체의 자극적 정보 생산으로 불안과 공포가 오히려 증폭되는 것을 자주 목격하기도 하였다. 위험 정보를 다룰 때는 흥미성이나 화제성, 신속성 등의 가치와는 달리 '정보의 정확성'을 최우선 기준으로 하여야 하며, 이를 국민들이 이해하기 쉽고 비교적 신속하게 전달할 수 있어야 한다.

최근 조사에서 시민들은 위험 관련 정보를 제공하는 정보 주체가 가져야 할 요소로 신속성보다는 정확성과 신뢰성을 중요하게 고려하였다. 정확성은 지역공동체(시민/소비자단체), 시민으로서의 개인, TV 등 전통 언론기관, SNS, 정부기관 순이며, 신뢰성은 시민으로서의 개인, 지역공동체, 전통 언론기관, SNS, 기업, 정부기관 순으로 평가하였다. 신속성은 SNS, 전통 언론기관, 지역공동체, 기업, 정부기관, 공정성은 시민으로서의 개인, 지역공동체, 전통 언론기관, SNS, 기업, 정부기관 순으로 나타났다. 종합하면 TV 등 전통 언론기관, SNS, 정부기관에 대하여 대부분 낮게 평가한다. 신속성은 SNS, 전통 언론기관이 높다.

언론에서의 속보는 생명력이다. 그래서 사실을 충실히 전달하는 것 또한 언론의 책임과 의무로 여기는 것도 당연하다. 그러나 사실 보도에 충실하다는 것은 사실을 단순히 중계하는 것과는 다르다. 사실을 단순 전달하는 것은 사실 뒤의 맥락, 하나의 사실을 둘러싼 배경을 놓침으로써 오히려 전체적인 진실을 왜곡하는 어리석음을 범하기 때문이다. 그러므로 위험 관련 정보는 신속성보다 정확성・신뢰성이 중요하다. 해외 언론사들, 특히 신뢰받는 언론일수록 대형 사건사고 보도에 대하여 자체적으로 보도 기준을 만들어 놓고 있다. 예를 들면 미국 뉴욕 맨해튼 아파트 폭발사고 당시「뉴욕타임스」는 가장 빨리 사고 현장에 도착하였지만 사고 발생 1시간 45분 뒤에야 첫 속보를 전하였다. 확인되지 않은 소식을 빨리 전하기보다는 정확한 사실을 보도하여 오보를 줄인다는 원칙 때문이다. 일본 언론사는 사실 보도에 충실하지만 통곡이나 아비규환, 아수라장 같은 자극적인 단어는 쓰지 않는다. 취재 과열로 인한 오보 발생에도 철저히 대비한다. 영국 BBC는 2005년 런던 지하철 사고 당시 재난 보도 준칙에 따라 정부 발표가 있기 전까지 피해자 수를 일절 보도하지 않았다. 피해자나 피해자 가족을 배려하는 내용도 있다. 특히 사망자 보도에 대해서는 더욱 신중을 기하고 있는데, 이는 미디어를 통하여 알게 되었을 때 느끼는 유가족이나 관계자들의 고통을 감안한 조치이다. 프랑스

르몽드는 초상권 보호를 위하여 피해자 사진을 싣지 않는다.

　신속성과 정확성은 함께하여야 한다. 그러자면 어떤 사안을 신속하게 전달하면서도 제대로 파악하는 보도 역량 제고의 노력이 필요하다. 사실을 빨리 포착하는 신속성과 함께 사실관계를 균형 있게 판단하는 책임감이 함께 필요한 것이다. 뉴스 보도에 대하여 쏟아지는 많은 비판은 언론에 대한 믿음과 기대감의 반영이다.

　마지막으로 의사소통을 할 때 적절성(appropriateness)은 메시지를 주고받는 데에 매우 중요한 개념이다. 적절성이란, 사전적 의미로는 '알맞고 바른 정도'로 정의되고 유사한 단어로 적정(適正)이라는 말이 있다. 적절성과 적정함은 알맞다는 유사한 의미를 지니지만, 적절성의 경우 '알맞다'라는 수준에서 구체적이고 좁은 범위의 정도로 표현되나, 적정함은 넓은 범위에서 알맞은 수준을 의미한다. 적절성에 대하여 상황이나 문맥의 요구나 목적에 맞는지 관심을 두는 것이라고 정의하였다. 리대룡(1998)의 연구에서는 어떠한 내용의 표현이 적절성 원리를 충족시킨다는 것, 즉 메시지 전달자가 의도한 정보가 메시지를 받아들이는 수용자의 상황과 표현 의도가 일치하여 메시지 수용자가 의도된 정보를 받아들일 수 있게 만족시킨 정도를 의미한다. 따라서 재난 상황과 같이 특정한 상황에서 어떤 메시지를 전달할 때는 메시지 수신자가 처한 상황이나 심리적 상태를 고려한 메시지를 전달하는 것이 효과적이다.

4. 홍보활동

　보도자료(press release)는 조직이나 기업 또는 단체의 PR 활동 중 홍보활동(publicity)에 가장 많이 활용되는 수단이다. 이는 조직이나 기업 또는 단체가 일반 공중을 대상으로 기획하고 실행하는 각종 이벤트나 봉사활동, 기부활동 등에 대한 정보를 언론사에 제공하는 수단이다. 조직이나 기업 또는 단체에 직접적인 이익을 주지는 않지만, 사회적으로 호의적인 이미지를 형성하는 데 도움이 되는 활동에 대한 정보를 언론사에 제공하여 관련 내용을 보도하도록 한다. 조직이나 기업 또는 단체는 보도자료를 통하여 사회봉사 또는 기부활동뿐 아니라 사회적으로 인정받을 수 있는 업적, 성과 또는 신제품 개발 같은 내용도 언론사에 전달하여 공중을 대상으로 홍보하기도 한다.

　그러나 조직이나 기업 또는 단체가 보도자료를 통하여 전달한 내용을 언론사가 반드시 보도한다는 보장은 결코 없다. 조직이나 기업 또는 단체가 인쇄 매체의 지면이나 방송 매체의 시간을 구입하는 광고는 비용을 지불하였기 때문에 공중을 대상으로 자신들의 원하는 정보를 확실하게 전달할 수 있다. 하지만 보도자료로 제공하는 정보는 비용을 지불하지 않은 것이므로 제공된 정보의 보도 여부는 언론사의 결정에 달려 있다. 따라서 언론사가 자신들이 제공한 정보를 보도하기 위해서는 정보의 뉴스 가치(news value)가 보장되어야 한다.

재난정보는 일반적으로 국민들의 관심도가 높기 때문에 뉴스 가치를 인정받을 수 있고, 그러므로 재난 관련 조직에서 제공한 보도자료는 거의 대부분 기사화되는 경향이 있다. 따라서 조직은 보도자료를 적극 활용하여 국민들에게 재난과 관련한 정보를 지속적으로 제공할 필요가 있다.

재난이 발생하면 처음 24시간의 대처가 재난 피해를 최소화하는 데 매우 중요하다. 커뮤니케이션 팀은 재난 상황에 대한 개요와 인명구조 현황, 재난 현장에서의 행동요령 등을 보도자료로 언론사에 제공하여 신속하게 국민들에게 알리도록 하여야 한다. 또한 재난 상황과 관련한 정보를 언론사에 일회성보다는 지속적으로 제공하여 국민들이 재난 상황과 관련한 정보를 지속적으로 인식할 수 있도록 하여야 한다. 언론사에 배포되는 보도자료는 반드시 커뮤니케이션 책임자의 승인을 거쳐 잘못된 정보나 통일되지 않은 정보가 언론사에 배포되지 않도록 한다.

재난 발생 초기 보도자료를 작성할 때도 유의하여야 하는 첫 번째 원칙은 재난 발생에 대한 유감을 표명하는 일이다. 재난이 발생하면 피해자나 희생자, 재산상의 피해가 발생할 수 있다. 따라서 재난관리 책임이 있는 조직은 피해자나 희생자, 재산상의 피해에 대하여 유감을 표명함으로써 진심 어린 위로의 마음을 전달하여야 한다.

둘째, 육하 원칙(언제, 어디서, 누가, 무엇을, 어떻게, 왜)을 기준으로 작성하되, 사실이 확인된 내용만 밝혀야 한다.

셋째, 현재까지 정확한 사실 확인이 되지 않아 아직 사실을 모르는 내용이 무엇인지를 명확히 밝히는 것이다. 재난이 발생하면 언론사와 국민들은 재난과 관련된 새로운 정보를 빠른 시간에 알고 싶어한다. 그렇다고 확인되지 않은 정보를 보도자료에 포함하여서는 안 된다. 대신 언론사와 국민들이 재난 상황에 대하여 궁금해 하는 내용 중 아직까지 정확한 사실 관계가 확인되지 않은 내용이 있다면 내용이 무엇인지 밝힐 필요가 있다.

넷째, 재난 발생의 원인 규명과 재난 대응 및 조치 과정을 명확히 한다. 재난이 발생하면 언론과 국민들은 가장 먼저 재난의 원인이 무엇인지 궁금증을 갖게 된다. 따라서 재난 발생 초기에 작성하는 보도자료에는 재난의 발생 원인이 무엇인지, 발생한 재난에 어떻게 대응하고 조치하였는지를 구체적으로 설명하여 국민들이 발생한 재난을 정확히 이해하고 정부의 재난 대응과 수습 과정에 대한 신뢰를 갖도록 하여야 한다.

다섯째, 재난 대응과 수습을 담당하는 정부기관이 재난을 해결할 수 있다는 자신감과 의지를 강력하게 밝힘으로써 국민의 지지와 신뢰를 얻도록 한다.

여섯째, 배포된 보도자료와 관련하여 보충 설명이 필요하거나 궁금한 사항이 있을 경우 취재기자들이 재난관리 커뮤니케이션 담당자와 접촉할 수 있도록 연락처(휴대전화, 이메일 등)를 반드시 포함하여야 한다. 커뮤니케이션 담당자도 이들과 상시적으로 연락이 가능하도록 통신수단을 가까이하여야 한다.

재난 발생 초기 언론에 제공되는 보도자료의 내용은 재난에 대한 부정적인 사회 여론과 정부 당국에 대한 불신의 확산 여부를 좌우한다. 따라서 재난이 발생하면 책임을 지고 있는 조직은 보도자료에 재난에 대한 기본 태도와 재난 대응 및 수습 계획 등 공식적인 입장을 정리하여 내용에 담아야 한다. 또한 재난 발생 초기 단계에 재난 관련 기사를 집중 보도하도록 커뮤니케이션 팀은 언론과 국민이 많은 관심을 가지고 있는 부분에 대한 보도자료를 작성, 배포하여야 한다. 이를 통하여 재난과 관련된 불필요한 의혹과 추측 보도를 사전에 막을 수 있다. 그뿐만 아니라 언론의 지나친 특종 경쟁으로 인한 사실 왜곡 또는 추측성 보도를 막기 위하여 사실이 확인된 정확한 정보를 수시로 언론사에 제공하여야 한다.

일반적으로 언론매체는 독자들과 시청자들의 관심을 끌기 위하여 부정적이고, 자극적이며, 위급한 사안에 대하여 더 많은 관심과 보도하려는 속성이 있다. 따라서 재난관리 커뮤니케이션 담당자는 보도자료를 작성할 때 취재기자들에게 부정적이거나 자극적인 소재로 활용될 가능성이 있는 정보는 사용하지 말아야 한다. 그렇기 때문에 사실에 근거한 정확한 정보만을 활용하여 작성하여야 한다. 끝으로 취재기자들은 재난과 관련한 뒷이야기나 미담, 자신을 희생해 다른 사람을 위하여 헌신하는 재난 영웅의 이야기에 관심이 많기 때문에 이런 욕구를 충족시켜 줄 수 있는 감동적인 휴먼 스토리를 적극 발굴하는 것도 좋다.

5. 사과문과 사례 분석

효과적인 사과문을 작성하기 위하여 기존 사례를 살펴보자. 다음 [그림 10-3]은 서울시와 KT의 사과문이다. 먼저 서울시의 사과문은 위기의 책임성을 인지하며, 수용전략으로 구성되어 있다. 구체적으로 사과 및 시정 조치 메시지 전략으로 사과문이 작성되어 있어 위기 유형에 적합한 재난관리 커뮤니케이션 메시지 전략으로 평가할 수 있다. 또한 사고 발생과 사과문 게재 시점이 같은 날에 이루어져 즉각적인 대응으로 평가할 수 있다. 책임을 지는 당사자는 서울특별시장으로, 관리 책임에 대한 구체적 명시도 이루어져 있다.

[그림 10-3] 서울시와 KT의 사과문 사례

다만 시정 조치 메시지에 추상적인 내용의 문장으로 구성되어 있어 자칫 시정 조치의 의지가 드러나지 않는다고 평가될 수 있다. 이는 메시지 평가 요인인 진실성과 책임성에 다소 부정적 반응을 보일 가능성이 있다. 시정 조치 내용은 보통 사고 파악, 원인 규명, 구체적 개선 방안 등이며, 이러한 내용이 사과문에 명시될 때 조직의 책임성 및 진실성 평가가 상승할 수 있다.

KT의 경우에도 위기의 책임성을 인지하는 수용전략의 메시지로 작성되었다. 마찬가지로 사과 및 시정 조치 메시지 전략으로 사과문이 작성되어 있어 위기 유형에 적합한 재난관리 커뮤니케이션 메시지 전략으로 평가할 수 있다. 책임당사자는 KT 최고책임자의 이름이 명시되어 서울시의 사과문보다 구체적이다. 시정 조치도 서울시 사과문에 비하여 매우 구체적으로 제시되어 있다. 이러한 점에서 두 개의 사과문 중 KT의 사과문이 좀 더 적합하다는 평가를 받을 수 있다.

〈표 10-3〉은 2018년 충청남도의 전(前) 지사 관련 위기 발생 시 위기관리를 위한 기자회견에서 제시된 사과문 사례이다. 발표문은 위기의 책임성을 인지하는 수용전략으로 구성되었다. 구체적으로 사과 및 환심 사기 메시지 전략으로 사과문이 작성되어 있어 위기 유형에 적합한 커뮤니케이션 메시지 전략으로 평가된다. 또한 사고 발생과 발표문 게재 시점이 하루 단위로 이루어져 시의 적절성이 있는 즉각적인 대응으로 볼 수 있다. 문제의 책임을 지는 대상이 당시 최고책임자인 부지사 자신으로 표현되어, 관리 책임에 대한 구체적 명시도 이루어져 있다.

〈표 10-3〉 충청남도 기자회견 시의 사과문 사례

> 여기 있는 여러분들 모두 놀라셨을 것으로 생각이 듭니다. 먼저 이번 일로 인해 실망하시고 한편으로는 우리 도정을 걱정해주고 계시는 도민 여러분들께 행정부지사로서 매우 죄송스럽게 생각을 합니다. 현재 지사께서는 도정을 정상적으로 수행하시기가 어려운 상황에 있습니다. 일단 사퇴 의사를 밟으셨고 오늘 중으로 사퇴서가 도의회에 제출될 것으로 예상이 됩니다. 만약 사퇴서가 수리가 되면 지방자치법 등 관련 법령에 따라서 절차가 진행될 것입니다. 사퇴 이후에는 민선 7기 지사께서 새로 취임하는 6월 말까지 행정부지사인 제가 권한 대행 체재로 도정을 총괄해서 이끌고 가겠습니다.
>
> 그동안 우리 도정은 조직이 시스템적으로 움직여서 직원들과 함께 일을 해왔기 때문에 또 도민의 참여와 직업공무원들에 헌신의 기반을 두고 도정이 이뤄져 왔기 때문에 권한 대행 체재에서도 큰 차질 없이 운영될 것으로 믿고 있습니다. 다만 이 경우 자리가 지사가 안 계신 비상 상황인 만큼 저를 비롯해서 우리 시 국장들 우리 전 직원들 모두 큰 경각심과 도민에 대한 무거운 책임감을 가지고 더 열심히 일을 할 것을 다짐합니다. 또한 권한대행인 제가 도민들의 선출직 대표가 아닌 만큼 각종 현황에 대한 일반 도민들은 물론 각종 사회단체나 지역에 정치건 여·야를 떠나서 지역의 의견을 적극적으로 수렴해 가면서 권한대행으로서의 결정권을 행사하도록 하겠습니다. 이런 과정에서 많은 협조와 여러 언론인 여러분에 응원을 부탁드립니다. 권한대행 체재에서 민선 6기에 남은 기간 도정의 운영 방향이나 각종 현황에 구체적인 방향에 대해서는 상황별로 별도로 여러 언론인 여러분께 보고를 드리도록 하겠습니다.
>
> 이상으로 준비된 내용을 마치고 충청남도 우리 4,700여 공직자는 이러한 도지사의 직무 수행이 정상적으로 이루어지지 못하는 이런 상황에 맞춰서 여러분들께 죄송하다는 말씀을 드리면서 좀 더 열심히 일을 하겠다는 다짐의 말씀으로 마무리하겠습니다.

그러나 시정 조치에 대한 메시지가 구체적으로 드러나지 않고, 추상적인 내용의 문장으로 구성되어 있어 자칫 해결의 의지가 나타나지 않은 의미로 평가될 수 있다. 또한 피해자에 대한 사과가 아닌 추상적 대상에 대한 사과의 형태로, 책임성에 대한 논란이 있을 수 있다. 피해자에 대한 도의적인 책임 표명도 제외되어 있다.

사과문 발표 기자회견에서 이후 기자와의 질의 및 응답은 총 19회에 걸쳐 이루어졌고, 그 중 '잘 모르겠다'는 내용의 응답이 14회 발생하였다. 정확한 답을 모를 경우에는 솔직하게 말하는 최상의 대응 원칙을 지켰다고 할 수 있다.

그러나 '모르겠다'는 대답보다는 "현재 시점에서는 정확히(충분히) 파악하지 못했습니다.", "현재 파악 중에 있습니다", "그 부분에 대해서는 추후 확인하는 대로 OOO 기자님께 알려드리겠습니다" 등으로 표현하는 것이 바람직하다. 또한 "그건 파악하거나 조사한다고 해서 나오는 게 아니기 때문에 혹시 그러한 사안이 있다면 본인들이 밝혀주시기 바랍니다"라는 대답은 현실성이 떨어지고 피해자를 보호하지 않는다고 생각할 수 있는 대답이 된다. 따라서 오해의 소지가 있다. 그 구분에 대해서는 "저희도 그 부분에 대해서는 최선을 다해 조사 및 협조하겠습니다. 다만 본인이 밝히면 가장 좋겠지만, 이는 매우 어려운 일이라는 것을 잘 알고 있기 때문에 도청 내 상담센터나 상급자 또는 동료 등에게 간접적으로나마 사실을 밝혀주시기를 부탁드립니다" 정도의 답변이 더 적절하다.

제4절 재난관리와 SNS

조직이 위기 상황을 맞이하였을 때 이에 관련된 공중이나 이해관계자들은 가장 최신의 정보를 얻기 위하여 매스미디어의 정보 제공에만 의지하지 않고 뉴스 방송사의 사이트나 해당 조직의 사이트로 수도 없이 몰려든다.

위기 발생 이후 조직의 위기나 현 상황을 직시하고 대책을 논의하는 사이트가 있겠지만, 반대로 비난하거나 왜곡하는 사이트나 커뮤니티도 개설될 수 있다. 재난관리 계획 단계에서 이에 대한 최상의 준비는 그런 사이트 개설에 대하여 미리 예측하는 것이다.

예측을 통하여 얻은 결과에 따라 쟁점화되지 않도록 미리 조치한다. 또 페이지를 만든 사람이나 이슈몰이를 하는 사람과 직접 커뮤니케이션을 시도하여 되도록이면 적이 아닌 아군을 만들 수 있도록 설득한다.

구체적으로 재난 대응 및 수습 과정에서 SNS를 효율적으로 활용하기 위해서는 첫째, SNS를 지속적으로 모니터링한다. 재난이 발생하면 아직까지 대부분 방송과 신문 등 전통적인 매체를 중심으로 홍보활동을 실시하고 실시간 상호작용의 장점이 있는 SNS는 관심을 기울이지 않는 경향이 있다. 그러나 재난과 관련된 부정적인 정보나 이미지는 주로 상호작용 매체인 SNS를 통하여 급속히 확산되는 경우가 많다. 따라서 재난과 관련된 부정적인 정보와 이미지의 생산과 확산을 막기 위해서는 SNS에 대한 모니터링 활동이 반드시 필요하다. 만약 SNS 모니터링 활동을 통하여 부정적인 정보나 이미지가 생산 또는 확산되는 사례가 발견되면 커뮤니케이션 팀은 신속하게 대응하여야 한다. SNS는 초기 대응을 못하면 사회 전반에 재난 수습활동에 대한 부정적인 여론을 급속히 확산시키게 되기 때문이다.

둘째, 재난 상황과 관련된 정부 당국의 공식 입장과 정보를 신속하게 전달하여 유언비어나 잘못된 정보가 확산되는 것을 예방한다. 재난 발생에 따른 피해 현황이나 피해자 및 희생자 현황, 피해 확산 가능성 등의 정보를 실시간으로 SNS를 통하여 전달하고, SNS 이용자가 재난 상황에 대한 정보를 자발적으로 다른 사람에게 확산시키도록 유도하여야 한다. 이를 통하여 전 국민이 재난 상황에 대한 정보를 신속하게 파악하고 적극적으로 대처할 수 있는 체계를 구축할 수 있다.

셋째, SNS를 재난 수습활동에 참여할 자원봉사자 모집과 재난 피해 관련 제보 접수, 구호 물품 확보에 적극 활용한다. 조직은 SNS를 재난지역 피해 복구에 참여할 자원봉사자를 모집하고, 재난으로 인하여 피해를 당한 사람들의 피해 내용을 접수하는 통로로 사용하는 것이 좋다. 또 재난 피해자에게 필요한 구호물품을 모금하는 수단으로 활용할 수 있다.

나아가 조직은 SNS를 활용하여 누락된 피해자에 대한 제보를 받고 재난과 관련해 재난 수습과 인명구조에 나선 재난 영웅들을 발굴하는 데도 활용할 수 있다. SNS는 재난 상황에 대한 상세한 정보를 가장 신속하게 국민들에게 전달하는 매체인 만큼 신문과 방송 등 다른 전통매체들과 연동하여 재난 상황을 신속하게 알리도록 활용하여야 한다.

1. 재난관리 커뮤니케이션 도구로서의 SNS의 장점

재난이 발생할 때 일반적으로 전통적인 대중매체의 순발력은 SNS에 비하여 현저히 떨어진다. 사람들은 더 이상 신문, TV로 뉴스를 접하기보다 SNS로 직접 상황을 파악하고 정보와 의견을 공유하며, 재난 중에 난무하는 불확실한 뉴스를 신속하고 명확하게 정리해 주고 있다. 재난관리에서 SNS가 영향력을 발휘할 수 있는 요인은 다음과 같다.

첫째, 즉시성, 이동가능성과 현장성이다. 스마트폰 보급이 증가함에 따라 SNS 이용자는 언제 어디서든 손쉽게 SNS에 접근할 수 있으며, 스마트폰의 애플리케이션도 간편하고 편리하게 이용할 수 있도록 개발되었다. 재난관리에서 재난 및 사고 현장에 누구나 쉽게 접근하여 정보를 교환할 수 있다는 장점은 재난 및 사고의 현장 대응 능력을 획기적으로 높일 수 있다. 특히, 현장성은 위치정보를 기반으로 한 지리정보시스템(GIS)과 연계하여 재난관리 능력을 강화할 수 있다.

둘째, 쌍방향적이고 실시간적인 정보 교환 특성이다. 기존 대중매체는 사건 정보를 전달하는 기능은 충실히 제공하지만, 피해지역에 직접적인 도움을 요구하는 사람들에게 구체적으로 필요한 정보 전달은 어렵다. SNS는 관심 있는 사람의 참여와 도움을 직접적으로 전달하고, 쌍방향적인 의사소통이 가능함에 따라 정보를 주고받을 수 있다. 또 링크를 통하여 쉽고 간편하게 실시간으로 다른 사람에게 전달할 수 있다.

셋째, 정보 공유와 집단지성 능력이 있다. SNS는 기존 미디어와 다르게 서비스를 제공할 수 있는 기능이 다양해서 자신이 만들어 낸 콘텐츠 또는 정보를 자신이 속한 소셜 그룹에서 공유한다. 또 다른 사람이 올린 질문에 답하고, 관심 정보를 재전송한다. 정보가 커뮤니티를 통하여 개방적이며, 지속적으로 축적되고 발전됨으로써 거대한 집단지성이 만들어진다.

SNS를 이용한 재난관리 활용 방안을 제시하면, 먼저 재난 및 재난관리 관련 정보의 제공이다. 조직은 정부 및 관련 기관과 합의된 재난관리 요령 및 지침에 대한 많은 정보를 전달할 수 있다. 안전은 안전하여야 할 당사자가 안전활동에 참여하고 활동하여야 재난관리의 효율성이 증대될 수 있다. 공중 스스로가 안전의식을 갖도록 유도하고 생활에서의 위험 요소를 스스로 인지하여야 한다. 그리고, SNS는 비상경보 및 경고 수단으로 매우 효과적이다. 특히 개인별 위치정보를 기반으로 특정 지역에 위기가 발생할 경우 지역에 위치한 대상자를 구별하여 긴급한 경고 메시지를 반복적으로 보낼 수 있다.

넷째, 위험과 사고 정보 수집 도구로 활용 가능하다. SNS는 재난 및 사고 피해 상황의 정확한 인식을 위한 정보 제공에 활용할 수 있다. 스마트폰은 이동가능성은 물론 재난이 발생하였을 때 개인의 위치와 사고의 위치정보를 포함한 상황 정보를 정확하게 실시간으로 제공할 수 있다. 정확한 정보를 기반으로 할 때 정확한 대응이 가능하다. 마지막으로 긴급구조 및 대응을 위한 비상 커뮤니케이션 도구로 활용 가능하다. 통신시설이 파괴되는 상황이 아닌 이상 SNS를 이용한 재난신고 접수와 피해지역의 긴급 구조 및 지원 수단으로 활용할 수 있다.

최근 자연재해, 범죄, 환경오염 등 재난이 점차 대형화되면서 우리의 안전은 더욱 위험에 노출되어 있는 것이 현실이다. 그렇기 때문에 위험을 조기에 발견하고 피해를 최소화할 수 있는 스마트 안전 서비스가 더욱 요구되고 있다. SNS는 이미 여러 재난 상황에서 큰 위력을 발휘하였고, 다양한 분야에서 적용 가능성을 보여주고 있다. 그러나 SNS는 부정확한 정보 및 루머의 유포와 확산, 정보의 과부하 때문에 위기 상황에서 초기 대응을 어렵게 할 소지도 없지 않다. 이를 고려하여 조직이 균형 있는 접근을 시도할 때, 재난관리를 위한 SNS의 전방위적인 능력을 보여줄 것이다.

2. SNS의 단계별 프로그램과 접근 방법

재난 상황에서 SNS를 활용하기 위해서는 다음의 원칙을 기억하는 것이 필요하다.

- SNS에 대한 이해도를 높이고, 그곳의 움직임을 늘 주시하라.
- 온라인 위기대응팀을 마련하고, 대응 프로세스를 사전에 확립하라.
- 온라인 불평 글의 파장을 가늠하고, 책임 수용 여부에 따라 대응 방향을 결정하라.
- 재난 상황에서 자사 웹사이트와 인트라넷 및 SNS 채널을 적극 활용하라.
- 지속적인 온라인 미디어 커뮤니케이션으로 긍정적인 콘텐츠를 최적화하라.

조직에서 SNS를 활용하여 재난에 대비하기 위해서는 다음 세 가지 프로그램을 구축하고 운영하는 것이 필요하다.

① 이슈 관리 프로세스: 재난 상황이 발생하면 긴급 상황 내용을 파악하고, 빠른 대응이 가능한 조직의 대응 계획을 사전에 개발하여야 한다. 특히, 요즘의 위기 상황은 SNS를 기반으로 증폭되는 경우가 많으므로 이슈 관리 전체 프로세스에 SNS 대응 전략, 전술 및 절차 등의 내용이 포함되어야 한다.

② 재난관리 커뮤니케이션 위원회: 재난관리 커뮤니케이션 위원회는 온라인과 오프라인의 다양한 유형 및 상황별로 연관된 모든 사내외 이해관계자를 아울러야 한다. 물론 재난의 심각성 및 책임성에 따라 참여자는 달라질 수 있으나, 위원회 멤버로 고려할 수 있는 주요 부서는 법률, 마케팅, 고객 서비스, 조직 커뮤니케이션, 인사 등이며, 이들을 통하여 대응 방향, 절차 및 이해관계자 별 메시지를 개발하고, 확정하여야 한다.

③ 온라인 대응 트레이닝: 재난관리 커뮤니케이션 계획에 SNS 채널 대응 절차 및 내용을 포함하고, 제대로 작동되는지 확인이 필요하다. 실제 위기 상황으로 발전할 수 있는 잠재 이슈 시나리오를 개발하고, 재난관리 커뮤니케이션 위원회 구성원이 부여된 역할 및 책임 기반 기능이 수행되는지 여부를 체크한다. 또한 더 나은 방향을 제시하기 위하여 수시로 개선하여야 한다.

온라인 위기 대응 트레이닝의 단계별 프로세스는 다음과 같다.

① 1단계. 사전조사: 조직이 보유한 기존 이슈 관리 및 대응 프로세스를 분석하고 이해하는 것을 목적으로 한다. 사전 조사를 통하여 조직 내부 재난관리 자료, 대응 계획서, 공중 대응 정책 및 프로세스를 검토하고, SNS의 대화를 위한 공간상의 조직 및 조직의 브랜드 존재감, 댓글, 토론, 톤·매너 등을 분석한다.

② 2단계. 시나리오 기획 및 채널 구축: 사전 조사를 통하여 전반적인 시나리오 내용을 개발하고, 시간대별로 재난관리위원회 멤버들이 실제 위기 상황으로 느낄 수 있도록 현실적인 문구와 SNS 채널별 코멘트를 개발한다. 또한, 현재 기업이 운영하는 SNS 채널과 안티 카페 등 주요 온라인 채널을 실제와 동일하게 디자인하고 구축한다.

③ 3단계. 트레이닝: 시뮬레이션은 시간대별 상황 과제가 부여되면서 실시간으로 진행되며, 재난관리 커뮤니케이션 위원회는 실제 온라인에서 발생되고 진행될 수 있는 시나리오에 근거하여 개발된 재난 상황 과제를 해결하는 과정 속에서 SNS 기반 온라인 위기만의 특성을 경험하게 된다.

④ 4단계. 활동 평가 및 제안: 트레이닝을 마치면, 평가 리포트를 제공한다. 주요 리포트 내용은 시뮬레이션 대응(톤, 메시지, 대응 속도)에 대한 코멘트, 향후 개선이 필요한 부분에 대한 제안, 위기 대응 시 전술적 고려 사항 등을 포함한다.

재난이 실제 발생하였을 때에는 SNS의 재난관리 커뮤니케이션 검토와 평가 그리고 대응의 단계를 알기 쉽게 설명하면 다음 [그림 10-4]와 같다.

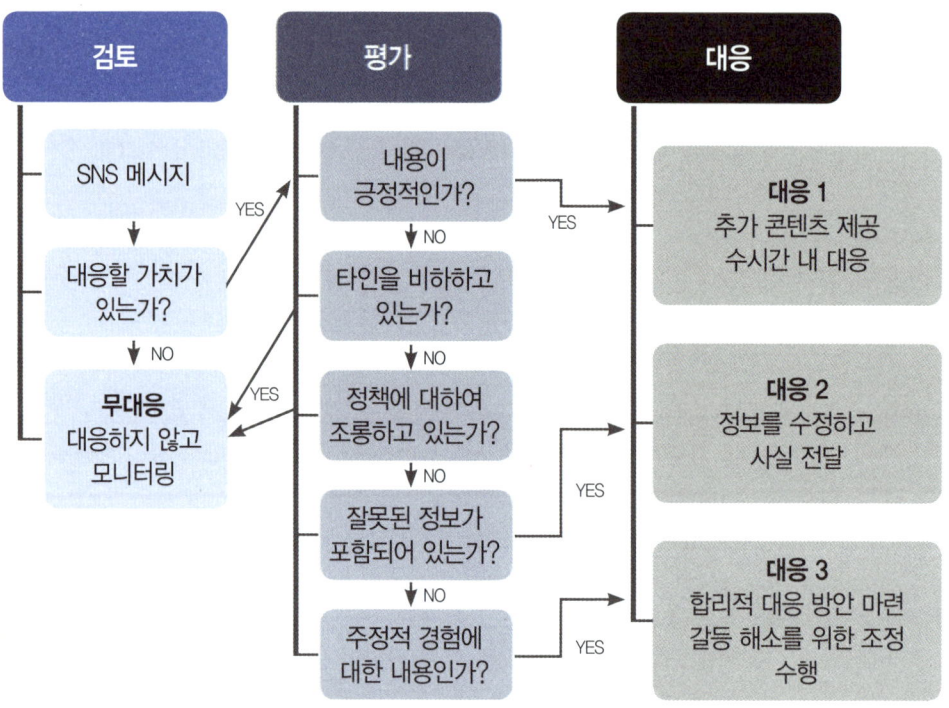

[그림 10-4] SNS 커뮤니케이션 검토, 평가, 대응 과정

재난안전산업의 현재와 미래

제1절 재난안전산업의 현황

1. 재난안전산업의 성장 배경

세계경제포럼(WEF, 일명 다보스 포럼)에서 공개한 「세계 위험 보고서 2019(the Global Risks Report 2019)」에서 2019년 발생 가능성이 가장 큰 위험 요인 다섯 가지로 극한의 기상이변, 기후 변화 완화 및 적응 실패, 대규모 자연재해, 데이터 사기 및 절도, 사이버 공격이 지목되었다. 발생 가능성이 가장 큰 위험 요인 다섯 가지 중 환경문제가 세 가지를 차지하였고, 극한의 기상이변 문제는 3년 연속으로 1위를 기록하였다. 또한 발생 시 파급 효과가 가장 큰 5대 위험 요인으로는 대량 살상무기, 기후 변화 완화 및 적응 실패, 대규모 자연재해, 수자원 위기, 대규모 자연재해가 꼽혔다.

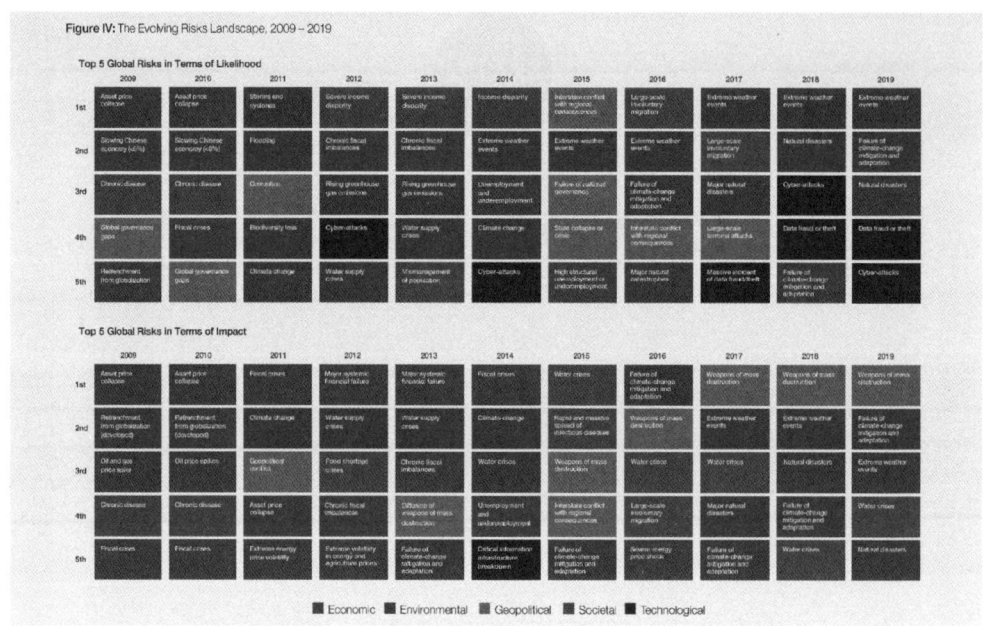

[그림 11-1] 2009~2019 글로벌 리스크 위험 요인 순위

이와 관련하여 통계청이 발표한 전반적인 사회 안전에 대한 인식도 조사 결과를 보면, 안전하다고 답한 것에 비하여 안전하지 않다고 응답한 인구가 높아, 불안감이 높다는 것을 알 수 있다.[1]

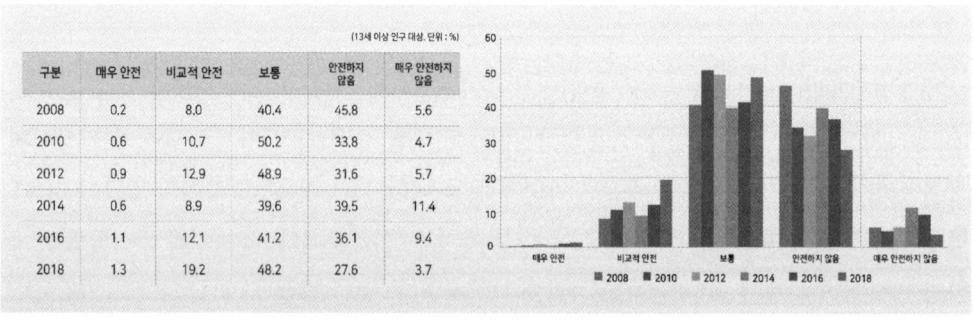

[그림 11-2] 전반적인 사회 안전에 대한 인식도

---

1) 통계청, KOSIS 국가통계포털(http://kosis.kr/).

사회 안전에 대한 불안감은 안전산업 시장의 성장에도 반영된다. 세계의 안전산업 시장은 가파른 성장세를 보이고 있으며, 산업연구원은 「안전산업의 경쟁력 평가와 과제」(2017)에서 세계 안전산업 시장의 규모는 2013년 기준 2천 809억 달러(약 319조 원)에서 연평균 6.7%의 성장세로 2023년 5천 300억 달러(약 603조 원)에 이를 것으로 예측하였다.

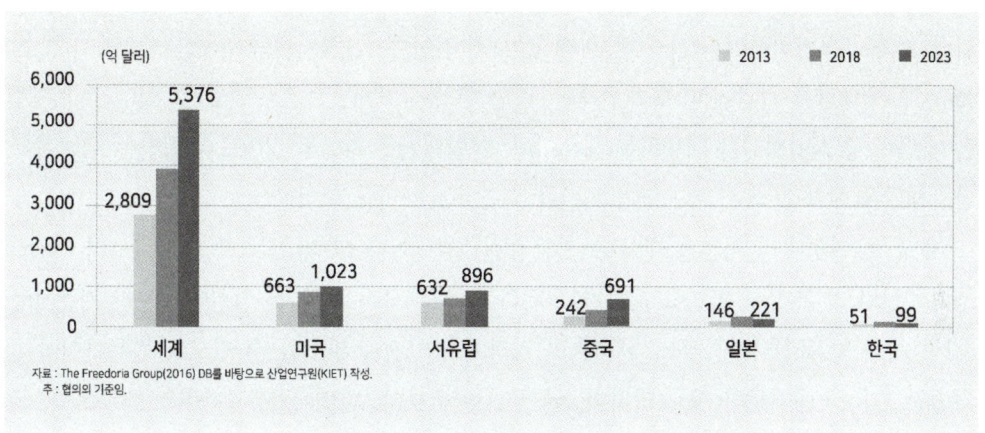

[그림 11-3] 세계 안전산업 시장 규모 추이

국내의 재난안전산업 또한 지속적 성장이 예상된다. 2017년 기준 재난안전산업 매출 규모는 41조 8,537억 원으로 42조 원에 육박한다는 집계가 나왔다. 관련 통계가 처음 작성되어 유일하게 비교 가능한 2016년(2015년 기준 · 36조 5,620억 원)에 비하여 14.5%(5조 2,917억 원) 증가한 수치이다. 그러나 문제는 전체 사업체 중 1.4%만이 수출 경험이 있는 것으로 내수시장에 치중되어 있으며,[2] 안전산업 대부분(82%)이 소방 · 방재, 시설물 유지 · 보수 등 정부나 공공 부문에서 발주하는 사업이라는 점이다.[3] 방재 · 안전 분야의 산업적인 확장을 위하여 국가적 차원에서의 지원과 함께 향후 국가 주도의 산업에서 민간 주도의 산업으로 흐름이 바뀌어야 한다.

---

[2] 2018년 재난안전산업 실태조사 결과보고서, 행정안전부.
[3] 방재산업 육성 · 활성화로 방재선진화 유도해야, 한국건설신문. 2015.06.25.

2. 재난안전산업의 의의

「재난 및 안전관리 기본법」의 제3조에 따르면 '재난'이란 "국민의 생명·신체·재산과 국가에 피해를 주거나 줄 수 있는 것"을 뜻하며, 자연재난과 사회재난으로 구분되어 있다. 자연재난은 기상 현상, 지각 변동, 천체·우주활동과 같은 자연적인 요소에 의하여 발생되는 재해이며, 사회재난은 기술적인 실수나 관리 부주의 등 인위적 요소에 의하여 발생되거나, 그 파급 효과가 광범위하여 국가 기반 체계 등 사회 전반에 미치는 재난이다(한국방재학회, 2012: 496). 또한 재난은 범위에 따라 개인재난, 기업재난, 국가재난으로 구분할 수 있다. 개인재난은 개인의 생명과 재산을 위협하는 재해이며, 기업재난은 기업의 경영을 위협하는 재해이고, 국가재난은 대형 인적 사고나 국가 기반을 위협하는 재난을 의미한다.

「재난 및 안전관리 기본법」에서 '안전관리'란 "재난이나 그 밖의 각종 사고로부터 사람의 생명·신체 및 재산의 안전을 확보하기 위하여 하는 모든 활동"을 말한다. '안전 기준'이란 "각종 시설 및 물질 등의 제작, 유지관리 과정에서 안전을 확보할 수 있도록 적용하여야 할 기술적 기준을 체계화한 것을 말하며, 안전 기준의 분야, 범위 등에 관하여는 대통령령으로 정한다."라고 정의되어 있다. 즉, 안전산업은 위에서 정의된 내용을 최종 목표로 하는 제조업, 서비스업을 모두 포함한다고 볼 수 있다(국립재난안전연구원, 2014: 16).

재난안전산업은 재난안전산업 특수 분류에 따라 정의되며, 산업 특수 분류 중 국내 19번째로 등록되었다(2015.12.30). 재난안전산업은 그동안 업종 겸업, 유형의 혼재 등으로 시장 현황분석에 어려움이 있었으나, 산업 분류 제정으로 독자적인 현황 파악 등 통계조사 관리가 가능하게 되었고, 아울러 시장 규모, 종사자 수 등 재난안전 산업 현황에 대한 기초통계 확보를 통하여 실효성 있는 정책 수립과 미래전략 산업을 발굴하여 재난안전산업을 육성할 수 있는 기반을 마련하게 되었다.[4] 이와 관련하여 재난안전산업 실태조사는 2015년 기준으로 2016년도에 처음 실시하였으며, 2018년에는 과거 업종별로 분류하던 특수 분류 체계를 재난관리 체계별로 개편하여 새롭게 조사를 실시하였다.[5]

---

[4] 국민안전처, 재난안전산업을 특수 분류로 제정하여 통계청에 등록, SafeKoreaNews(http://www.safekorea-news.com/), 2016.01.14

[5] 행정안전부(https://www.mois.go.kr/)

3. 재난안전산업의 범위 및 분류

'재난안전산업 특수 분류'에 따라 안전용품 제조업, 안전용 기기 및 장비 제조업, 안전용 운송장비 제조업, 안전시설 건설·설계·감리업, 안전 관련 제품 도소매업, 안전시스템 개발 및 관리업, 안전관리 서비스업 등으로 구분되어 있다.

〈표 11-1〉 재난안전산업 특수 분류

대분류	중분류	소분류
자연재난 예방산업	풍수해 관련 자연재난 예방산업	풍수해 예방 제품 제조업
		풍수해 예방 제품 판매업
		풍수해 예방 제품 수리업
		풍수해 예방 시설 공사업
		풍수해 예방 시설 설계·감리 및 안전 진단업
	지진 및 화산활동 관련 자연재난 예방산업	지진 및 화산 피해 예방 기기 제조업
		지진 및 화산 피해 예방 기기 판매업
		지진 및 화산 피해 예방 기기 수리업
		지진 및 화산 피해 예방 시설 보강 공사업
		지진 및 화산 피해 예방 시설 설계·감리 및 안전 진단업
	기타 자연재난 예방산업 (황사, 대설, 폭염 등)	황사 예방 장비 제조업
		황사 예방 장비 판매업
		대설 피해 예방 제품 제조업
		대설 피해 예방 제품 판매업
		대설 피해 예방 서비스업
		그 외 자연재난 예방 장비 제조업
		그 외 자연재난 예방 장비 판매업
		기타 자연재난 예방 장비 수리업(황사 및 대설 예방 장비 포함)
		기타 자연재난 예방 관련 서비스업(대설 피해 예방 서비스업 제외)
사회재난 예방산업	화재 및 폭발·붕괴 관련 사회재난 예방산업	화재 및 폭발 관련 예방 제품 제조업
		화재 및 폭발 관련 예방 제품 판매업
		화재 및 폭발 관련 예방 제품 수리업
		소방 안전시설 공사업
		소방 안전시설 설계·감리 및 안전 진단업

사회재난 예방산업	교통사고 관련 사회재난 예방산업	교통사고 예방 제품 제조업
		교통사고 예방 제품 판매업
		교통사고 예방 제품 수리업
		교통사고 예방시설 공사업
		교통사고 예방 시설 설계 · 감리 및 안전 진단업
	감염병, 화생방, 환경오염 관련 사회재난 예방산업	감염병, 화생방, 환경오염 사고 방지용 피복 제조업
		감염병, 화생방, 환경오염 사고 방지용 피복 판매업
		감염병, 화생방, 환경오염 사고 방지용 기타 제품 제조업(피복 제외)
		감염병, 화생방, 환경오염 사고 방지용 기타 제품 판매업(피복 제외)
	기타 안전사고 관련 예방산업 (산업재해, 범죄, 보안 등)	산업재해 및 기타 안전사고 대비용 피복 제조업
		산업재해 및 기타 안전사고 대비용 피복 판매업
		산업재해 및 기타 안전사고 대비용 기타 제품 제조업(피복 제외)
		산업재해 및 기타 안전사고 대비용 기타 제품 판매업(피복 제외)
		산업재해 및 기타 안전사고 대비 기기 수리업
		산업재해 및 기타 안전사고 대비 시설 공사업
		산업재해 및 기타 안전사고 대비 시설 관련 설계 · 감리 및 안전 진단업
재난대응 산업	재난 상황관리 관련 산업	재난 상황관리용 통신 · 방송 장비 제조업
		재난 상황관리용 통신 · 방송 장비 판매업
		재난 상황관리용 통신 · 방송 장비 수리업
		재난 상황관리용 통신 · 기계설비 및 관리시설 공사업
		재난 상황관리용 통신 · 기계설비 및 관리시설 설계 · 감리 및 안전 진단업
	재난지역 수색 및 구조 · 구급 지원산업	재난지역 수색, 구조 · 구급 지원 관련 제품 제조업(운송 및 물품 취급 장비 제외)
		재난지역 수색, 구조 · 구급 지원 관련 제품 판매업(운송 및 물품 취급 장비 제외)
		재난지역 수색, 구조 · 구급 지원 관련 제품 수리업(운송 및 물품 취급 장비 제외)
		구급용 자동차 제조업
		구난용 기타 운송 및 물품 취급장비 제조업
		구난용 자동차, 기타 운송 및 물품 취급장비 판매업
		구난용 자동차, 기타 운송 및 물품 취급장비 수리업
		구난용 운송 관련 서비스업
	재난 대응 의료 및 방역 관련 산업	재난대응 의료 및 방역 관련 제품 제조업
		재난대응 의료 및 방역 관련 제품 판매업
		재난대응 의료 및 방역 서비스업

재난복구 산업	시설 피해 복구산업	시설 피해 복구 공사업
		비상전력 생산용 기기 및 장치 제조업
		비상전력 생산용 기기 및 장치 수리업
	재난 현장 환경 정비산업	재난 현장 폐기물 수집 및 운반업
		재난 현장 청소업
기타 재난 관련 서비스업	재난 관련 시스템 개발 및 관리업	재난안전관리 프로그래밍 및 응용 소프트웨어 개발·공급업
		재난안전관리 시스템 구축 및 관리업
		재해감시 시스템 서비스업
	재난 관련 안전시설 관리, 위험물품 보관 및 경비·경호업	안전시설관리 서비스업
		위험물품 보관 서비스업
		경비 및 경호 서비스업(재해감시 시스템 제외)
	재해보험 서비스업	재해보험 서비스업
	재난 관련 교육·상담·컨설팅업	재난 관련 교육업
		재난 관련 심리상담 서비스업
		재난관리 컨설팅 서비스업(환경 관련 컨설팅 제외)

4. 재난안전산업의 현황

우리나라의 재난안전산업은 「재난 및 안전관리 기본법」을 추진 근거로 하고 있으며, 행정안전부는 국정 운영의 중추부처이자 재난안전 총괄부처로 국무회의 운영, 법령·조약의 공포, 정부조직과 정원, 정부혁신, 전자정부, 개인정보 보호, 지방자치 지원행정의 종합, 지방자치단체 간 분쟁 조정, 지방자치제도의 총괄, 선거·국민투표의 지원, 지방재정정책의 총괄 및 조정, 안전관리 및 재난에 관한 정책의 기획·총괄·조정, 비상대비, 민방위, 국가의 행정사무로서 다른 중앙행정기관의 소관에 속하지 아니하는 사무 등을 관장하는 중앙행정기관이다.[6] 재난안전 관리 체계로는 재난안전대책본부를 운영하고 있으며, 국가위기관리 종합체계도와 재난안전대책본부의 조직도는 다음 [그림 12-4], [그림 11-5]와 같다(서울시설공단 안전관리처, 2019: 18-21).

---

6) 행정안전부(https://www.mois.go.kr/).

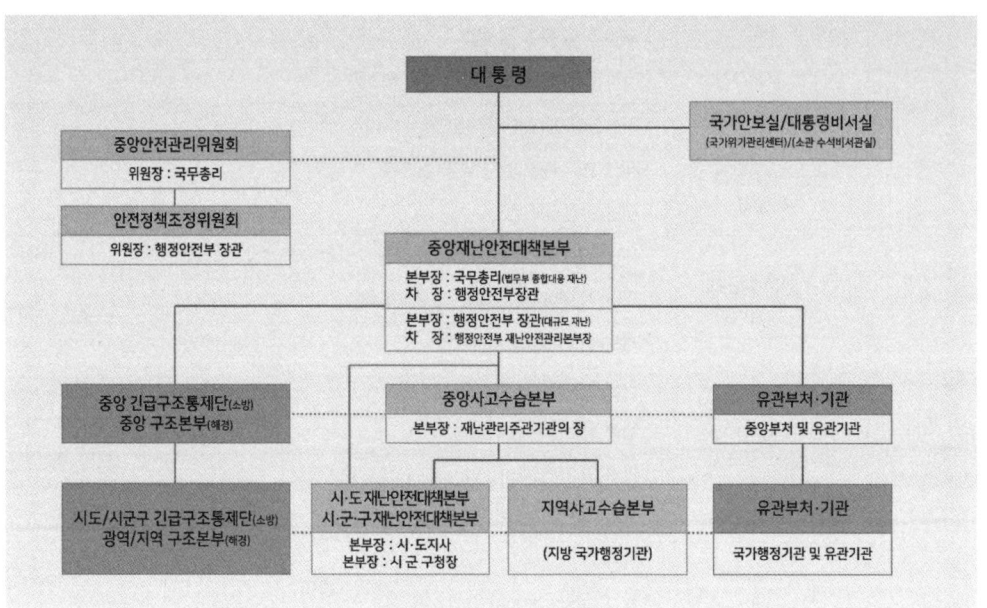

[그림 11-4] 국가위기관리 종합 체계도

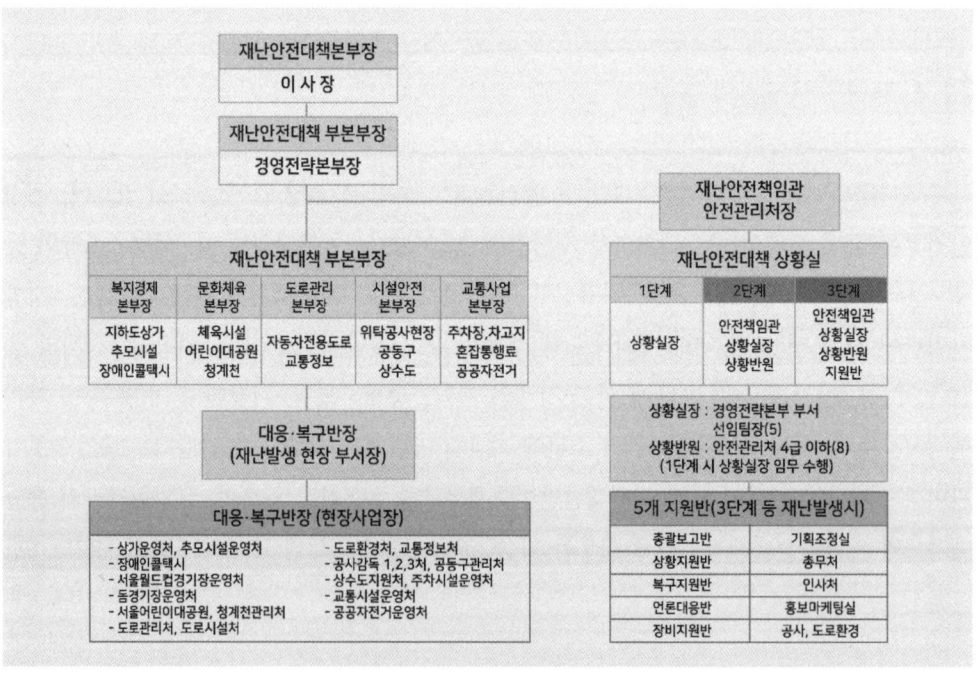

[그림 11-5] 재난안전대책본부 조직도

2018년에 보고된 행정안전부 재난안전산업 실태조사 결과에 따르면, 재난안전산업 분야의 종사자 수는 총 374,166명으로 그중 남성이 246,102명, 여성이 128,064명이다. 주요 업종별로는 재난대응산업이 140,918명(37.7%)로 가장 많고, 다음으로는 사회재난 예방산업(87,753명, 23.5%), 기타 재난 관련 서비스업(69,999명, 18.7%), 재난복구산업(39,015명, 10.4%), 자연재난 예방산업(36,482명, 9.8%)이다.

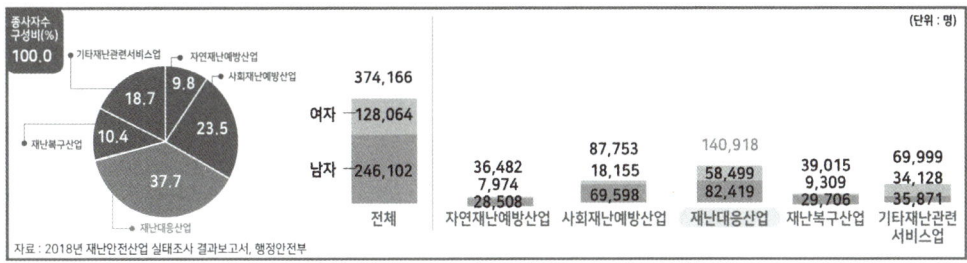

[그림 11-6] 재난안전산업 종사자 현황

재난안전산업 사업체는 총 59,251개 사이며, 주요 업종별로는 재난대응산업이 18,186개 사(30.7%)로 가장 많다. 다음으로는 사회재난 예방산업(17,510개사, 29.6%), 기타 재난 관련 서비스업(9,222개사, 15.6%), 자연재난 예방산업(7,990개사, 13.5%), 재난복구산업(6,343개사, 10.7%)이다.

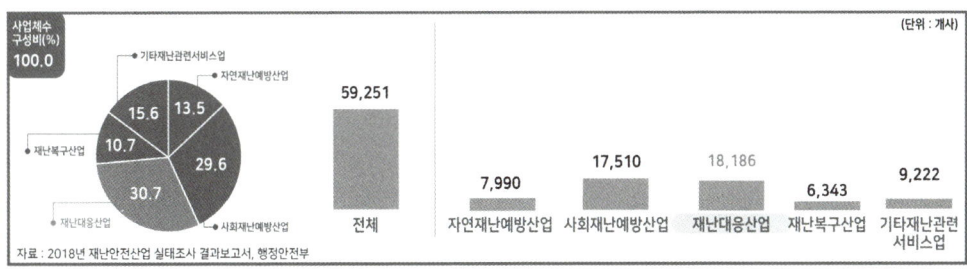

[그림 11-7] 재난안전산업 사업체 현황

재난안전산업 매출 현황을 보면, 매출 총액은 41조 8,537억 원이며, 주요 업종별로는 재난대응산업이 12조 8,062억 원(30.6%)으로 가장 많다. 다음으로는 사회재난 예방산업(116,700억 원, 27.9%), 기타 재난 관련 서비스업(74,319억 원, 17.8%), 자연재난 예방산업(56,460억 원, 13.5%), 재난복구산업(42,996억 원, 10.3%)이다.

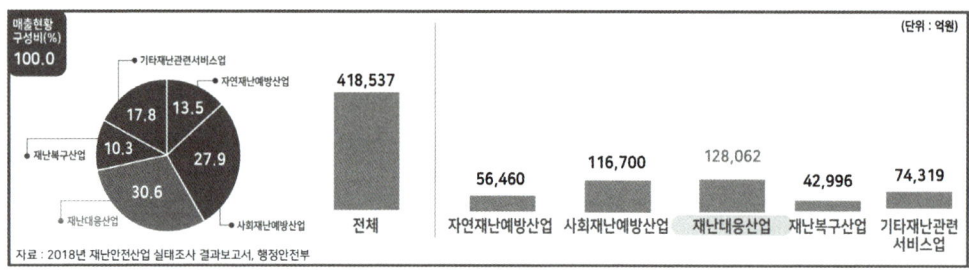

[그림 11-8] 재난안전산업 매출 현황

재난안전산업 수출 현황을 보면, 수출 총액은 1조 1,457억 원이며, 전체 사업체 중 해외 수출 경험이 있다고 답한 비율은 1.4%이다. 주요 업종별로는 사회재난 예방산업이 수출액 9,911억 원(86.5%), 수출 비율은 3.0%로 가장 많다. 다음으로는 재난대응산업(1,024억 원, 8.9%, 수출 비율 1.2%), 자연재난 예방산업(438억 원, 3.8%, 수출 비율 1.1%), 재난복구산업(81억 원, 0.7%, 수출 비율 0.3%), 기타 재난 관련 서비스업(3억 원, 0%, 수출 비율 0%)이다.

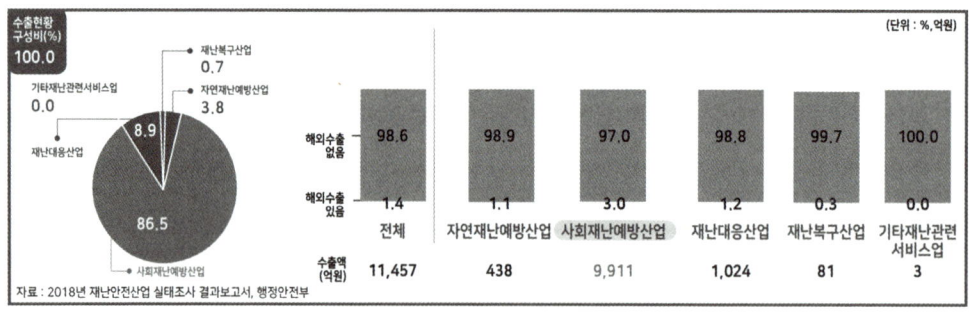

[그림 11-9] 재난안전산업 수출 현황

5. 재난안전산업의 트렌드

한국정보화진흥원에서는 한국 사회의 15대 메가트렌드(megatrend)를 사회적, 기술적, 경제적, 환경적, 정치적 분야로 분류하여 선정한 바 있다. 각 메가트렌드의 분류 및 주요 내용은 [그림 11-10]과 같다(산업통상자원부, 2018: 11-14).

분야	메가트랜드	내용
Social 사회적	인구구조의 변화	세계인구 증가, 국가별·지역별 인구증가/정체/감소가 각각 진행, 저출산·고령화 문제 등
	양극화	국가 간/기업 간 고용구조 양극화, 경제적 양극화에 따른 교육기회의 차별화, 취약계층에 대한 사회책임 문제 등
	네트워크 사회	사이버 공동체 활성화, 영도국가에서 네트워크 국가로 전환, 정보 독점 및 정보의 평준화 등
Technological 기술적	가상지능 공간	사이버 공간과 물리적 공간 간 상호작용 증대, 증강현실, 실감형 컨텐츠 등
	기술의 융복합화	기술·산업 간 융복합화, 전통산업과 신기술의 융합 등
	로봇	휴머노이드 로봇, 군사용 로봇, 나노로봇, 정서로봇 등
Economic 경제적	웰빙/감성/복지경제	고령화·글로벌화에 따른 삶의 질 중시, 신종 질병/전염병 증가에 따른 건강문제 대두 등
	지식기반 경제	경제의 소프트화 현상 심화, 정보·서비스 컨텐츠 등 무형자산 시대 도래, 지식경영 확산, 디지털중심의 산업재편 등
	글로벌 인재 부상	글로벌화에 따른 멀티플레이형 인재, 지식경쟁력 부상 창의력과 감성의 부각 등
Ecological 환경적	기후변화 및 환경오염	온난화로 인한 기상이별 속출로 자연재해 예측 및 관리 노력 증대 CO_2 배출규제 강화
	에너지 위기	화석에너지 및 자원고갈 심화, 지속가능한 에너지 체제로의 전환, 대체에너지 개발 등
	기술 발전에 따른 부작용	인간·윤리문제와 기술의 출동, 기술 패권주의, 개인정보 보호 및 불건전정보의 부작용 문제 등
Political 정치적	글로벌화	이동성 증가, 인력 및 자본 이동, 국제공조 확산, 다문화 및 이중문화 등
	안전성 요구 증대	신종 질병 및 전염병 확산, 핵 확산, 대량살상무기 확산, 경비산업 성장 등
	남북갈등 또는 협력	북한의 핵무장에 따른 주변 강대국들과의 갈등 고조, 새로운 협력 구상

[그림 11-10] 우리나라의 15대 메가트렌드 및 주요 내용

위와 관련하여 국제무역연구원에서는 2019년 주목하여야 할 5대 신산업으로 사이버 보안, 스마트 헬스케어(smart healthcare) 에너지 신산업, 친환경 신소재, 커넥티드카(connected car)를 선정하고 산업별 시장 트렌드와 대응전략을 다음과 같이 제시하였다.[7]

이와 관련하여 재난안전산업도 트렌드에 맞추어 변화하고 있다.

---

[7] 2019년 주목하여야 할 5대 신산업, Institute for International Trade, 2019년 10호, 한국무역협회 국제무역연구원, 2019.02.

〈표 11-2〉 2019년 주목하여야 할 5대 신산업의 트렌드와 대응전략

신산업	트렌드	대응전략
사이버 보안	① 개인 식별이 가능한 모든 정보가 개인정보이다. ② 보편화되는 생체 인증, 인체가 곧 열쇠이다. ③ 보안기술이자 리스크, 블록체인에서 두 얼굴의 기회가 나타나다.	- 예방 중심의 개인정보 보호 원칙 수립 및 관련 정책 모니터링 - 생체 인증 수요 발굴 및 FIDO 표준 준수 개발 - 블록체인 선택적 도입 및 관련 보안 위협 지속적 검토
스마트 헬스케어	① 스마트 헬스기기의 전문화·고급화가 시작되다. ② 스마트 헬스기기, 인체의 모든 부분으로 진출하다. ③ 내 손안에서 내 건강을 확인한다.	- 경쟁과 협력을 통한 파트너십 전략 - 예방 진단 사업 기회 포착
에너지 신산업	① 전기를 모아 사고판다: 소규모 '전력 중개'시장 본격 가동 ② 블록체인 기술로 에너지를 신속하고 안전하게 주고받는다. ③ '소비 절약'에서 '수급 최적화'로: 홈에너지 관리 시스템의 진화	- IoE 네트워크 호환·범용성 및 데이터 보안성 강화 - 스마트그리드, 블록체인 국제표준 동향 점검 및 참여 - 솔루션·플랫폼 분야로 에너지 서비스 사업 영역 확장
친환경 신소재	① 폐플라스틱의 대안, 생분해 플라스틱이 각광받다. ② 경량 소재로 에너지 절감을 실천하다. ③ 폐기물이 신소재로 탈바꿈하다: 업사이클(upcycle) 산업 본격화	- 소재 포트폴리오 확장, 이종 소재 기업과의 제휴로 제품의 친환경화 - 폐기물의 부가가치화 - 전사적 환경경영 실천
커넥티드카	① 안전제일, 연결의 속도가 중요해진다. ② 내 차가 집사 기능을 한다: 말이 통하는 '홈커넥티드카' 주목 ③ 배달하는 자율주행 커넥티드카: 직접 소비자를 만나다.	- 대중소기업, 이종산업 간 협력을 통한 융합제품, 서비스의 선제적인 개발과 사업화 - 주요국의 법제도 및 통신 인프라 구축 동향 파악 - 특허 등록 등 지재권 보호의 유념

1) ICT 방재

ICT 기술을 활용한 방재로 리빙랩 개념의 사회문제 해결을 중심으로 하는 재난안전산업이 있다.

리빙랩(Living Lab)은 '살아 있는 실험실' 또는 '일상생활 실험실', '우리 마을 실험실', '사용자 참여형 혁신공간' 등으로 다양하게 정의된다. 양로원, 학교, 도시 등 특정 공간 및 지역을 기반으로 공공연구 부문, 민간기업, 시민사회가 협력하여 혁신활동을 수행하는 일종의 '혁신 플랫폼'이라고 할 수 있다(Pallot, 2009; 성지은·박인용, 2016: 5).

리빙랩은 사용자를 연구혁신 활동의 객체가 아닌 주체로 보고 있으며, 폐쇄된 실험실에서 벗어나 실제 생활 현장에서의 실험·실증을 강조한다. 이에 따라 리빙랩 활동은 사용자의 경험과 통찰력이 중요한 에너지, 주거, 교통, 교육, 건강 등 일상생활 분야와 밀접하게 이루어

지고 있다. 실제 사용자가 주도하고 생활 현장을 기반으로 하는 실험·학습을 통하여 기존 지역 개발 및 혁신활동의 한계 극복을 기대할 수 있다(성지은·한규영·정서화, 2016: 71-72).

- ICT 방재 사례

사이드워크 랩(Sidewalk Labs)의 스마트시티 마스터플랜(Master Innovation and Development Plan: MIDP)

ICT, 빅데이터 기술로 도시자원을 활용함으로써 도시문제를 해결하고 삶의 질을 개선하고 마이데이터(Mydata)를 활용, 도로(차도, 인도, 연석)를 동적으로 제공하는 다이내믹 커브(Dynamic curb) 등이 있다.

[그림 11-11] 사이드워크 랩의 스마트시티 마스터플랜

2) 방재 디자인

방재 디자인(disaster prevention design)은 "재난(재해)에 의한 인간의 생명과 재산을 보호하고 피해를 최소화하기 위한 디자인으로, 여러 형태의 재난을 미연에 방지하거나 재난이 발생하였을 때 디자인을 통하여 피해를 최소화하고 재난 복구를 신속 원활하게 하는 디자인"이다. 방재 디자인은 자연재해를 비롯한 불확실성, 상호작용성, 복잡성, 누적성에 의한 인적재해의 증가와 빈부격차와 고령화 사회로 인한 사회적 안전 약자의 증가, 안전에 대한 소비자의 욕구 증가, 시설 중심 방재에서 인간 중심 방재로의 전환, 복구보다는 예방 중심의 방재, 육체적 치료뿐만 아니라 정신적 치유 과정이 중요시되는 사회적 변화에 효과적으로 대처

하기 위하여서 필요하다. 주체에 따라 개인 방재 디자인(private disaster prevention design), 기업 방재 디자인(coperate disaster prevention design), 국가 방재 디자인(nation disaster prevention design)으로 나눌 수 있고, 재난의 대응에 따라 경감, 예방 디자인(mitigation, prevention design), 대비 디자인(preporedness design), 대응 디자인(response design), 복구 디자인(recovery design)으로 나눌 수 있으며, 방재 디자인의 전략으로는 예방 중심전략, 인간 중심전략, 감성 중심전략, 법제화 전략, 환경친화 전략의 다섯 가지가 있다(Hwang-Woo Noh et al., 2014: 57-59).

• 방재 디자인 사례

방재 디자인 제품으로 에어 가방을 가변식으로 제작하여 펼쳤을 때 에어 매트리스 형태로 만들 수 있어 재난 발생 시 바닥에 깔 수 있는 매트리스 역할과 수상 재난 시 부력을 얻을 수 있는 두 가지의 기능을 한다.

[그림 11-12] 가변식 에어매트리스 디자인

3) 범죄예방 디자인

범죄 예방 디자인(Crime Prevention Through Environment Design: CPTED)은 1970년대 초에 등장한 개념으로 범죄자, 범죄에 노출될 가능성이 높은 대상자(피해자), 범죄를 유발하는 환경과 같은 요소가 조성될 때 범죄가 발생할 가능성이 높다는 견해이다. 이에 따라 범죄가 발생할 수 있는 환경에 방어공간의 특성을 강화하고 이를 적극적으로 수행하기 위한 사회적·

제도적 지원으로 확장하는 종합적인 범죄 예방 대책이다(이상원, 2015: 347-348). 'CPTED'라는 용어는 미국 플로리다주립대학교의 범죄학 교수인 제프리(C. Ray Jeffery)가 저서 『환경디자인을 통한 범죄 예방(Crime Prevention Through Environment Design)』(1971)을 출판하면서 사용되기 시작하였다.

• 범죄 예방 디자인 사례

마포구 염리동은 재개발사업이 지연되면서 주민들의 범죄 불안감이 증가하고 있는 대표적인 지역인데, 소금길이라는 마을 브랜드를 정립하고 주민들이 불안해하는 공간을 중심으로 운동과 산책을 하면서 공간을 활성화시킬 수 있는 소금길(약1.7km)을 지정하고 곳곳에 운동시설과 운동 안내표지판을 설치하였으며, IP카메라(CCTV)와 함께 시인성(視認性, visibility)을 높인 명료한 CCTV 안내표지판 설치, 안전지도 및 방범용 LED번호 표시등이 설치된 69개의 안전가로등 지정, 긴급 상황 시 도움을 요청할 수 있는 6개의 지킴이 집(안심주택) 지정, 그리고 주민들이 함께 참여한 벽면 도색 작업을 진행하였다.[8]

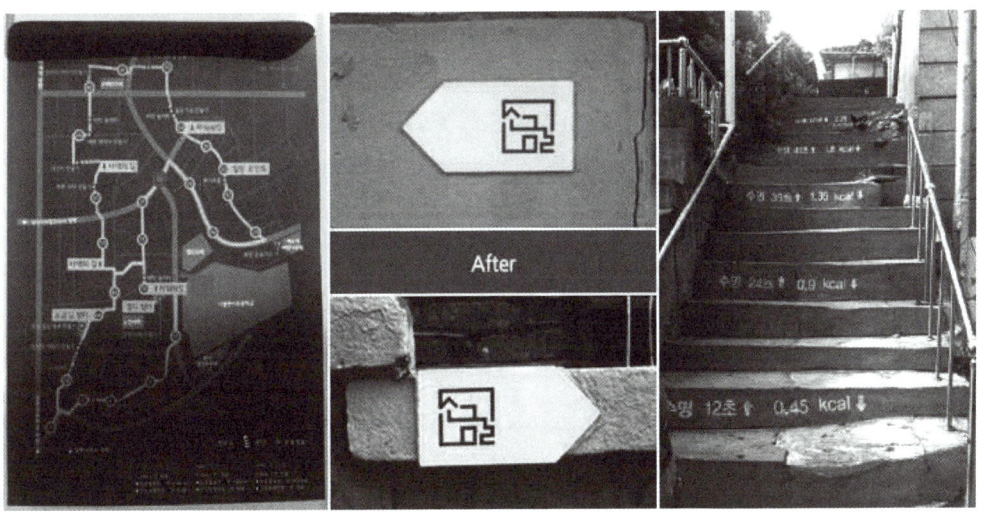

[그림 11-13] 마포구 염리동 소금길 범죄 예방 디자인

---

8) 범죄예방디자인연구정보센터(http://www.cpted.kr/).

4) 유니버설 디자인

유니버설 디자인(Universal Design, 보편적 설계)은 제품, 환경, 서비스 등을 디자인할 때 다양한 특성을 지닌 사람들을 모두 포용할 수 있도록 디자인하는 것이다. 모든 사람을 포용한다는 의미에서 유럽에서는 유니버설 디자인 대신에 인클루시브 디자인(inclusive design), 혹은 모두를 위한 디자인을 직접적으로 의미하는 디자인 포 올(design for all)이라는 용어를 사용하기도 한다. 유니버설 디자인이라는 말은 미국의 건축가이자 유니버설디자인센터(Center for Universal Design)의 소장이었던 메이스(Ronarld Mace)가 처음으로 사용하였다. 유니버설 디자인은 장애인을 위한 디자인 해결안으로 종종 언급되는 배리어 프리 디자인(barrier free design)과 비교된다. 배리어 프리 디자인이 장애인들이 일상생활 중에서 부딪히는 장애물을 없애기 위하여 특별한 디자인을 내놓는 것이라면 유니버설 디자인은 건축, 시설, 환경 사용 시의 어려움을 해결하기 위하여 장애인만이 아니라 모두가 사용할 수 있는 보편적인(universal) 디자인을 제시하는 것을 말한다(문화관광체육부, 2012: 19-20).

출처: http://www.lgblog.co.kr/

[그림 11-14] 유니버설 디자인 사례

손으로 잡지 않아도 쉽게 열 수 있는 문고리, 장애인이나 어린이들도 타기 쉽게 출입구 계단을 없애고 차체를 낮춘 버스, 경사로와 손잡이가 함께 있는 계단 등 유니버설 디자인은 주변 곳곳에서 발견할 수 있으며, 일상적이고 평범한 경우가 많다([그림 11-4] 참조).

제2절 재난안전산업의 미래

1. 미래산업의 구조 변화

4차 산업혁명은 미래산업의 구조 변화를 상징하는 말로, 전체적인 개념은 디지털화, 기술의 융·복합 등으로 압축할 수 있다.

〈표 11-3〉 제4차 산업혁명 10대 선도기술

구분	물리학 기술	디지털 기술	생물학기술
선도기술	1. 무인운송 수단 2. 3D프린팅 3. 첨단 로봇공학 4. 신소재	5. 사물인터넷(IoT), 원격모니터링 기술 6. 블록체인, 비트코인 7. 공유경제, 온디맨드경제	8. 유전공학 9. 합성생물학 10. 바이오 프린팅

출처: 슈밥(2016: 35-50).

변화되는 미래 산업의 구조와 더불어 미래재난의 특징은 재난의 규모가 대형화되고, 복잡화되며, 재난의 위치적 경계가 사라지는 것이다. 과거 지진은 많은 재산과 인명에 한정적으로 피해를 야기하였으나, 미래의 지진은 초연결된 사회의 복잡성으로 인해 재산 및 인명 피해 외에도 국가기반시설(도로, 에너지, 통신 등)의 마비 등을 야기함으로써 그 피해 규모를 추정하기 어려워지는 거대재난(catastrophe disaster)으로 나타날 수 있다. 특히 과학적 기술에서 파생되는 재난은 한 지역에 국한되지 않고 전 세계에 영향을 미치게 된다(장대원, 2018: 34-35).

2. 미래의 재난 요소

미래 재난의 특성을 고려하여 구분하면 〈표 11-4〉와 같이 다섯 개 분류의 24개 목록으로 나타난다(장대원, 2018: 34-35).

〈표 11-4〉 미래 재난 위험 목록

대분류	위험 목록	대분류	위험 목록
과학기술	기술재난-인공지능 사고, 사물인터넷 피해, 사이버 공격 등	보건·의료	전염병
기후·환경	열염 순환정지	재난안전·방재	유전자 조작사고
	태풍		화산 폭발
	가뭄		지진해일
	폭염		지진
	산불		대규모 산사태
	토네이도		코로나 질량 방출
	해수면 상승		소행성 충돌
	대기오염	사회·경제	대규모 실업
	자원 고갈		난민문제
			세계경제 붕괴
	식량 부족		세계전쟁

재난환경의 변화와 관련하여 국립재난안전연구원에서는 뉴스 및 온라인에서 재난안전 분야와 연관된 빅데이터를 분석하여 미래 재난 이슈를 도출한 Future Safety Issue를 발간하고 있으며, 이에 따른 미래 재난의 요소는 다음 〈표 11-5〉와 같다.

<표 11-5> Future Safety Issue에 따른 미래의 재난 요소

구분	위험 요인	내용
1	초연결사회와 블랙 스완 (black swan)	사물인터넷(IoT) 기술 발전으로 초연결 사회가 대두됨에 따라 재난 시 도미노 붕괴 현상으로 대규모 기능 정지 사태 위험 증가
2	한 달 간의 폭염지옥	1994년 폭염 사례를 뛰어넘는 폭염이 발생할 경우, 온열질환 사망자뿐만 아니라 열대성 질병 급증, 시도 간 물 갈등, 헌혈 수급 대란 등 사회 전반 혼란 우려
3	응급의료 체계의 현재와 미래	과거 재난지역과 응급의료센터의 위치 현황을 살펴보면 산간/도서지역 대규모 재난 발생 시 응급의료 골든타임 초과 우려
4	온난화의 역습, 극한 한파	온난화에도 불구하고 극한 한파 가능성은 증가하고 있으며, 한파 시 저체온증 사망자 급증, 온대 과수목과 난류성 어종의 피해 및 가뭄, 산불, 대기오염 등 복합재난 우려
5	국경을 넘는 재난	국경을 넘는 재난 중 최근 주요 이슈로 대두된 화산과 감염병은 상황을 직접 통제할 수 없기 때문에 제한적 대응이 불가피하며, 신종 재난의 성격이 강해 신속하고 시기적절한 대응이 어려움.
6	늙어가는 위험사회, 대한민국	빈곤으로 인하여 의료 서비스나 안전한 주거공간 확보가 어려운 노인, 만성질환을 가진 노인, TV정보에만 의존하는 정보 고립된 노인 비율이 높아져 복합적 사회재난 우려
7	디지털 혁명과 라이프로그	디지털 기기를 사용하여 개인의 생활 전반의 기록을 정리보관 활용하는 미래 사회의 개인 감시 및 통제, 데이터 오용에 따른 위험 증가
8	인공지능의 활용과 위험사회	4차 산업혁명이 가져온 대표적인 부작용으로서 인공지능의 오남용과 기술과학 의존에 따른 사회 위험 증가
9	소리 없이 다가온 재난, 미세먼지	조기사망률 및 암 발생률과 밀접한 연관이 있는 미세먼지는 그 입자의 크기가 작을수록 입자 개수가 많을수록 위험하나 이러한 관점에서 미래 미세먼지 위험도 증가
10	올스톱! 국가전력 기능 마비	국가전력 기능이 마비는 도시 기능 마비, 산업·경제·생산활동 중단, 사회안전망 붕괴 등을 일으키며, 복잡·조밀해지는 국가전력망의 잠재적 위험성 증가
11	마천루와 인간, 초고층 건물 재난	초고층 건물 건설 기술과 인기의 성장에 다중복합시설 등 수직 공간의 인구밀도 증가에 따른 사고 대형화, 안전취약계층 거주 비율 증가로 인한 대피 곤란, 통제 범위 한계 등의 위험성 증가
12	반복되는 홍수 피해, 그 새로운 위험	홍수는 우리나라에서 발생하는 대표적인 재난 유형으로 재난관리 측면에서 가장 노력하고 있는 부문 중 하나임에도 불구하고 홍수 피해는 반복적으로 발생하고 있으며, 기후·사회환경의 변화로 새로운 위험도 우려

3. 글로벌 미래 재난의 전망

세계경제포럼(WEF, 일명 다보스 포럼)에서 공개한 「세계 위험 보고서 2019(the Global Risks Report 2019)」는 다음과 같은 위험성 평가 결과를 내놓았다.

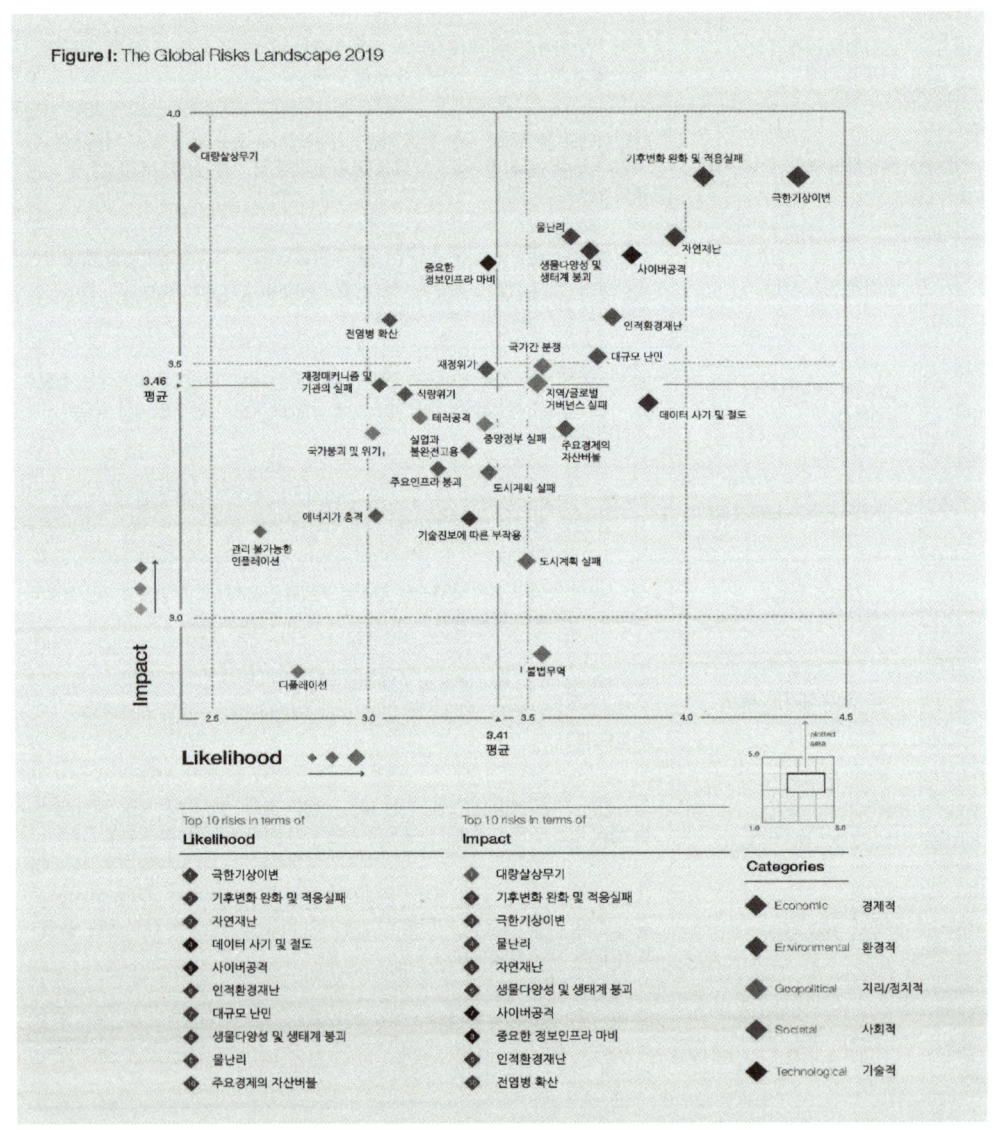

[그림 11-15] 2019 글로벌 리스크 전망 위험성 평가 결과

4. 미래 재난 안전산업

제4차 산업혁명으로 인하여 산업구조가 급변하는 시점에서 미래의 재난도 사회의 변화에 따라 대형화, 복잡화, 초연결화되고 있다. 또한 기술의 발전으로 인하여 기존에 없던 재난이 생겨나고 있다. 미래 산업의 구조 변화가 미래 재난 안전산업의 핵심이며, 이로 인하여 인공지능(AI), 빅데이터(big data)를 활용한 재난안전산업, 스마트시티 관련 산업, 개인 방재시장의 성장과 같은 미래 재난 안전산업의 발달이 예측된다.

1) 인공지능, 빅데이터를 활용한 재난안전산업

(1) 자연재난 통제산업

점점 대형화, 거대화되어 피해 규모를 추정하기 어려워지는 자연재난을 제어하고 예방하기 위한 인공강우 기술과 같은 자연재난의 통제 기술이 발달할 것이다.

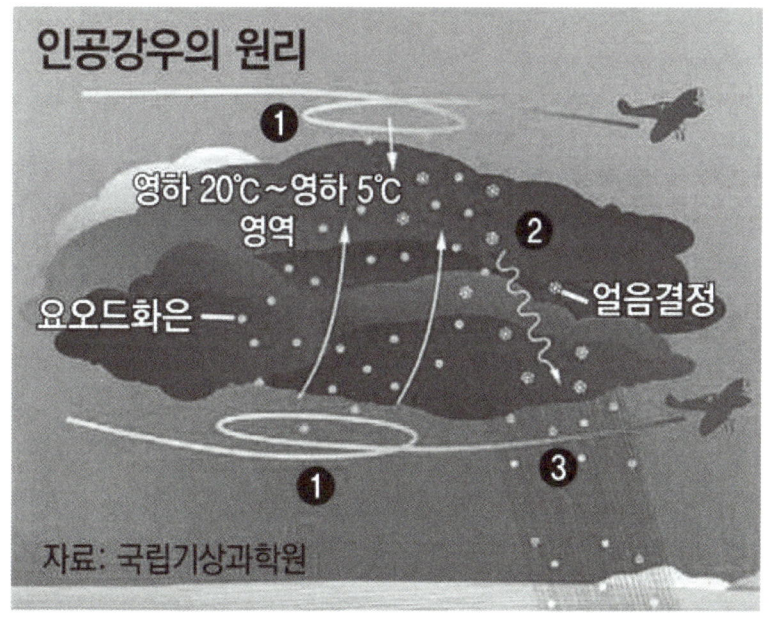

출처: 국립기상과학원.

[그림 11-16] 인공강우의 원리

(2) 인적 재난 통제산업

기술의 발달에 따른 새로운 유형의 인적·사회적 재난의 증가로 인하여 이를 제어하고 예방하기 위한 안면 인식 기술 등과 같은 인적 재난의 통제 기술이 발달할 것이다.

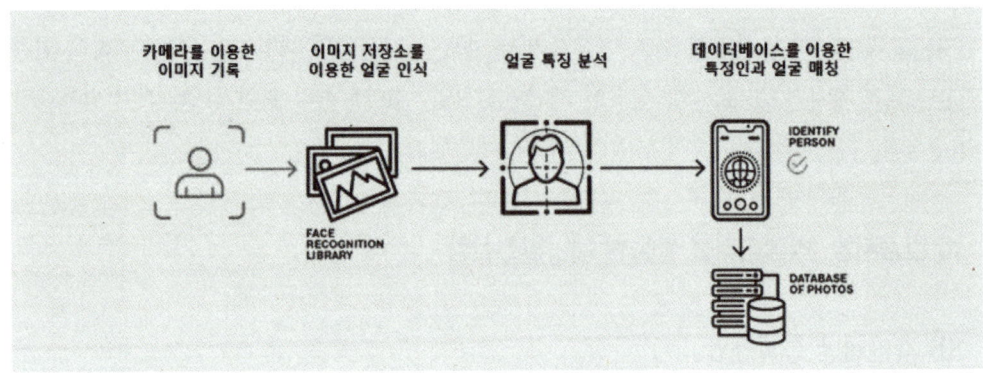

출처: Ellucian.

[그림 11-17] 얼굴 인식 프로세스

2) 스마트시티 관련 산업

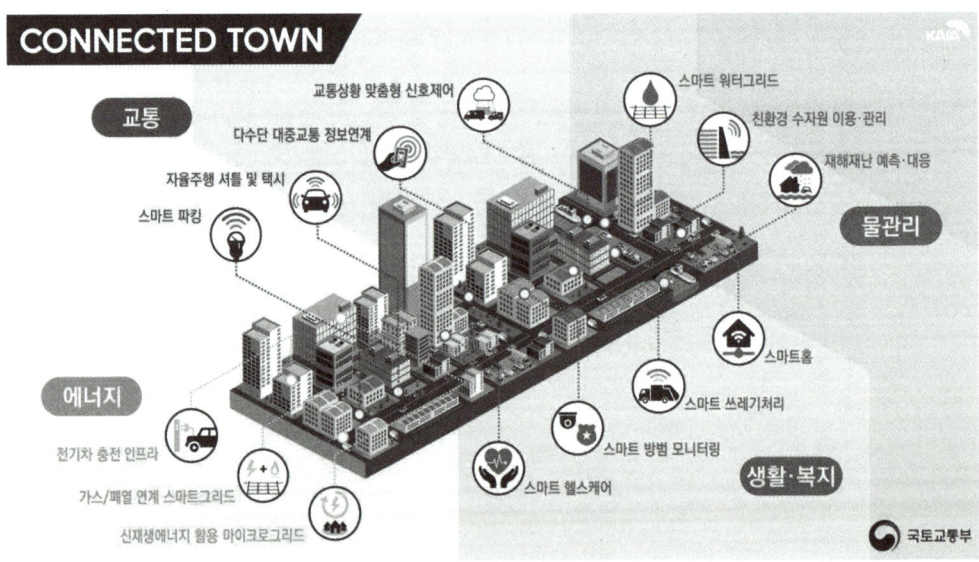

출처: 국토교통부.

[그림 11-18] 국토교통부 스마트시티 체험단지 청사진

(1) 교통안전산업

스마트 파킹(smart parking), 자율주행, 다수단 대중교통 정보 연계, 교통 상황 맞춤형 신호 제어 등 스마트 시티(smart city)와 관련된 교통안전산업이 발달할 것이다.

(2) 신재생에너지산업

전기차 충전 인프라, 가스/폐열 연계 스마트 그리드(smart grid), 신재생에너지 활용 마이크로그리드(microgrid) 등 스마트 시티와 관련된 신재생에너지산업이 발달할 것이다.

(3) 스마트홈, 스마트 방범

스마트 헬스케어(smart healthcare), 스마트 방범 모니터링, 스마트 쓰레기 처리, 스마트 홈(smart home) 등 스마트 시티와 관련된 스마트 홈, 스마트 방범산업이 발달할 것이다.

(4) 스마트 워터 그리드

스마트 워터 그리드(smart water grid), 친환경 수자원 이용·관리, 재해재난 예측·대응 등 스마트 시티와 관련된 스마트 워터 그리드 산업이 발달할 것이다.

3) 개인 방재시장

글로벌 자연재해의 증가와 기술 발전 가속화로 인하여 불안감이 증폭하며 '어반 서바이벌리스트(urban survivalist)'와 같은 도시 생존자들이 생겨났다. 수년 전부터는 불안한 미래를 준비한다는 뜻에서 자신들을 '프레퍼(preppers)'라고 부르는 3세대 생존주의자들도 등장하였다. 개인 주도의 자가 생존을 준비하는 사람들이 증가함에 따라 다음과 같은 개인 방재시장이 성장할 것이다.

- 여성 대상 범죄예방산업
- 고령자대상 범죄예방산업
- 생존주의자 관련 산업

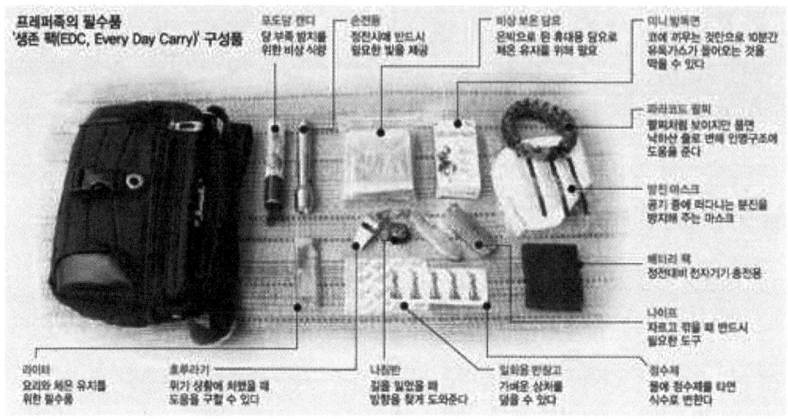

[그림 11-19] 프레퍼족의 생존 팩 구성품

미래의 재난안전산업은 새로운 환경을 고려한 대응 방안을 수립하여야 하며, 고도화·첨단화·스마트화된 복합적 재난안전으로 인하여 예방 및 복구 솔루션에서 융·복합적 해결이 필요할 것이다. 또한 미래 예측을 위한 인문학적 사고 및 방재 디자인적 사고가 제4차 산업혁명의 선도기술 및 5대 신산업의 융·복합을 주도할 것이다.

제12장

재난관리론

위험사회와 재난관리 발전 방향

제1절 위험사회의 이해

1. 위험사회와 국가 재난관리

현대를 살아가는 사람들은 필연적으로 아주 다양한 유형의 위험을 안고 생활하고 있다. 우리가 언론매체를 통해서나 또는 직접 겪고 있는 크고 작은 재난은 가정, 학교, 직장, 여가 등과 같은 일상생활 속에서 때와 장소를 가리지 않고 발생한다.

정부가 관계 법령에 따라 공식적으로 작성·관리하는 『재해연보』(자연재해) 및 『재난연감』 (사회재난) 통계에 따르면, 2018년에 자연재난[1]으로 인한 사망자 수는 53명, 최근 10년간 연

---

[1] 『재해연보』「재난구호 및 재난복구 비용 부담 기준 등에 관한 규정」제5조에 따라 국고의 부담 및 지원 대상이 되는 자연재해에 한함.

평균 19.4명이며, 재산 피해액은 2018년에 4,432억 7,000만 원, 최근 10년간 연평균 7,709억 4,500만 원이었으며, 2018년에 발생한 사회재난2)은 총 20건, 인명 피해는 335명, 재산 피해는 약 1,001억 원으로 나타났다.

재난의 유형을 보면, 최근에 전 세계에 퍼져 있는 코로나19(COVID-19)3) 등 신종 전염병이나 조류독감, 구제역 등과 같은 가축 질병, 초미세먼지와 같은 환경재난, 일본 후쿠시마(福島) 원전과 같은 복합재난 등 과거부터 흔히 접해 오던 홍수, 화재, 붕괴 등 전통적인 재난이 아닌 새로운 유형의 재난이 계속 생겨나고 있다. 이에 따라, 재난을 이해하고 관리하기 위한 이론도 점차 발전해 왔다. 1931년 미국의 여행자 보험회사(The Travelers Insurance Company) 감독자였던 허버트 하인리히(Herbert W. Heinrich)는 산업재난에 대한 연구를 통하여 한 번의 대형사고가 발생하기 전 29번의 경미한 사고가 있고, 그전에는 300번 이상의 징후가 감지된다고 하는 1:29:300의 법칙을 발견하였다(Heinrich, 1950). 과거에는 예기치 않게 발생한다고 간주하였던 산업재난의 발생 원인이 사소한 잘못들을 방치하여 이들이 누적되면서 발생한다는 것인데, 현대에 들어서면서 대규모 재난의 발생 원인을 설명하는 법칙으로 확장되어 사용되고 있다.

찰스 페로(Charles Perrow)는 세계 최초의 원전사고인 미국 펜실베이니아주의 스리마일섬(Three Mile Island) 원전사고(1979)에 대한 분석을 토대로 그의 저서 『정상사고(Nomal Accidents)』(1984)에서 오늘날 첨단기술 사회에서 발생하는 많은 사고가 위험이 내재된 복잡한 기술 체계와 밀접하게 관련되어 있으며, 우리의 일상생활은 위험과 함께하고 있다는 '정상사고' 이론을 제시하였다(Perrow, 1984). 즉, 원자력발전소, 화학공장, 항공기, 선박, 댐 등 복잡한 시스템에는 아무리 많은 안전장치를 만들어도 피할 수 없는 사고의 위험이 존재한다는 것이다.

울리히 벡(Ulrich Beck)은 그의 책 『세계위험사회(World risk society)』(1999)에서 현대 사회는 사회 전반에 걸쳐서 위험을 내포하고 있는 '위험사회'임을 주장하였으며, 위험은 국경을 넘어 증가하고 있고 단일국가에서 스스로 해결할 수 없는 국제적인 위험이 등장하고 있음을 강조하였다(Beck, 1999).

---

2) 『재난연감』「재난 및 안전관리 기본법」제3조 제1호 나목에서 정한 피해 중 시군구재난안전대책 본부 이상 운영된 사회재난에 한함.

3) 2019년 12월 중국 우한(武漢)에서 처음 발생하여 전 세계로 확산된 호흡기 감염병으로, 세계보건기구(WHO)는 2020년 1월 9일 감염병 경보 1~6단계 중 최고 등급인 6단계 팬데믹(pandemic: 세계적 유행)을 선언하였다.

이렇듯 현대 사회는 자연재난과 인적 재난이 함께 발생하는 복합재난의 증가, 미세한 기술적 결함만으로도 대형사고가 발생할 수 있는 정상사고의 증가, 코로나19와 같은 신종 재난의 증가 등 이전 시대보다 훨씬 어려운 상황에 직면하고 있다.

이에 따라 많은 국가에서 위험사회에 대응하기 위한 시스템을 구축해 나가고 있다. 각국마다 조금씩 차이는 있지만, 대체적으로 자연재난과 사회재난을 모두 고려하는 통합된 조직을 지향한다. 미국은 9·11테러를 계기로 국토안보부(Department of Homeland Security: DHS)를 신설하여 재난과 테러를 통합 관리하고 있고, 영국과 일본은 총리 직속으로 재난관리와 위기관리를 총괄하는 조직을 두고 있다. 재난대응계획 역시 모든 위험관리(Waugh, 2000)를 지향하면서 재난을 통합관리하는 방향으로 수립하되, 중앙정부와 지방정부의 상호연결성을 강조한다. 이와 더불어, 일반시민과 민간단체의 적극적인 참여를 권장하고 있다. 미국은 정부, 국민, 지방자치단체 및 다양한 민간단체들이 종합적으로 참여하는 재난관리 체계를 구축하였고, 호주와 영국은 재난이 발생하였을 때 시민단체의 역할, 다양한 활동에 대한 권한 등을 포함한 표준행동절차를 마련하였다. 중앙과 지방의 연계성 강화와 각 주체들의 책임성 강화 역시 주목할 만한 특징이다. 미국, 일본, 호주, 독일 등 많은 국가는 지방정부에 권한과 책임을 주고, 국가 차원의 위기 상황 발생 시 중앙정부가 개입하는 체계를 갖추고 있으며, 중앙과 지방 계획 간의 연계성 강화에 중점을 두고 있는데 미국의 경우 국가재난 대응 프레임워크와 국가 사고관리 체계가 지역별 재난대응계획과 서로 연결되도록 하고 있다(김용균, 2018: 123-125).

2. 우리나라의 재난관리 동향

우리나라도 재난안전 환경에 맞춰 법률 제정, 조직 보강, 종합대책 마련 등을 통하여 재난안전관리에 관한 제도 발전을 위하여 노력하였다. 태풍 사라(1959) 등 매년 반복되는 풍수해를 줄이기 위하여 하천 정비와 같은 예방 투자 사업을 확대하고 하천법, 자연재해대책법 등 관련 법률을 제정하였고, 성수대교(1994) 붕괴 사고와 삼풍백화점 붕괴 사고(1995)를 계기로 인적 재난을 체계적을 관리하기 위하여 재난관리법을 제정하고 관련 조직을 보강하였다. 태풍 루사(2002)와 태풍 매미(2003), 대구지하철화재 사고(2003) 이후에는 「재난 및 안전관리 기본법」 제정(2004)과 소방방재청 신설(2004)을 통하여 통합적 재난관리를 위한 기반을 마련하고 자연재해대책법을 전부 개정(2005)하여 자연재해를 근원적으로 줄이기 위한 경감 대책을 대폭 도입하였다. 세월호 침몰 사고(2014)를 계기로 장관급 재난안전관리 전담부처인 국민안전처를 신설하였으며, 메르스(2015), 경주지진(2016) 등을 겪으면서 감염병 관리 체계와 지진 대응 체계를 강화하였다.

문재인 정부 출범 이후에는 재난관리에 대한 중앙과 지방의 연계를 강화하고 범정부적인 통합 관리를 위하여 행정자치부와 국민안전처를 행정안전부로 통합하였으며, 소방청과 해경청의 독립을 통하여 현장 대응 역량도 강화하였다. 또한, 국민안전 강화를 위하여 지진·화재 등 유형별 종합대책, 장애인·어린이 등 안전 취약계층에 대한 안전대책을 마련하여 추진하는 등 재난의 예방-대비-대응-복구 전 과정에 대한 변화와 발전을 지속하고 있다.

먼저, 예방 중심 사회로 도약하기 위하여 고질적 안전 무시 관행 근절, 안전체험관 확충과 안전교육 전문인력 및 교육기관 확대, 안전 신고 편의 개선 등 안전의식의 전반적인 개선을 통한 풀뿌리 안전문화 확산 정책을 추진하고 있으며, 재해 예방사업도 시설물 단위의 단편적인 사업 방식에서 벗어나 마을 공동체 단위의 위험 요인을 한번에 정비하는 풍수해 생활권 종합정비사업으로 발전시켜 나가고 있다. 이와 더불어, 예방을 위한 노력에도 불구하고 재난이 발생하는 경우 피해 최소화를 위하여 사고 유형별(49개) 위기 징후 감시·평가를 통한 경보제를 운영 중이고, 지역마다 존재하는 리스크 요인을 찾아 분석하고 정비하여 나갈 수 있도록 법 체계도 정비[4]해 나가는 한편 아울러 재난 발생 시 기업의 서비스 중단에 따른 사회적 기능 마비 및 국민 불편 초래 최소화를 위하여 기업의 재해 경감 활동계획 수립·이행을 유도해 나가고 있다.

또한, 2015년 유엔에 가입한 모든 국가가 재난으로 인한 피해를 줄이기 위하여 합의한 센다이(仙臺) 프레임워크(SFDRR)[5]의 이행에 적극 동참하는 등 국제사회의 재해 위험 경감을 위한 노력에도 동참하고 있다. 다음 절에서는 우리나라의 주요 재난관리 제도에 대하여 간략히 살펴보고 향후 보완과 발전이 필요한 부분에 대해서도 살펴본다.

---

[4] 가칭 「지방자치단체의 사회재난 예방 및 지원에 관한 법률」 제정 추진.

[5] 재해 위험 경감을 위한 행동 방향 및 강령을 정하기 위하여 제3차 세계재해위험경감회의(WCDRR/10년 주기)를 개최하여 합의·채택한 국제협약(2015~2030).

제2절 재난관리 주요 제도와 발전 방향

1. 안전의식을 높이기 위한 노력

(1) 안전문화 진흥

안전문화란 사회를 구성하는 개인이나 조직 구성원 모두가 안전을 최우선으로 여기는 가치관을 가지고 있어 생활이나 활동하는 과정에서 자연스럽게 나타나거나 안전 우선을 통하여 인간의 존엄과 가치를 실현하는 행동양식이나 사고방식 등을 포괄하는 의미를 갖는다. 나채준(2013)은 안전을 중요하게 여기는 태도나 의식이 사회 구성원들에게 체질화되고 각자의 가치관으로 구현되는 것을 의미한다고 보았다. 이와 더불어, "조직 구성원의 공유된 행태, 신념, 태도와 가치"(오영민, 2014: 53: 정지범 외, 2014: 263에서 재인용)를 조직문화로서 볼 수 있듯이 "안전에 대한 공유된 행태, 신념, 태도와 가치"(정지범 외, 2014: 263)를 안전문화로 정의할 수 있다는 견해도 있다. 안전문화의 개념에 대한 정의는 지금까지 여러 차례 시도되었음에도, 학자마다 조금씩 다른 견해를 가지고 있다. 안전문화의 개념은 학자마다 조금씩 다르게 정의되고 있지만, 대체적으로 안전을 우선시하는 의식에 대한 부분과 이를 실천하는 행동에 대한 부분을 포괄하는 개념[6]으로 보는 것이 타당할 것이다.

국내에서 안전문화 운동에 관한 논의는 1990년대 중반에 집중적으로 발생하였던 인적 재난에 대한 반성으로부터 시작한다고 볼 수 있다. 성수대교 붕괴(1994), 아현동 가스폭발사고(1994), 삼풍백화점 붕괴(1995) 등 일련의 대형 인적 재난을 겪으면서 우리나라 사회 전반에 자리잡고 있었던 안전불감증을 개선하기 위한 논의가 본격적으로 시작되었다. 이처럼 안전문화에 대한 관심이 높아지면서 1990년대 후반부터는 시민들의 안전의식을 높이고 안전문화가 일상생활에서 실천될 수 있도록 하기 위한 다양한 논의가 본격화되었다(정재희, 2009: 20).[7] 특히, 2014년 발생한 세월호 침몰 사고는 우리 사회의 안전 수준과 안전문화에 대하여 많은 시민과 전문가의 관심이 급격히 증가하는 계기가 되었다.

안전문화와 관련된 법·제도의 연혁도 그 맥을 같이한다고 볼 수 있는데, 1995년 성수대

---

6) KIPA연구보고서 2015-22 안전의식 제고를 위한 안전문화운동의 현황 및 개선방안 연구, p.16.
7) KIPA연구보고서 2015-22 안전의식 제고를 위한 안전문화운동의 현황 및 개선방안 연구, p.14에서 재인용.

교와 삼풍백화점 붕괴 사고 등을 계기로 인적 재난에 대한 체계적인 관리를 위하여 「재난관리법」[8]이 제정되면서 안전문화 활동의 육성·지원 근거(제70조)가 처음 마련되었다.

이후 2004년 소방방재청 개청을 계기로 관계 법령을 일제히 정비하면서 제정된 「재난 및 안전관리 기본법」으로 통폐합되었다가 안전행정부가 출범하고 세월호 사고가 발생하였던 2014년에 개정[9]을 통하여 제8장(안전문화의 진흥)이 신설되었다.

가. 지역안전지수 공표 및 안전공동체

행정안전부는 전국 각 지역의 안전 수준에 대한 객관적인 정보 제공을 통하여 국민의 알 권리를 보장하고 지역 안전에 대한 관심과 참여를 유도하는 한편, 지방자치단체의 책임성을 강화하기 위하여 「재난 및 안전관리 기본법」 제66조의10에 따라 매년 전년도 안전 통계를 바탕으로 17개 시·도와 226개 시·군·구의 지역안전지수를 측정하여 공표하고 있다.[10]

아울러 같은 법 제66조의12에 따라 지역사회의 안전 수준을 높이기 위한 지원사업을 추진하고 있는데, 안전사업지구의 지정 기준 및 절차를 규정한 같은 법 시행령 제73조의10에 따르면 사업계획 수립 과정부터 해당 지역주민의 참여가 필수적인 요소로 작용하고 있다.

이는 다양한 원인과 형태로 나타나는 각종 재난 및 안전사고의 사전 예방과 대응을 모두 국가나 지방자치단체가 수행하는 데 한계가 있으며, 위험사회를 살아가는 각 개인이 일상생활 속에서 본인 스스로의 안전과 가정의 안전, 마을과 지역사회의 안전을 위하여 역할을 하지 않으면 안 되기 때문이다.

안전공동체(safety community) 육성은 자신이 거주하는 지역의 실정을 가장 잘 아는 지역사회 구성원이 지역의 재난 및 안전에 관한 정책의 결정 과정에 참여하고 그 정책을 실행하는 과정에서 능동적으로 참여토록 하는 데 그 목적이 있는데, 우리나라의 경우 아직은 일반 시민보다 지역 기반의 시민단체나 직능단체, 주민자치회를 중심으로 활동이 이루어지는 한계가 있는 만큼 일반 시민이 더 많이 참여할 수 있는 정책 개발이 추가적으로 요구된다.

---

8) 법률 제4950호, 1995. 7. 18., 제정, 1995. 7. 18. 시행.

9) 법률 제11994호, 2013. 8. 6. 일부 개정, 2014. 8. 7. 시행.

10) 매년 12월 행정안전부(www.mois.go.kr), 국립재난안전연구원(www.ndmi.go.kr), 생활안전지도(www.safemap.go.kr) 홈페이지 및 언론 브리핑 등을 통하여 공개한다.

나. 고질적 안전 무시 관행 근절

2017년 제천 복합건물 화재, 2018년 밀양 세종병원 화재가 연이어 발생하였으나 우리 사회는 아직도 안전을 경제활동을 영위하는 데 장애물 정도로 인식하고, 설마 나에게 재난이나 안전사고가 발생할까 하는 의식이 있는 것도 사실이었다. 행정안전부는 국민과 전문가의 의견을 수렴하여 '고질적인 안전 무시 관행 근절 대책'[11]을 발표한 후 시민단체와 국민들의 동참을 유도하였다. 2019년에는 7대 안전 무시 관행 중 교통사고 유발과 화재 시 소방활동에 지장을 초래하는 불법 주·정차를 중점 개선 과제로 선정하고 4월 17일부터 안전신문고 앱(app)을 통한 '절대 주·정차 금지구간[12] 주민신고제' 및 즉시 과태료 부과라는 강력한 조치를 취한 결과 100일 동안 주민신고 건수는 200,139건, 처리 건수는 190,215건(95.0%), 과태료 부과 건수는 127,652건(67.1%)으로 나타났다(행정안전부, 2019).[13]

따라서 국민의 안전을 확보하기 위해서는 민간 차원의 안전문화 확산을 위한 정부의 적극적인 지원과 동시에 고질적이고 불법적인 관행에 대해서는 국민들의 자발적 신고와 강력한 단속을 병행하는 것이 효과적이라고 하겠다.

(2) 국민 안전교육

국민 안전교육에 대한 법적 근거는 「재난 및 안전관리 기본법」을 개정(2013.8.6.)하면서 신설된 제8장(안전문화의 진흥) 제66조의5(대국민 안전교육의 실시), 제66조의6(안전교육 전문인력 양성)에 따라 처음 마련되었다. 하지만, 이를 실행할 주체와 인프라가 갖추어져 있지 않았고 일반 국민을 대상으로 재난안전 교육을 독립적으로 실시할 수 있는 세부적인 기준 등을 규정한 개별 법령은 존재하지 않았다. 또한 개별 법령에서 특정 대상이나 직무 관련 교육훈련을 실시하고는 있으나 범정부적 재난안전교육훈련 진흥 및 총괄 조정에는 한계가 있었다. 이러한 문제점을 개선하기 위하여 「국민 안전교육 진흥 기본법」이 제정(2016.5.29)되어 체계적이고 종합적으로 국민 안전교육을 실시할 수 있는 기반이 마련되었다. 이어 시행령과 시행규칙을 제정하여 국가 안전교육을 추진하기 위한 계획의 수립 절차와 시기, 안전교육을 실시하는

---

11) 7대 근절 과제 : ① 불법 주·정차, ② 비상구 폐쇄 및 물건 적치, ③ 과속·과적 운전, ④ 안전띠(어린이 카시트) 미착용, ⑤ 건설 현장 보호구 미착용, ⑥ 등산 시 화기·인화물질 소지, ⑦ 구명조끼 미착용.

12) ① 소화전 5m 이내, ② 교차로 모퉁이 5m 이내, ③ 버스 정류소 10m 이내, ④ 횡단보도.

13) 2019년 7. 30. 행정안전부 보도자료.

전문인력이 갖추어야 하는 자격 기준, 안전교육기관의 지정 기준에 관한 사항, 안전교육을 실시하여야 하는 시설의 종류 등을 구체적으로 정하였다.

가. 국민 안전교육 체계

「국민 안전교육 진흥 기본법」 제5조(안전교육 기본계획의 수립 및 시행)에 따라 행정안전부는 2017년 12월 15일에 「제1차 국민 안전교육 기본계획」(2018~2022)을 수립·발표하였다. 관계 부처와 지자체는 기본계획에 따른 연도별 시행계획을 수립·추진하고 있다.

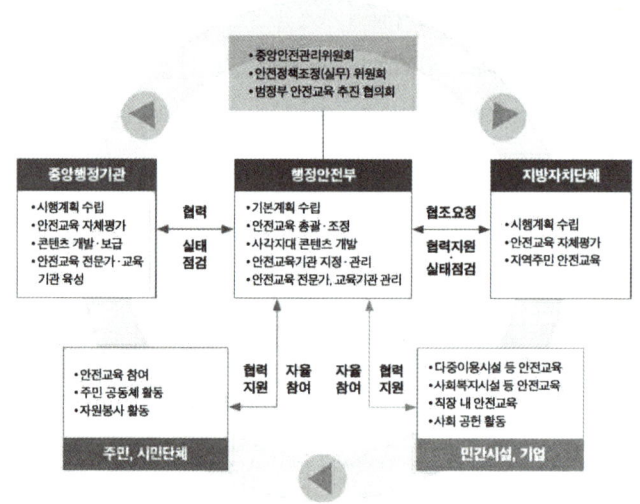

출처 : 행정안전부(제1차 국민안전교육 기본계획)

[그림 12-1] 국민안전교육 추진 체계

나. 생애주기별 안전교육 지도

국민들이 자신의 신체와 재산을 스스로 보호할 수 있도록 하기 위해서는 영유아에서 노인에 이르기까지 생애주기별 재난안전 교육훈련 서비스를 제공받을 수 있도록 하여야 한다.

행정안전부는 2016년 2월 국민들의 생애를 영유아기, 아동기, 청소년기, 청년기, 성인기, 노년기의 6개 주기 동안 갖추어야 할 개인의 안전 역량을 맞춤형으로 제시한 '생애주기별 안전교육 지도(Korean Age-specific Safety Education Map: KASEM)'를 개발하였다.

출처 : 국민안전교육포털(http://kasem.safekorea.go.kr/ptl/fms/main.do?menu_pk=M016300&menu_key=map, 2020.5.24.)

[그림 12-2] 생애주기별 안전교육 지도 일부

다. 안전교육기관의 지정과 전문인력 확보

「국민 안전교육 진흥 기본법」 제15조 내지 19조에 따라 행정안전부 장관은 안전교육기관의 지정과 취소, 실태 점검 및 평가와 지도를 할 수 있고, 평생교육기관 등에 대한 지원을 할 수 있다.

안전교육기관의 지정은 시행령 제12조에 규정하고 있으며, 기본적으로 안전교육 교재 및 프로그램을 보유할 것, 안전교육 전문인력을 확보할 것, 안전체험교육이 가능하도록 시설 또는 학습교구 등을 확보할 것을 요구하고 있으며, 구체적인 내용은 행정안전부 장관이 정하고 고시하도록 하였다.

한편 행정안전부 고시 제2018-90호(2018.12.31.제정)에 따르면, 안전교육기관은 시행령 별표 1에서 정한 안전교육 전문인력의 자격 기준을 갖춘 전문인력으로서 행정안전부에 등록한

자를 1명 이상의 전문강사 및 1명 이상의 사무전담관리자를 상근으로 확보하여야 하며, 전체 전문강사의 30% 이상을 안전교육 전문인력으로 확보하도록 하고 있다. 그리고 각 교육과정은 전문강사가 교육하도록 하는 등 안전교육의 질을 높이기 위한 정책 방향을 반영하였다.

아울러 재난 및 안전관리 분야 종사자들 외에도 일반 국민을 대상으로 안전교육을 확대하기 위하여 안전교육 전문인력이 갖추어야 할 자격 기준[14]을 고시하고, 2022년까지 1만 명의 전문인력을 양성하는 것을 목표로 매년 상하반기에 한번씩 등록 신청을 받고 있다. 역량 강화 교육과정을 수료하고 일정 수준의 자격을 갖추어 안전교육 전문인력으로 등록된 강사들은 국민 안전교육을 담당하는 전문 강사요원으로 교육 현장에서 활동할 수 있다.

라. 국민안전체험관

세월호 사고 등 각종 재난안전사고를 겪으면서 재난이 발생하였을 때 스스로의 생명을 돌볼 수 있는 생존 역량을 갖추어야 한다는 인식이 확산되었고, 이를 실현하기 위하여 재난 상황을 실제로 체험하고 안전의식을 높일 수 있는 체험시설을 확충하여야 한다는 공감대가 형성되었다. 하지만, 아직까지 우리나라는 전체 인구 수나 학령인구 수에 비교해 볼 때 재난안전 체험시설이 부족할 뿐만 아니라, 지역별로 설립된 체험관의 규모와 콘텐츠도 편차가 심한 실정이다. 따라서 안전체험관 확충을 위한 그간의 대책을 더욱 강화하여야 할 필요가 있다. 행정안전부는 2016년에 생애주기별 안전교육 지도와 연계하여 안전체험관을 확충하기 위한 중·장기 로드맵과 이의 실현을 위한 추진 절차와 추진 방법을 제시하고 시도, 시군구별 종합체험관 및 중소형 체험관의 표준 모델을 개발하여 신규 건립지역 선정 및 지원 시 활용하였다.

정부는 중형 규모 이상의 안전체험관을 지속적으로 확충하여 국민들이 전국 어디에 거주하더라도 교통사고, 화재, 자연재난 등을 종합적으로 체험하고 학습할 수 있는 기반을 마련해 가고 있다. 또한, 안전체험시설이 없는 지역을 찾아가서 안전체험 교육을 제공하는 활동도 지속적으로 실시하고 있다.

---

14) 「국민 안전교육 진흥 기본법 시행령」 별표1에서 정한 안전 관련 국가기술(전문)자격, 학위, 근무경력 등의 자격 기준을 갖춘 자(예시: ① 전기기사 자격증 소지자로서 3년 이상 전기안전 분야 근무경력자, ② 학사학위를 취득 후 7년 이상의 전기안전 분야 근무경력자 등[영역은 화재, 전기, 교통, 환경, 식품, 응급처치 등 24개로 구분]).

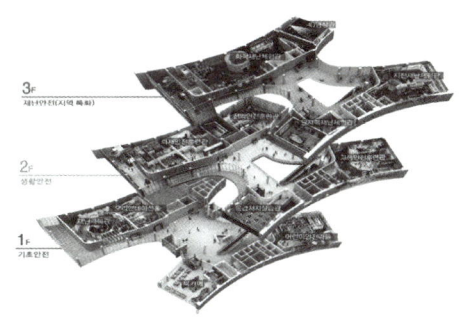

❖ (1층 : 기초안전) 재난극복관, 어린이안전마을
❖ (2층 : 생활안전) 화재안전훈련관, 응급처치실습관, 교통안전훈련관
❖ (3층 : 지역특화 안전) 화학재난체험관, 원자력재난체험관, 지진재난체험관

출처 : 행정안전부(2018.9.4. 보도자료).

[그림 12-3] 울산 국민안전체험관

(3) 우리나라 안전문화의 발전 방향

우리나라는 1910~1945년 일제강점기와 1950~1953년 한국전쟁으로 폐허가 된 지 60년 만에 원조 수혜국에서 원조 공여국으로, 세계 11위의 경제대국으로 성장하였지만 안전 분야에서만큼은 안전 분야의 선진국들에 비하여 높은 수준을 갖추고 있다고 하기 어렵다.

일례로 아직도 우리나라의 산재 사망만인율(‰)[15]은 OECD 주요 국가 중 세 번째로 높고, 건설업 사망만인율(‰)[16]은 영국·싱가포르 등 선진국의 5~10배 수준이다.

이는 급속한 경제 발전 과정에서 기업과 사회는 안전에 대한 금전적·시간적 투자를 하지 않았고, 먹고사는 문제가 급하였던 국민들도 건설·생산 현장에서 수많은 위험을 감수한 채 생업을 이어온 과정에서 사회 전반적으로 안전이라는 가치가 제대로 자리 잡지 못하였기 때문이다. 하지만, 그동안 지속적으로 안전 문화를 높이기 위하여 노력한 결과 최근에는 전 세계가 코로나19 대응 과정에서 한국 국민들이 큰 역할을 하고 있다며 찬사를 보내고 있을 정도로 발전한 모습을 보이고 있다. 문화체육관광부 해외문화홍보원에 따르면, 외신이 한국의

---

15) 사망만인율(‰) = 상시 근로자 만 명당 사고사망자 수.
16) 2015년 건설업 사고사망만인율(‰) = 한국 1.65, 영국 0.16, 싱가포르 0.31.

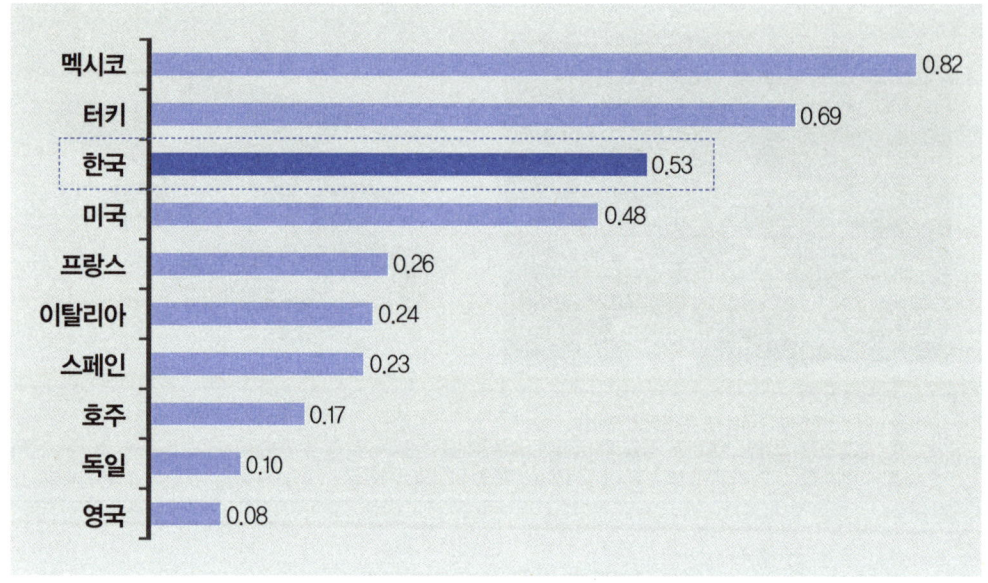

출처 : 국토교통부(관계 부처 합동 '건설안전 혁신방안,' 2020. 4. 23. 발표).

[그림 12-4] OECD 주요 국가 산재 사망만인율(2015)

코로나19 대응 방식에서 주목하는 점은 '우리 국민의 힘'이었으며, 그 힘의 배경에는 크게 보면 '자율성'과 '공동체 의식', '강한 책임감'이 작용하고 있는 것으로 분석하고 있다.

이는 그동안 안전의식 수준 향상과 안전문화 확산을 위하여 정부와 지방자치단체, 관련 시민단체 등이 꾸준히 지속하여 온 노력의 효과가 이번 코로나19 대응 과정에서 자율성과 공동체 의식, 강한 책임감 등 우리나라 국민들이 가진 특성과 결합하여 나타난 현상으로 볼 수 있다. 하지만, 코로나19 대응 과정만을 놓고 우리나라 안전문화의 수준이 전반적으로 높아졌다고 안주해서 안전문화를 높이기 위한 노력을 게을리해서는 안 된다. 우리 국민들은 과거 IMF 외환위기[17] 당시 전 국민 금모으기 운동에 참여하고 충남 태안 기름 유출 사고[18] 당시 123만 명이 자원봉사를 다녀간 사례와 같이 국가가 위기에 닥칠 때마다 개인의 희생을 감수하고 단합하여 놀라울 만큼 빠른 속도로 일상을 회복하는 역량을 가지고 있고 이번 코로나19

---

17) 1997년 11월 세계적인 경제위기, 국내 경제구조.

18) 2007년 12월 7일 충남 태안 앞바다에서 삼성중공업 소속 해상크레인 '삼성 1호'와 홍콩 선적 유조선 '허베이 스피리트(Hebei Spirit)호' 간 충돌로 유조선 탱크에 있던 원유 12,547ℓ가 유출되어 해상과 해안을 오염시킨 사건.

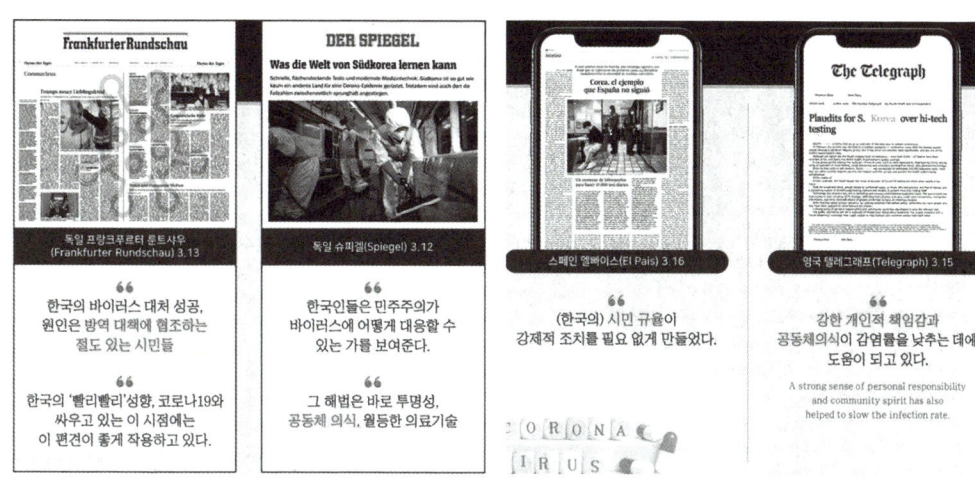

출처: 해외홍보원(http://www.kocis.go.kr/press/view.do?seq=1034787&RN=7, 2020.5.24.).

[그림 12-5] 한국의 코로나10 대응에 대한 외신 반응

대응 과정에서도 그러한 역량을 다시 한번 보여준 것으로 이해할 필요가 있다.

따라서 이제 우리나라의 안전문화도 포스트 코로나(post-Corona)를 대비할 필요가 있다고 판단된다. 단순히 코로나19 대응 과정에서, 그리고 재난이 발생한 이후에 보여주었던 국민의 힘만 자랑스러워할 것이 아니라 다른 분야의 재난과 안전사고에서 그리고 재난이 발생하기 전에 평상시 예방 단계부터 국민의 힘을 보여주자는 사회적 합의와 실천을 해 나가는 것이 필요하며, 앞으로 정부의 안전문화 캠페인 등 정책도 그러한 전략으로 전환해 나아가야 할 것이다.

2. 현장의 상황에 맞게 작동하는 위기경보와 위기관리 매뉴얼

각 나라마다 재난 대응을 위한 체계를 갖추고 있는데, 우리나라는 위기관리 매뉴얼과 위기경보 제도가 재난 대응의 기본 골격을 형성하고 있다. 한국의 재난대응계획은 재난 유형별로 작성되는 위기관리 표준 매뉴얼, 위기 대응 실무 매뉴얼, 현장 조치 행동 매뉴얼이 기본 구조를 형성하며, 매뉴얼에 반영되어 있는 위기 수준별로 발령하는 위기경보, 위기 수준에 따라 각 기관이 수행하여야 할 역할과 임무, 기관 간 협업 기능 등에 의하여 재난 대응 활동이

이루어진다. 재난 유형별로 재난관리 주관기관이 작성하고 행정안전부가 승인하는 위기관리 표준 매뉴얼에는 재난 발생에 대한 징후가 발견되거나 재난 발생이 예상되는 경우, 먼저 위험 수준이나 재난 발생 가능성 등을 판단하고 그에 상응하는 관심, 주의, 경계, 심각 수준으로 위기경보를 발령하여 필요한 조치가 이루어지도록 규정되어 있다. 위기경보가 발령되면 모든 관계 기관은 '위기관리 매뉴얼'에 규정된 역할과 임무를 수행하여 재난에 대응한다.

(1) 위기경보

'위기경보'의 목적은 위기 징후가 식별되거나 위기 발생이 예상되는 경우에 위험 수준이나 발생가능성 등을 판단하여 관계 기관에 미리 위험 정보를 제공하고 경고하여[19] 그에 부합되는 조치가 이루어지도록 하는 것이며, 이를 통하여 국가의 위기 상황을 사전에 예방 및 대비하기 위함이다. 재난관리 주관기관은 평상시 각종 위기 요인에 대한 모니터링을 통하여 위기 징후를 식별하고 재난 발생이 예상되는 경우 위험 수준이나 발생가능성 등을 판단하여 위기 경보를 발령하고 그에 부합되는 조치가 이루어지도록 한다.

이러한 위기경보는 〈표 12-1〉과 같이, 재난 피해의 전개 속도, 확대 가능성 등 재난 상황의 심각성을 종합적으로 고려하여 관심·주의·경계·심각으로 구분한다. 다만, 다른 법령에서 특정 재난에 대한 경보 기준을 별도로 정하고 있는 경우에는 그 기준을 따르도록 하고 있다.

〈표 12-1〉 위기경보 운영 기준

구분	내용
관심(Blue)	위기 징후와 관련된 현상이 나타나고 있으나 그 활동 수준이 낮아서 국가 위기로 발전할 가능성이 적은 상태
주의(Yellow)	위기 징후의 활동이 비교적 활발하여 국가 위기로 발전할 수 있는 일정 수준의 경향이 나타나는 상태
경계(Orange)	위기 징후의 활동이 활발하여 국가 위기로 발전할 가능성이 농후한 상태
심각(Red)	위기 징후의 활동이 매우 활발하여 국가 위기의 발생이 확실시 되는 상태

출처: 행정안전부.

---

[19] 행정안전부(2019), 정책연구보고서 : 재난분야 예·경보 제도 실태 분석 및 체계 정립 방안 연구(국가위기관리기본지침 제18조 인용).

위기경보는 2004년에 도입되었다. 2003년 11월 이라크에 파견된 한국 직원이 괴한으로부터 피습을 받은 사건이 발생하여 재외국민의 안전 문제가 사회 관심사로 부각되었다.[20] 이런 상황에서 2004년 2월 이라크 파병이 또다시 결정되었고 국가안전보장회의(National Security Council: NSC) 사무처는 국제환경 변화 및 테러 양상에 효과적으로 대응하기 위하여 공식적으로 위기경보를 도입하게 되었다. 도입 당시 위기경보는 미국, 영국, 호주 등 선진국의 테러 분야 경보제도를 참고하여 33개 국가위기 유형에 적용하였다. 위기관리 매뉴얼을 총괄하는 업무가 2008년에 (구)행정안전부로 이관되었고, 이후「재난 및 안전관리 기본법」에 위기관리 매뉴얼과 위기경보에 대한 규정이 반영되었다. 이에 따라, 현재는 재난안전법에서 규정하고 있는 모든 재난 유형에 위기경보와 위기관리 매뉴얼이 적용되고 있다. 위기경보의 적용 사례를 좀 더 구체적으로 살펴보면 아래와 같다.

먼저, 자연재난의 대표적인 유형은 태풍은 위기경보가 가장 잘 적용되는 대표적인 유형이다. 예를 들어, 2019년 10월에 강력한 태풍 '미탁(Mitag)'이 한반도를 강타하였다. 행정안전부는 태풍 미탁의 이동 경로를 예의 주시하면서 10월 1일 상황판단회의를 개최하여 풍수해 위기경보를 '관심'에서 '주의' 단계로 격상하고 중앙재난안전대책본부 1단계를 가동하였다. 또한, 태풍 '미탁'이 한반도로 접근해 옴에 따라 위기경보를 '경계'로 격상하고 중앙재난안전대책본부 2단계를 가동시켜 모든 관계 기관이 총력 대응할 수 있도록 하였다. 이에 따라 국토교통부는 분야별 안전점검 및 긴급대응 태세를 유지하였고, 환경부는 홍수 대비 댐과 위험수위를 실시간으로 감시하는 등 관계 기관에서는 피해 우려 지역의 예찰·점검을 강화하고 사전 대피 등 선제적 조치를 취하였다. 태풍과 같이 다수 관계 기관의 대응이 요구되는 유형은 신속하고 명확한 의사소통 체계가 요구된다. 이러한 관점에서 위기경보는 재난 유형별 주관기관과 유관기관 간 그리고 중앙과 지방, 시민사회 등이 공통의 의사소통 체계를 갖추는 데 기여한다고 볼 수 있다.

산불의 경우에도 위기경보가 잘 활용된 사례를 확인할 수 있다. 2020년 5월에 강원도 고성에서 산불이 발생하여 강한 바람과 함께 건조한 날씨로 빠르게 확산되자, 산림청은 산불이 동시다발적으로 발행하거나 대형 산불로 이어질 가능성이 높다고 판단하여 위기경보 기준에 따라 '심각' 단계를 발령하였다. '심각' 단계 발령과 함께 산림청, 소방, 경찰, 지방자치단체, 군 등에서 가용할 수 있는 모든 인력과 장비가 동원되어 산불을 진화하는 한편, 신속하게 많

---

20) NSC사무처(2008). 참여정부정책보고서 3-21: 새로운 도전, 국가위기관리.대통령자문 정책기획위원회.

은 주민을 대피시켜 인명 피해가 발생하지 않았다.

감염병도 위기경보를 통한 체계적인 대응을 확인할 수 있다. 2020년 전 세계를 강타하고 있는 코로나19(COVID-19)는 백신도 없고 뚜렷한 치료제도 없는 상황에서 검역을 통하여 유입을 완전히 차단하거나 국내 확산을 막기가 매우 어려운 재난이다. 질병관리본부는 중국 우한에서 폐렴 집단 발생이 보고됨에 따라 '관심' 단계를 발령하여 24시간 대응 체계를 가동하여 감시 체계를 강화하였다. 이러한 노력에 불구하고 확진 환자가 국내에서 계속하여 발생하자 질병관리본부는 위기 수준에 따라 위기경보를 '주의-경계-심각' 순서로 격상하면서 이에 맞는 대응 체계를 구축하였다. 특히, 범정부적인 대응의 필요성이 인식되자 정부에서는 '심각' 단계 발령 이후, 국무총리를 본부장으로 하는 '중앙재난안전대책본부'를 가동하여 코로나19에 총력 대응하였다.

현대 사회에서 발생하는 재난은 피해 규모에 대한 즉각적인 판단이 어려운 경우가 많으며, 다양한 섹터가 연결되어 있어 대규모 피해가 발생할 가능성도 점차 높아지고 있다. 이에 따라, 어느 한 부처의 역량만으로 대응하기에는 한계가 있고, 여러 부처가 공동으로 대응하여야 하는 경우가 점차 많아지고 있다. 위기경보는 여러 부처가 위기 상황을 공동으로 인식하고 통합적으로 재난에 대응하기 위한 중요한 기준이 되고 있다. 이러한 관점에서 위기경보의 발전 방향을 살펴보면 다음과 같다.

우선, 재난 유형별 전개 양상, 피해 범위, 파급 효과 등의 특성을 반영한 유연한 경보 체계가 필요하다. 태풍이나 호우처럼 기상예보에 따라 미리 발생 가능성을 예측하여 대비할 수 있는 재난 유형이 있는 반면, 폭발이나 비행기 추락사고처럼 갑자기 대규모 피해가 발생하는 재난 유형도 있다. 또한, 같은 재난 유형 안에서도 지자체 단위에서 해결할 수 있는 작은 규모의 재난에서부터 국가 전체가 대응하여야 하는 대규모의 재난까지 다양하게 존재한다. 이처럼 다양하고 복잡하게 전개되는 재난 양상에 대하여 일률적인 기준으로 위기경보를 적용하는 것은 불합리하고 대응 자체를 어렵게 만들 수도 있다. 따라서, 다양한 재난 상황에 대한 빅데이터를 구축하고 이에 대한 분석을 통하여 다종다양한 재난 상황에 유연하게 적용할 수 있는 위기경보 기준을 만들어가야 한다. 또한, 현재 위기경보 단계를 구성하고 있는 '관심-주의-경계-심각'의 용어에 대해서도 다시 한번 논의하여 볼 필요가 있다. 위기경보의 도입 취지는 재난에 대응하는 기관들이 공통된 상황 인식을 갖고 표준화된 대응 체계를 갖추도록 하는 것이었다. 하지만, 태풍, 산불, 감염병 등과 같은 여러 재난에 대응하는 과정에서 정부가 발령한 위기경보에 대하여 일반 시민들도 익숙해졌고, 재난 상황에서 발령한 위기경보에 따라 시민들이 어떤 행동을 취해야 하는지를 요구하기 시작하였다. 따라서, 위기경보가 주민 대피처럼 일반 시민들에게 미치는 영향까지 면밀히 검토하여 제도화할 필요가 있다. 이와 더불어, 전국적으로 동시 다발적인 피해를 일으킬 수 있는 태풍이나 지진과 같은 재난, 건물 붕괴나 화재처럼 특정 지역에서 발생하는 재난 등 재난의 지역적 영향 범위에 적합하도록 위기경보 제도를 운영할 필요가 있다.

(2) 위기관리 매뉴얼

위기경보가 발령되면 모든 관계 기관은 '위기관리 매뉴얼'의 경보 단계별 조치 사항에 따라 필요한 조치를 취한다. 즉, 위기경보가 관계 기관의 공통된 의사소통 체계라면 위기관리 매뉴얼은 관계 기관이 조치를 취할 수 있는 방법과 절차가 마련된 운영 체계이다. '매뉴얼'이라는 용어만 살펴보아도, "특정 시스템을 사용하는 사람들에게 도움을 제공하기 위한 기술 소통 문서"로 정의하고 있거나 "내용이나 이유, 사용법 따위를 설명한 글"로 설명서, 안내서, 지침서 등의 성격을 내포하고 있다.

'위기관리 매뉴얼'은 재난 발생 시 중앙부처나 자치단체 등 재난관리책임기관이 적용할 세부 대응 절차 및 제반 조치 사항을 규정한 문서로서 각종 국가위기의 효율적 관리를 위하여 위기관리에 대한 기준과 방향을 정하고 정부 각 부처·기관의 위기관리 업무 수행에 필요한 사항을 규정하고 있다. 재난안전법 제34조의 5에 따라 재난관리 책임기관의 장은 재난을 효율적으로 관리하기 위하여 재난 유형에 따라 위기관리 매뉴얼을 작성·운용하되, 재난대응 활동계획과 서로 연계되도록 작성하여야 한다. 재난 분야 위기관리 매뉴얼은 위기관리 표준 매뉴얼, 위기대응 실무 매뉴얼, 현장 조치 행동 매뉴얼로 구분된다. 위기관리 표준 매뉴얼은 국가 차원의 관리가 필요한 재난이 발생하였을 때 관계 기관이 수행하여야 할 임무와 역할을 규정한 문서로서, 각 재난 유형별 재난관리 체계가 표준 매뉴얼을 통하여 규정된다. 위기관리 표준 매뉴얼은 재난관리 주관기관의 장이 작성하는 것을 원칙으로 하되, 태풍이나 지진처럼 다수 부처가 관련되는 재난은 행정안전부 장관이 관계 재난관리 주관기관의 장과 협의하여 작성할 수 있다. 위기대응 실무 매뉴얼은 표준 매뉴얼에서 정한 재난관리 체계에 따라 재난 대응에 필요한 조치 사항과 절차를 규정한다. 현장 조치 행동 매뉴얼은 현장 임무 수행기관의 장이 행동조치 절차를 구체적으로 수록한 문서이다. 위기관리 표준 매뉴얼은 행정안전부 장관이 승인하고, 위기 대응 실무 매뉴얼과 현장조치 행동 매뉴얼은 관계 재난관리 주관기관의 장이 승인한다. 다음 〈표 12-2〉는 위기관리 매뉴얼의 구성을 보여준다.

<표 12-2> 위기관리 매뉴얼 체계

구분	작성 및 승인	내용
위기관리 표준 매뉴얼	[작성] 재난관리 주관기관의 장 [승인] 행정안전부 장관	– 재난관리 체계 규정 – 기관의 임무와 역할 규정
위기 대응 실무 매뉴얼	[작성] 재난관리 주관기관의 장 또는 관계 기관의 장 [승인] 재난관리 주관기관의 장	– 실제 재난 대응 조치 사항 및 절차 규정
현장 조치 행동 매뉴얼	[작성] 위기대응 실무 매뉴얼을 작성한 기관의 장이 지정한 기관의 장 [승인] 재난관리 주관기관의 장	– 재난 현장 기관의 구체적인 행동 조치 절차

출처: 재난안전법, 저자 편집.

위기관리 매뉴얼은 2004년 '국가위기관리 기본지침'을 바탕으로 작성되었다. 2003년 대구에서 발생한 지하철 화재를 계기로 국가위기관리의 중요성이 부각되었으며, 이를 체계적으로 이행하기 위하여 국가 위기관리 활동의 개념, 기준, 방향 등을 제시하는 '국가위기관리 기본지침'(2004년 7월 대통령훈령 제124호)이 제정되었다. 이를 근거로 재난 대응에 필요한 여러 정보와 지식을 포함한 매뉴얼이 21개의 재난 분야와 12개의 안보 분야에 대하여 만들어졌다. 재난 분야 매뉴얼은 2008년에 행정안전부로 이관되어 관리되었고, 「재난 및 안전관리 기본법」에 의무 규정으로 반영되었다. 행정안전부에서 매뉴얼을 관리하고 재난안전법에 법적 근거가 마련되면서, 다수 부처에서 소관 재난에 대한 매뉴얼을 제정하기 시작하여 다루는 재난 유형과 작성하는 기관이 점차 많아졌다. 2019년 12월 31일 기준으로 표준 매뉴얼 41개, 실무 매뉴얼 397개, 행동 매뉴얼 9,308개가 작성되어 재난 대응에 활용되고 있다. 또한, 민간전문가들의 다양한 의견을 반영하여 매뉴얼의 수준을 향상시킬 수 있도록 매뉴얼협의회에 참여하는 민간위원의 수도 확대하였다.

이러한 토대 위에서 국가 재난 대응 체계의 골격을 형성하고 있는 매뉴얼이 더욱 발전하기 위해서는 긴급한 재난 상황이 발생하였을 때 매뉴얼이 현장에서 즉시 작동될 수 있도록 끊임없이 훈련하고 발굴된 문제점을 반영하여 개선하는 노력이 지속되어야 한다. 현장의 재난관리 담당자들은 매뉴얼을 구비하는 것 자체가 현장 활용성까지 보장해 줄 것이라고 믿는 경향이 있다. 이를 방지하기 위해서는 매뉴얼을 작성할 때 관련된 모든 부서 및 관계자가 공동으로 참여하여 현장에서 일어날 수 있는 가능한 한 모든 시나리오를 확인하고 실전과 같은 훈련을 통하여 상시적으로 매뉴얼을 개선하여야 한다.

3. 기업의 재난관리

 2001년 9월 11일 뉴욕 세계무역센터(World Trade Center: WTC) 빌딩이 테러리스트들에 의하여 붕괴되었을 때 세계적인 투자은행 모건 스탠리(Morgan Stanley)는 다른 기업들과 달리 대부분의 직원이 생존하였고 백업센터와 대체사업장을 통하여 하루만에 영업을 재개하여 세계적인 금융 혼란을 안정시켰다. 이를 사람들은 '모건 스탠리의 기적'이라고 부른다.
 모건 스탠리는 평소 재난 발생 시를 대비하여 긴급 시 대책(Contingency Plan), 위기 커뮤니케이션(Crisis Communication), 비즈니스 상시 운영 체계(Business Continuity Planning: BCP), 재무위험 분산관리(Hedging & Insurance), 조기경보시스템(Early Warning System) 등의 위기관리시스템을 구축해 놓고 있었고, 직원들은 1년에 4회 대피훈련을 실시하여 왔다.
 이후 미국 산업안전보건청(OSHA)이 만들어 모든 기업과 기관에 배포한 표준 대피 매뉴얼에는 모건 스탠리 수준의 대피 훈련 프로그램 수립과 정기적인 훈련을 권고하는 내용을 담고 있다. 9·11 테러 당시에 효과성이 입증된 모건 스탠리의 기적은 기업의 상시 운영 체계 또는 기능연속성계획 등으로 불리는 업무연속성계획(Business Continuity Plan: BCP)이나 업무연속성관리(Business Continuity Management: BCM)의 중요성에 대하여 설명할 때 가장 유명한 사례로 인용된다.
 2018년 11월 24일 KT 아현지사 건물 지하 통신구에서 화재가 발생하여 서울지역 5개 구와 경기 고양시 일대 인터넷, 전화, 문자, 카드 결재 등 망을 이용하는 서비스가 마비되었고, 응급실, 112와 119 신고, 군 통신망까지 마비되는 상황이 발생하였다. 통신사가 통신시설의 중요도에 따라 자체적으로 A~D급을 부여하되 C급 통신국사까지만 백업망을 구축하도록 되어 있었는데, 주로 개인 또는 가정으로 나가는 회선이 많은 아현지사의 경우 D급 통신국사로 분류되어 있었다. 그러나 KT는 수익성을 높이기 위하여 여러 곳에 흩어져 있던 장비를 아현지사로 집중시켰고, 그로 인하여 피해는 더욱 커질 수밖에 없었다.
 재난이 발생하였을 때 기업이 그 기능을 상실한다면 해당 기업의 손실은 물론 고객인 국민의 생활과 사회에 불편과 피해를 가져올 수 있다. 특히 국민들이 일상생활을 하는 데 없어서는 안 될 기반시설[21]을 관리하는 공기업과 민간기업의 경우 두말할 나위가 없다.

2017년 7월 19일에 제정된 「재해 경감을 위한 기업의 자율활동 지원에 관한 법률」은 재난이 발생하였을 때 기업 활동이 중단 없이 안정적으로 유지될 수 있도록 하기 위하여 국가가 기업의 재해 경감 활동을 유도하고 지원하여 국가 전체적인 재난관리 능력을 증진할 수 있는 법적 기반이다.

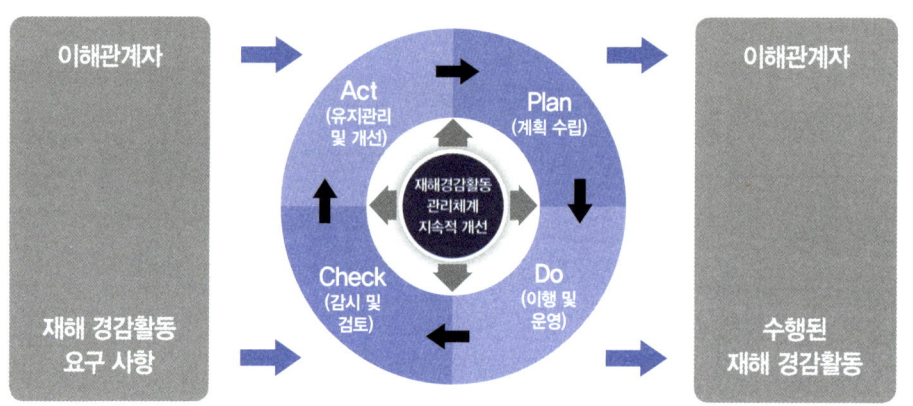

출처 : 기업재난관리표준(행정안전부고시 제2017-1호, 2017.7.26. 시행.

[그림 12-6] 재해 경감활동 관리 체계 적용 모델

법의 주요 내용은 정부가 기업의 재해 경감 활동계획 수립을 위한 재난관리 표준을 작성·고시(제5조)하고, 재해 경감 우수기업을 인증(제7조) 및 지원(제19~23조, 제25조 등)[22]하도록 하고 있으며, 재해 경감활동 전문인력(제10조) 및 연구개발사업(제24조) 육성에 관하여 규정하고 있다. 법에 따라 행정안전부가 고시한 기업재난관리 표준은 기업이 재해 경감활동 관

---

21) 「국토의 계획 및 이용에 관한 법률」 제6조. "기반시설"이란 다음 각 목의 시설로서 대통령령으로 정하는 시설을 말한다. 가. 도로·철도·항만·공항·주차장 등 교통시설, 나. 광장·공원·녹지 등 공간시설, 다. 유통업무설비, 수도·전기·가스공급설비, 방송·통신시설, 공동구 등 유통·공급시설, 라. 학교·공공청사·문화시설 및 공공 필요성이 인정되는 체육시설 등 공공·문화체육시설, 마. 하천·유수지(遊水池)·방화설비 등 방재시설, 바. 장사시설 등 보건위생시설, 사. 하수도, 폐기물 처리 및 재활용시설, 빗물 저장 및 이용시설 등 환경기초시설.

22) 공공기관 자금 지원 업체 선정 시 및 재난관리 책임기관 사업 발주 시 가산점 부여, 재난 관련 보험 가입시 보험료율 인하, 국가·지방자치단체의 자금 지원 시 우대 및 재해경감 설비자금 지원, 공장용지 및 중소기업종합지원센터 등 시설의 우선 입주 등.

리 체계를 구축하고 운영하며 실행하기 위한 표준화된 절차와 원칙을 규정하고 있으며, 이를 위한 교육과 훈련, 감시 및 검토, 유지관리 및 지속적 개선 등에 대해서도 규정하고 있다. 아울러 이를 수행하기 위한 방법으로 P(Plan)-D(Do)-C(Check)-A(Act) 모델을 제시하였다.

「재난 및 안전관리 기본법」 제25조의2(재난관리 책임기관의 장의 재난 예방 조치 등)는 공기업을 포함한 재난관리 책임기관의 장이 재난 상황에서 해당 기관의 핵심 기능을 유지하는 데 필요한 기능연속성계획(COOP)을 수립·시행하도록 규정(1017.1.17. 신설)하고 있고, 같은 법 시행령 제29조의 3(기능연속성계획의 수립 등)에는 기능연속성계획의 수립 시 ① 재난관리 책임기관의 핵심 기능의 선정과 우선순위에 관한 사항, ② 재난 상황에서 핵심 기능을 유지하기 위한 의사결정권자 지정 및 그 권한의 대행에 관한 사항, ③ 핵심 기능의 유지를 위한 대체시설, 장비 등의 확보에 관한 사항, ④ 재난 상황에서의 소속 직원의 활동계획 등 기능연속성계획의 구체적인 시행 절차에 관한 사항, ⑤ 소속 직원 등에 대한 기능연속성계획의 교육·훈련에 관한 사항, ⑤ 그 밖에 재난관리 책임기관의 장이 재난 상황에서 해당 기관의 핵심 기능을 유지하는 데 필요하다고 인정하는 사항이 포함되도록 하고 있다(2018.1.18. 신설).

한편, 「감염병 위기관리 표준 매뉴얼」[23]에 따르면, 2020년 우리나라는 물론 전 세계의 기업 활동에 장애를 초래한 코로나19(COVID-19)와 같이 감염병 재난이 발생할 경우 정부(산업통상자원부) 차원에서 기업들의 BCP 수립을 지원하고 이행을 지시하도록 되어 있다.

위기경보 1단계인 '관심'과 2단계인 '주의' 발령 시 BCP 표준안을 작성하여 배포하고, 3단계인 '경계' 발령 시 경제5단체 및 업종별 협·단체에 BCP 가동 준비 지시를 하며, 4단계인 '심각' 단계 시 BCP 가동 지시를 한다.

그러나 정부가 주도하고 지원하는 제도·정책에 한계가 노출되고 있다. 「재해 경감을 위한 기업의 자율활동 지원에 관한 법률」에 따라 인증·지원하는 BCM은 국제민간기구인 국제표준화기구[24]가 2012년 제정한 비즈니스 연속성 관리 시스템 국제표준(Business Continuity Management Systems: BCMS)인 ISO22301 인증과 내용이 비슷하여 대기업이나 글로벌기업

---

[23] 국가적 차원에서 관리가 필요한 재난에 대하여 재난관리 체계와 관계 기관의 임무와 역할을 규정한 문서로 재난관리 주관기관의 장이 작성(「재난 및 안전관리 기본법」 제34조의5).

[24] 독립적인 비정부 국제기구로서 본부는 스위스 제네바에 있으며, 물자와 서비스의 국제적 교류를 위하여 나라마다 다른 공업 규격을 조정·통일하고, 과학적·지적·경제적 활동 분야의 협력을 증진하는 것을 목적으로 한다. ISO22301(비즈니스 연속성 관리), ISO45001(안전보건경영시스템), ISO14001(환경경영시스템), ISO9001(품질경영시스템) 등 다양한 국제표준을 제정하고 있음.

입장에서는 국제적으로 통용되고 인지도가 높아 인증을 획득할 경우 경영 활동에 도움이 되는 ISO 인증을 선호하기 때문이다.

「재난 및 안전관리 기본법」에 따라 공기업이 수립하도록 되어 있는 COOP(기능연속성계획)도 제도에 대한 이해 부족 등의 이유로 아직 시범사업 수준에 머물러 있다.

산업통상자원부가 작성·배포하는 BCP 수립 표준안도 강제력이 없을 뿐만 아니라 중소기업들이 실제 현장에서 BCP를 수립·이행하는지, 그러한 여력을 가지고 있는지 등에 대한 여부도 파악되지 않고 있어서 실효성에 대한 의문이 제기[25]되고 있다.

따라서 기업이 재난 상황에서 핵심 기능을 유지하여 국민 피해를 최소화하고 법·제도의 취지를 살리기 위해서는 ISO의 국제표준과 연계 강화, 공공 부문 활성화를 통한 BCM 시장 형성, 기업 등이 실제로 필요로 하고 참여를 유도할 수 있는 수단을 마련할 필요가 있다.

(1) ISO의 국제표준(22301)과 연계 강화

ISO는 2015년에 재난과 관련된 기술위원회를 통합한 TC292를 신설하였는데 TC292의 워크그룹(Work Group: WG)은 8개이며, 그룹별 소관 국제표준을 제·개정한다. ISO22031은 WG2(연속성 및 조직복원력)에서 담당하는데 현재 우리나라에 TC292를 전담하는 부처가 없어 국제표준 제·개정 시 우리나라의 입장을 적극적으로 반영하지 못하고 있다.

따라서 「산업표준화법 시행령」 제32조(권한의 위임·위탁) 개정을 통하여 산업자원부 장관은 ISO22031에 대한 업무 권한을 기업 재해 경감 지원 업무를 수행하는 행정안전부에게 위탁할 수 있도록 하는 것이 필요하다고 본다.

(2) ISO 인증기업 BCM 인증 병행

「재해 경감을 위한 기업의 자율활동 지원에 관한 법률」에 따른 BCM 인증과 ISO22301 인증 항목은 대부분 동일하므로 ISO22301 인증을 획득하였거나 향후 추진할 기업들을 대상으로 중복 항목 인정 등 BCM 인증을 간소화하여 국내 BCM 인증 기업의 폭을 확대할 필요가 있다.

---

25) 2020.2.4. 서울경제 https://www.sedaily.com/News/NewsView/NewsPrint?Nid=1YYSJJS5PY 참조.

(3) 공기업의 BCM, COOP 활성화 유도

기반시설의 정상적인 유지는 국민생활과 밀접한 관련이 있고 특히 국가기반시설에서 장애가 발생할 경우 사회가 마비되는 문제가 발생할 수 있는 만큼 공기업의 COOP, BCM 수립·이행은 중요하다. 따라서 기반시설을 관리하는 공기업 중 재난 발생에 따른 업무 민감도가 높고 대국민 공공 서비스 제공을 핵심 업무로 하는 곳부터 우선적으로 BCM과 COOP를 수립·이행할 수 있도록 공기업, 공공기관 경영평가에 반영하는 등 정책적 유도 장치를 만들어 나가는 것이 필요하다.

(4) 중소기업 BCP 수립·이행 지원

산업통상자원부가 「감염병 위기관리 표준 매뉴얼」에 따라 작성·배포하는 BCP 표준안도 단순히 배포와 가동 지시에 머물것이 아니라 수립·이행 여력이 되지 않는 중소기업을 대상으로 시범사업, 현장 컨설팅, 인센티브 부여 등의 정책을 적극적으로 추진하여 점진적으로 확대해 나갈 필요가 있다.

4. 리스크 기반의 재난관리

최근 우리나라는 물론 전 세계적으로 대형 재난의 발생 빈도와 피해 규모가 지속적으로 증가하고 있다. 정부 각 부처와 지방자치단체 등 재난을 관리하는 기관들은 다양한 유형의 재난을 사전에 예방하고, 만약 재난이 발생하였을 때를 대비해 자원과 예산을 투입하는데, 어디에 얼마만큼 투입하여야 하는지가 문제가 된다.

한정된 자원과 예산을 가지고 좀 더 효과적인 재난관리를 하기 위해서는 어떠한 위험 요인이 있는지 인식하고 인근의 주민들에게 더 위협적이며 더 큰 피해가 예상되는 위험 요인을 도출하는 한편, 투자의 우선순위를 정하여 중·장기적으로 관리해 나갈 필요가 있다.

우리나라의 경우 태풍, 호우와 같은 자연재해 등 전통적 재난에 대해서는 「재난 및 안전관리 기본법」, 「자연재해대책법」 등 현행 법 체계가 만들어지는 과정에서 '자연재해 위험 개선지구 지정', '자연재해 저감 종합계획 수립' 등 위험을 식별·분석·평가하고 피해 최소화를 위한 방안 마련은 물론 국토·지역계획 및 도시개발계획 등을 수립하거나 개발사업 시행 시 자연재해 영향평가를 거치도록 하여 다른 법령과도 유기적으로 연계되도록 하는 등 지속적으로 발전되어 왔다.

이와 달리 원인·유형과 진행 양상이 다양하고 피해 규모도 날로 커지고 있는 사회재난에 대해서는 그 다양·복잡성 때문에 해당 재난을 관리하는 주관 부처별로 예방·대비와 관련된 예산을 편성하여 직접 업무를 수행하거나 지방자치단체에 교부하는 칸막이식·단편적 방식으로 이루어져 왔을 뿐 지방자치단체가 주도적으로 지역사회에서 발생 가능한 재난의 위험을 정량적이고 객관적으로 식별·분석·평가할 수 있는 툴(tool)을 제공하거나 이를 예방하기 위한 활동과 재난 발생 시 피해를 최소화할 수 있는 대응 방안을 마련할 수 있도록 하는 체계가 갖추어져 있지 않다. 따라서 지방자치단체와 지역사회 주민들은 지역 내에서 어떠한 종류의 재난이 발생하고 재난 발생 시 얼마만큼의 피해가 발생할 것인지 제대로 된 예측과 대비를 하지 못한 채 막연한 불안감을 안고 살아가야 하는 상황이다.

이에 2017년 행정안전부 출범 이후 '특수재난 위험성평가 및 저감계획 수립 방안' 연구(2018~2019), '사회재난 위험성 분석모델 개발 및 지자체 시범 적용' 연구 등 사회재난 위험성 평가 체계를 도입하기 위한 절차를 본격적으로 진행하였다.

위험성 평가 방법과 절차는 미국 연방재난관리청(FEMA)의 THIRA(Threat and Hazard Identification and Risk Assessment) 등 선진국의 사례와 크게 다르지 않을 것으로 보인다.

첫째, 지역 내 사회재난 위험구역과 시설을 도출하여 매핑(mapping)하되 일반 현황, 사회재난 관련 현황(발생 건수, 피해 규모, 주요 사례 등), 관련 계획 및 지구·지정 현황, 지역주민 의견조사, 관계자·전문가 인터뷰 등의 절차를 거쳐야 한다.

둘째, 위험구역 내의 시설물 노후도나 위험도, 화재·위험물 등 안전 기준 위반 사항 등 각 위험 요인별로 재난 발생 가능성과 개선 시급성 등을 정성적·정량적으로 분석하되, 화재위험평가(대형 화재), 장외영향평가(유해화학 물질사고) 등 개별법상 위험평가 결과를 반영하여 기존 제도와의 정합성을 확보한다.

셋째, 위험지구별 위험 요인 분석 결과를 바탕으로 향후 중·장기적으로 잠재적 위험을 예방하기 위한 종합계획을 수립하되, 도시계획이나 지역안전관리계획 등과 연계·조정하고 공청회 및 지방의회 의결 등 이해관계자의 의견 수렴 과정을 거쳐 예방계획을 확정한다.

넷째, 자연재해의 경우 '자연재해 위험 개선지구' 지정과 같이 사회재난 발생 위험이 높아 별도의 정비사업이 필요한 위험지구를 '사회재난 위험 개선지구'로 지정하여 집중적인 예방대책을 추진할 필요가 있다.

이와 함께 중앙정부는 지방자치단체의 사회재난 위험 요인 평가 실적과 재난관리 역량을 종합적으로 진단·평가하고 그 결과를 예산 지원과 연계함으로써 효과성을 극대화할 수 있을 것이다.

한편, 현재 자연재해의 경우 「재난 및 안전관리 기본법」 이외에 별도로 「자연재해대책법」을 통하여 자연재해의 위험성 분석 및 개선지구 지정 등 예방·대비를 위한 활동을 구체적으로 규정하고 있으나 날이 갈수록 예측과 대응이 더 어려워지는 사회재난에 대하여 별도로 제정된 법이 없는 만큼 지방자치단체 중심의 사회재난 위험성 평가와 예방·대비 체계 구축 및 중앙정부의 진단·평가를 통한 효과성 제고 등을 포함하여 사회재난 관리 전반에 대하여 규정하는 별도의 입법이 신속히 이루어져야 할 것이다.

5. 재난관리 국제 어젠다

2015년 일본 센다이(仙臺)에서 개최된 제3차 재난위험 저감을 위한 UN 국제회의(Third UN World Conference on Disaster Risk Reduction: WCDRR)에서 2030년까지 국제사회가 지향해야 할 재해 경감 목표인 '센다이 프레임워크(Sendai Framework for Disaster Risk Reduction 2015~2030)'가 채택되었다. 센다이 프레임워크는 국가가 재난 위험을 저감시키기 위한 주요한 역할을 하고 있으나, 책임은 지방정부, 민간 부문, 기타 이해관계자들과 함께 공유하여야 한다는 것을 인식하는 자발적인 협약이다. 센다이 프레임워크 내용을 살펴보면 프레임워크의 적용 범위 및 목적, 최종 성과, 전략적 목표, 일곱 가지 세부 목표, 우선행동 순위, 13가지의 지도 원리로 구성되어 있다. 센다이 프레임워크의 일곱 가지 세부 목표는 다음 [그림 12-7]과 같이 요약할 수 있다. 총 일곱 가지 중 네 가지 부분을 감소하고 세 가지 부분을 증가한다는 것이다.

이 목표에 대한 달성도를 측정하기 위하여 유엔재해경감사무국(UNDRR)은 2005년부터 2015년 사이 10년 동안의 데이터와 2020년부터 2030년까지의 10년 간을 기준으로 정하였다. 재난으로 인한 사망자 수, 피해자 수, 경제적 손실, 사회기반시설의 손상과 기본 서비스 중단 횟수를 줄이고, 재해위험 경감 전략을 수립한 국가 및 지자체 수, 개발도상국에 대한 국제적인 협력, 그리고 다중위험 조기경보 시스템과 재난위험정보 및 평가에 대한 이용가능성 및 접근성을 증가하는 것으로 되어 있다.

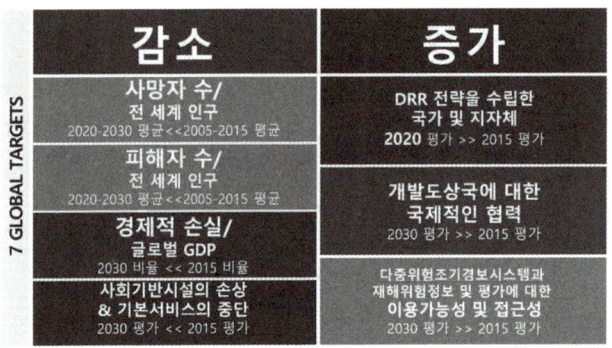

[그림 12-7] 센다이 프레임워크 일곱 가지 세부 목표

유엔재해경감사무국에서는 재난 위험에 대하여 다음과 같은 개념적 정의를 제시하고 있다.

> Disaster Risk = Fn (Hazard, Exposure, Vulnerability)
> 재난 위험 = 재난 요인, 재난 노출도, 재난 취약성이 결합된 함수

출처 : UNDRR, 저자 편집.

유엔 재해경감사무국은 센다이 프레임워크에 대한 이행 여부를 좀 더 정확히 측정하기 위하여 일곱 가지 목표에 대한 38가지 이행지표를 개발하였다. 이 중에서 일부 이행지표는 지속 가능한 개발 목표(Sustaniable Development Goals: SDGs)와 공동으로 사용하기로 하였는데, 그 이유는 지속 가능한 개발 목표와 센다이 프레임워크 어젠다와의 연계성을 강화하기 위함이다.

유엔 재해경감사무국은 센다이 프레임워크 이행지표에 대한 평가를 지원하기 위하여 지난 2017년 12월 센다이 프레임워크의 이행지표의 진행 사항을 모니터링하고 보고서 작성을 위한 기술적인 가이드라인인 Technical Guidance for Monitoring and Reporting on Progress in Achieving the Global Targets of the Sendai Framework for Disaster Risk Reduction을 발간하였다. 이행지표를 평가하기 위해서는 국가별로 재난 관련 통계자료 구축 및 시스템 사용에 대한 교육이 필수적이라고 할 수 있다. 일본은 현재 센다이 프레임워

크를 통한 재난 위험 경감에 주도적인 참여를 하고 있으며, GCDS(Global Centre for Disaster Statistics)를 구축하여 센다이 프레임워크와 SDGs(Sustainable Development Goals) 이행 과정에 대한 모니터링 및 평가를 지원하고 있다.

센다이 프레임워크 이행에 대한 평가는 센다이 프레임워크 모니터(Sendai Framework Monitor: SFM)를 통하여 이루어진다. 평가를 위한 지표는 OIEWG(Open-ended Intergovernmental Expert Working Group on Indicators and Terminology)에서 개발하였으며, 총 38개 지표로 구성되어 있다. 객관적이고 비교 가능하도록 구성된 이 지표는 센다이 프레임워크의 글로벌 목표 달성의 진행 상황을 측정하고, 위험 및 손실 감소의 글로벌 추세를 결정한다. 또한 센다이 프레임워크 모니터에서는 센다이 프레임워크 네 가지 우선순위에 대하여 국가별로 진행 상황을 측정할 수 있도록 사용자 목표 및 지표(custom targets and indicators)를 설정하고 평가할 수 있는 사용자 보고 시스템을 지원하고 있다. UN 회원국들은 온라인 센다이 프레임워크 모니터(https://sendaimonitor.undrr.org/)를 이용하여 각 지표에 대한 보고가 이루어진다.

센다이 프레임워크 모니터 홈페이지에서는 [그림 12-8]과 같이 전 세계를 대상으로 지표

출처 : UNDRR(2020).

[그림 12-8] 센다이 프레임워크 모니터 지표 2018년 보고 현황 지도

보고 현황에 대한 정보를 제공하고 있으며, 국가별, 지역별, 지표별로 기준 연도를 기준으로 진행 상황에 대한 분석 정보를 제공하고 있다.

유엔 국제연합 사무국은 코로나19가 전 세계를 위협하고 있는 상황에서 재난관리에 대한 국제 협력의 중요성을 강조하며, 국가 간 정보 교류와 공동 대응을 위하여 노력하고 있다. 이런 상황에서 최근 한국이 적극적으로 공유하고 있는 코로나19 대응의 경험과 지식은 국제사회의 중요한 자산이 되고 있다. 이와 더불어, 한국이 재난관리 분야에서 국제사회에 기여해 줄 것을 기대하는 국가들도 늘고 있다는 것은 매우 고무적인 일이다.

Digester

재난관리론

Management

[국내 문헌]

강민환·김형석. 2016. 재난관리 역량 강화를 위한 조직 내 커뮤니케이션의 역할. 「한국시큐리티융합경영학회지」. 5(1): 7-25.

강희조. 2017. 공공안전을 위한 국가기반체계 보호제도의 핵심 기능 연속성에 관한 연구. 「디지털콘텐츠학회논문지」. 18(4): 795-802.

국가안전보장회의사무처. 2004. 「국가위기관리기본지침」. 대통령훈령 제000호.

국립국어연구원. 1999. 「표준국어대사전」. 서울: 국립국어연구원.

국립방재연구소. 2001. 「방재훈련 프로그램 개발」. 서울: 행정자치부 국립방재연구소.

국립재난안전연구원. 2014. 재난안전산업 육성 기본계획 수립을 위한 연구.

_____. 2017. 재난관리 평가제도의 현황분석과 운영체계 개선 연구.

국무총리비상기획위원회. 2002. 「비상대비훈련실무참고」.

국민안전처. 2017. 「훈련평가와 컨설팅」.

국토교통부. 2020. 관계부처 합동 건설안전 혁신방안.

권건주. 2005. 지방정부 재난관리조직의 효율화 방안: 삼척시 사례를 중심으로. 「한국위기관리논집」. 1(2): 79-92.

_____. 2009. 지역 재난현장 대응조직의 역할에 관한 연구. 「한국방재학회논문집」. 9(5): 39-46.

권욱. 2006. 「효율적인 재난관리를 위한 재난관리의 특성과 환경요인 분석」. 한국화재소방학회.

권정환·윤홍식. 2018. 기능연속성계획 수립지침의 방향성 설정을 위한 연구. 한국재난정보학회 학술발표대회, 315-317.

권현한 외. 2013a. 국가기반시설 취약성 평가를 위한 인벤토리 체계 구축. 국립재난안전연구원.

_____. 2013b. 국가기반체계 취약성 평가 및 안전관리 기술개발(I): 국가기반시설 취약성 평가를 위한 인벤토리 체계 구축. 국립재난안전연구원.

김경진. 2019. 재난현장지휘관의 변혁적 리더십이 조직효과성에 미치는 영향 연구. 원광대학교 일반대학원 박사학위논문.

김광수. 2014. 「재난관리론」. 한국공무원사관학원.

김국래·유병옥. 2009. 「재난관리론」. 서울: 정훈사.

김근영. 2008. 「재난안전관리체계 개편 방안」. 행정안전부.

김기영. 2009. 소방공무원의 위기관리 리더십에 관한 연구. 인천대학교 행정대학원 석사학위논문.

김도형·라정일·변성수·이재은. 2017. 「대규모 재난 시 재난약자 지원 방안」. 희망브리지.

김동욱. 2003. 「국가 재해재난 관리체계 재정립 방안」. 행정개혁시민연합.

김동원. 2002. 「도시정부의 재난관리에 있어서 민관파트너쉽에 관한 연구: 시민안전봉사대 사례를 중심으로」. 서울시립대학교 대학원.

김두철. 2005. 「위험관리·위기관리」. 서울: 형설출판사.

김보현·박동균. 1995. 위기관리행정에 관한 지방공무원의 인식분석. 「도시행정학보」. 8(단일호): 127-148.

김영규. 1995. Disaster Planning: Should be Agent-specific or Generic?. 「지방행정연구」. 10(1): 199-230.

_____. 1997. 지방정부와 재난관리정책. 「지방연구」. 창간호, 149-173.

김영규·임송태. 1997. 재난대응체계 모델에 관한 연구. 「지방행정연구」. 11(4): 81-103.

김영욱. 2002. 「위기관리의 이해: 공중 관계와 위기관리 커뮤니케이션」. 서울: 책과 길.

_____. 2006. 우리나라 조직의 사과수사학: 신문에 난 위기커뮤니케이션 메시지문의 내용과 수용 여부 분석. 「광고학연구」. 17(1): 179-207.

김영욱·박송희·오현정. 2002. 행정기관 이미지 회복 전략의 수사학적 분석: 경기도 교육청 입시 재배정 파문을 중심으로. 「홍보학연구」. 6(2): 6-37.

김영평. 1994. 현대사회와 위험의 문제. 「한국행정연구」. 3(4): 5-26.

김용균. 2018. 「한국 재난의 특성과 재난관리」. 파주: 푸른길.

김용순. 2019. 재난 관련 위기경보와 정보행위의 상관관계에 관한 연구. 가천대학교 대학원 박사학위 논문.

김용순·최돈묵. 2018. 재난 관련 표준매뉴얼의 위기경보 개선방안에 관한 연구. 「한국화재소방학회논문집」. 32(6).

김우성. 2015. 재난현장지휘관의 리더십과 조직몰입 관계에 관한 연구 :리더에 대한 신뢰를 매개변수로. 서울시립대학교 대학원 박사학위논문.

김은성·안혁근. 2009. 중앙정부와 지방정부 재난안전 관리의 효과적 협력 방안 연구. 「KIPA 연구보고서 2009-20」. 한국행정연구원.

김인범·류상일·송윤석·양기근·이동규·이주호·홍영근. 2014. 「재난관리론」. 서울: 대영문화사.

김종성. 2008. 지방재난관리조직의 바람직한 구축방안. 「지방행정연구」. 22(1): 3-33.

김종한. 2005. 한국 재난관리 행정기구의 조직학습에 관한 연구. 조선대학교 대학원 박사학위 논문.

김주찬·김태윤. 2002. 국가재해재난 관리체계의 당위적 구조. 「한국화재소방학회논문지」. 6(1): 8-12.

김중양. 2004. 대구지하철 참사 수습과 재난관리대책. 한국행정연구원「행정포커스」. 1/2: 38-56.

김진관. 2018. 민관재난협력체계와 의사소통이 지역방재력에 미치는 영향에 관한 연구. 국민대학교 대학원 박사학위 논문.

김태윤. 2000. 「국가 재해재난 관리체계 구축 방안 연구」. 한국행정연구원.

김태환. 2003. 안전문화 정착을 위한 시민단체의 역할 및 참여 방안. 「안전사회 구현을 위한 시민대 토론회」. 서울: 국립방재연구소.

김현정. 2014. 재난 위기 관련 정부기관 소셜미디어의 위기관리 커뮤니케이션 도구로서의 역할에 대한 연구. 「광고PR실학연구」. 7(4): 60-98.

김현택. 2003. 「심리학-인간의 이해」. 서울: 학지사.

김형도. 2008. 소방조직의 리더십 발전 방안에 관한 연구. 강원대학교 대학원 석사학위논문.

나채준. 2013. 안전문화 정착을 위한 법제개선방안 연구.

남궁근. 1995. 재해관리 행정체계의 국가 간 비교연구: 미국과 한국의 사례를 중심으로. 「한국행정학보」. 29(3): 957-981.

남유진. 2017. 재난 위험 메시지의 효과성에 대한 연구: 메시지 특성 및 메시지 외적 요인을 중심으로. 한양대학교 대학원 석사학위 논문.

노춘희·송철호. 1998. 도시 재난관리시 민간자원 활용방안에 관한 연구. 「도시행정학보」. 제11집, 한국도시행정학회.

두산동아. 2000. 「동아 새국어사전」.

라종일, 2012. 재난환경 변화에 따른 과학적 재해관리체계 강화를 위한 법제연구: 일본편. 한국법제연구원.

_____. 2013. 지역방재력 강화 및 체험교육프로그램의 개발: 일본의 사례조사 위탁연구용역 보고서. 강원발전연구원.

_____. 2014. 일본의 안전/안심 도시만들기, 법제연구원 안전도시 활성화 및 인증제도 도입방안 연구 제3차 워크숍, 2014년 6월 27일

류상일. 2018. 「소방학개론」. 서울: 윤성사.

리대룡. 1998. 설득커뮤니케이션 연구의 체계에 대한 시론. 「광고홍보연구」. 6(1): 1-36.

문화체육관광부. 2012. 유니버셜 디자인 실태분석 및 문화적 적용 방안 연구.

박광국·주효진. 1999. 인위재난관리의 효과성 제고에 관한 연구: 상인동 가스폭발사고를 중심으로. 「정책분석평가학회보」. 9(1):

    4-5.

박태유. 2001. 「의용 소방활동 이론과 실무」. 서울: 도서출판 에프피엔(주).

방봉수. 2010. 재난대응과정에서 소방공무원 리더십 및 현장지휘체계 개선방안 연구, 한경대학교 전자정부대학원 석사학위 논문.

백진숙. 2006. 위기커뮤니케이션 메시지의 메시지 유형에 따른 공중의 반응 연구. 「한국광고홍보학보」. 8(2): 184-229.

변상호. 2014. 계급제가 조직성과에 미치는 영향에 관한 연구: 우리나라 소방의 재난대응 효과성과 효율성을 중심으로. 한양대학교 대학원 박사학위논문.

부산발전연구원. 2018. 재난위험도평가를 통한 효율적 재난대비전략 구축 방안 연구.

산업통상자원부. 2018. 4. 산업 트렌드 변화에 따른 산업 portfolio 재편 방안.

서울시설공단 안전관리처. 2019. 2019년 재난안전관리 계획.

서울시정개발연구원. 2009. 도시재난 감소를 위한 재난위험도 평가 방안 연구.

성기환. 2004. 「도시방재를 위한 민관협력체제 구축방안에 관한 연구」. 서울시립대학교 대학원.

_____. 2006. 「재난관리와 파트너쉽」. 파주시: 한국학술정보(주).

성지은 · 박인용. 2016. 시스템 전환 실험의 장으로서 리빙랩: 사례분석과 시사점 「기술혁신학회지」. 19(1): 5.

성지은 · 한규영 · 정서화. 2016. 지역문제 해결을 위한 국내 리빙랩 사례분석. 「과학기술학연구」. 16(2): 71-72.

소방방재청. 2004a. 「긴급구조 표준대응계획」.

소방방재청. 2014b. 「재난대비훈련 매뉴얼Ⅰ」.

송창영 · 김도형. 2018. 국가기반시설 보호계획 수립지침 개선방안. 「한국방재학회논문집」. 18(5): 193-201.

슈밥, 클라우스. 송경진 옮김. 2016. 「클라우스 슈밥의 제4차 산업혁명」. 서울: 메가스터디(주).

신은성. 2003. 국가재난관리 효율 제고를 위한 자율방재체제 구축과 발전 방안. 「방재연구」. 5(3). 서울: 국립방재연구소.

신진동 외. 2013. 국가기반시설 상호의존도 및 재난영향 분석. 국립재난안전연구원.

신현구 · 강병식 · 양기근 · 정원희 · 김상호. 2018. 「생활안전 · 재난안전 강화를 위한 전문인력 양성 · 활용의 고용효과」. 고용노동부 · 노동연구원.

안광찬 · 정종수 · 김진형 · 김태현 · 이사홍. 2017. 「융합형 위기관리 전문인력 양성방안 연구」. 국민안전처.

안철현. 2005. 국가핵심기반 위기: IT기반사회에서의 신종위기, IT기반사회에서의 신종핵심기반 재난과 위기관리시스템. 「제1차 위기관리 이론과 실천 학술회의 발표논문집」. 722: 1-14.

양기근. 2004a. 위기관리 조직학습 체제에 관한 연구: 한국과 미국의 위기관리 사례 비교분석을 중심으로. 경희대학교 대학원 박사학위 논문.

_____. 2004b. 재난관리의 조직학습 사례연구: 세계무역센터 붕괴와 대구지하철 화재를 중심으로. 「한국행정학보」. 38(6): 47-70.

양기근 · 고은별 · 정원희. 공공재로서의 안전과 안전복지 강화 방안: 충청남도를 중심으로. 「국정관리연구」. 12(3): 33-54.

양기근 · 류상일 · 송윤석 · 이주호 · 이동규 · 홍영근. 2016. 「재난관리론」. 서울: 대영문화사.

양기근 · 정기성. 2009. 소방서장의 리더십이 조직몰입에 미치는 영향에 관한 연구. 「국가위기관리학회보」. 제1권. 국가위기관리학회

오윤경 · 정지범. 2016. 「국가 재난안전관리의 전략에 대한 연구」. KIPA 연구보고서 2016-24. 한국행정연구원.

원소연 · 임승빈. 2014. 「생활안전 제고를 위한 지역공동체 구축 방안 연구」. KIPA 연구보고서 2014-22. 한국행정연구원.

유재웅 · 조윤경. 2012. 자연재난 보도에서 공식/비공식 정보원 이용에 관한 연구. 「Crisisonomy」. 8(3).

유재원. 2000. 사회자본과 자발적 결사체. 「한국정책학회보」. 9(3). 한국정책학회.
유종숙 · 정만수 · 조삼섭. 2007. 위기시 기업커뮤니케이션 메시지 형태 비교 연구. 「한국광고홍보학보」. 9(3): 104-128.
육군본부. 2003. 「지휘관 및 참모업무」. 야전교범 101-1.
_____. 2015. 「교육훈련관리」. 야전교범운용-7-1.
윤명오 · 송철호. 2003. 재난, 재해관리에 있어 NGO의 역할과 기능. 「국토」. 제258권. 국토연구원.
이연. 2011. 동일본 대지진에서 나타난 NHK와 KBS의 재난방송 비교. 「한국방송공학회 학술발표대회 논문집」. 143-147.
이광희 · 이환성. 2017. 「재난안전 분야 평가제도 메타평가 및 개선방안」. KIPA 연구보고서 2017-06. 한국행정연구원.
이상경. 2015. 미국의 재난대응체계의 규범적 고찰과 시사점. 「서울법학」. 23(2): 23-68.
이상경 · 이명천. 2007. 기업의 제품 관련 위기 유형과 대응 전략별 효과에 관한 연구. 「한국광고홍보학보」. 9(3): 186-218.
이상원. 2015. 「범죄예방론」. 서울: 대명출판사.
이상팔. 2016. 위기관리체계의 지능적 실패에 의한 학습효과 분석 : 삼풍백화점 사고 전 · 후의 제도 변화를 중심으로. 「한국행정학보」. 30(2). 한국행정학회.
이수범. 2005. 정당의 위기관리를 위한 이미지 회복 전략: 노무현 대통령 탄핵 사건을 중심으로. 「한국언론정보학보」. 29: 189-231.
이영한 · 서연경 · 남호영 · 황고은 · 성민정. 2012. 커뮤니케이션 전략과 매체에 따른 공중의 위기커뮤니케이션 수용 정도. 「홍보학연구」. 16(1): 35-77.
이예종 · 이주호 · 변성수 · 이재은. 2009. 재난관리 효과성 제고를 위한 재난관리 PR체계 개선방안. 「한국콘텐츠학회 종합학술대회 논문집」. 7(1): 577-583
이재은. 1998. 우리나라 위기관리 대응기능 개선 방안에 관한 연구: 위기관리 조직과 법규 분석을 통해. 「한국정책학회보」. 7(2): 229-252.
_____. 2000. 한국의 위기관리정책에 관한 연구: 집행구조의 다조직적 관계 분석을 중심으로. 연세대학교 대학원 박사학위 논문.
_____. 2002. 지방자치단체의 자연재해관리정책과 인위재난관리정책 비교 연구: AHP기법을 이용한 상대적 중요도 및 우선순위 측정을 중심으로. 「한국행정학보」. 36(2): 160-180.
_____. 2004. 재난관리와 국가핵심기반 보호체계 구축방안. 「한국정책논집」. 4: 77-90.
_____. 2012. 「위기관리학」. 서울: 대영문화사.
_____. 2018. 「위기관리학」(제2판). 서울: 대영문화사.
이재은 외. 2006. 「재난관리론」. 서울: 대영문화사.
이종열 · 이종영 · 최진식 · 정지범. 2014. 「재난관리론」. 서울: 대영문화사.
이주호. 2016. 대규모 재난에 대비한 사회기반시설(SOC)보호 체계 발전방안: 미국의 국가기반시설 보호체계를 중심으로. 「Crisisonomy」. 12(6): 1-14.
이창범 외. 2010. 「미국, 영국, 독일의 기반보호법 체계에 관한 연구」. 한국인터넷진흥원.
이창원 · 강제상 · 이원희. 2003. 국가 재해재난 관리조직의 개편 방안에 관한 연구. 「한국행정학회 특별기획세미나 발표 논문」.
이호동. 2011. 지방자치단체의 위기관리 역량강화 방안: 일본의 지방위기관리체계 사례분석과 시사점. 「한국위기관리논집」. 7(3): 25-48.
임상규 · 여은태 · 서경민 · 신희영. 2018. 「중앙재난관리체계 재설계 전략」. 국립재난안전연구원.
임송태. 1996. 「재난종합관리체제에 관한 연구」. 한국지방행정연구원.

장대원. 2018. 재난환경 변화와 미래재난 대응 방안. 「국토」 제441호, 국토연구원.
장시성. 2009. 한국의 재난관리체제 구축 방향에 관한 연구: 재난관리 담당공무원 인식을 중심으로. 명지대학교 대학원 박사학위 논문.
장호일. 2014. 리더십과 조직효과성의 관계에 관한 연구, 서울대학교 대학원 석사학위논문.
전국경제인연합회. 2003. 재난재해 극복을 위한 경제계 네트워크. 서울: 전국경제인연합회.
＿＿＿. 2004. 「재난관리와 경제계 네트워크」. 서울: 전국경제인연합회.
전국재해구호협회. 2017년 12월.
정대욱. 2005. 지방정부의 재정위기와 재정관리제도 개선에 관한 연구. 동아대학교 대학원 석사학위논문.
정익재. 1994. 위험의 특성과 예방적 대책. 「한국행정연구」. 3(4): 50-66.
정종수 외. 2019. 국가기반시설 보호계획 수립지침 표준안 개발(요약보고서). 행정안전부.
정준형. 2019. 미국 지방자치제와 현행 지방분권 논의의 문제점. 「미국헌법학회」. 30(2): 187-226.
정진환・김재영. 1997. 「행정학원론」. 서울: 학문사.
정찬권. 2009. 「국가위기관리훈련: 이론과 실제」. 서울: 도서출판 성진문화.
＿＿＿. 2010. 「국가위기관리론」. 서울: 대왕사.
＿＿＿. 2012. 지자체 위기관리체계 발전 방안에 관한 연구. 「한국치안행정논집」. 9(2): 121-141.
조원철 외. 2008. 효율적인 국가기반체계 보호를 위한 연구. 행정안전부.
조해성 외. 2013. 공공기관 COOP(기능연속성계획) 국내 도입 방안 연구. 소방방재청.
주영기・주영순. 2016. 「위험사회와 위험인식」. 서울: 커뮤니케이션북스.
㈜우노・성균관대학교.2018. 국가기반체계 보호제도 발전 방안 연구. 행정안전부.
채경석. 2004. 「위기관리정책론」. 서울: 대왕사.
최덕재 외. 2016. 공공기관이 재난으로부터 중단 없는 대국민 서비스 확보를 위한 상향식 업무연속성관리체계 도입 방안에 관한 연구. 「한국방재안전학회 논문집」. 9(2): 87-91.
최동식 외. 2014. 효율적인 국가기반체계 보호를 위한 법・제도 분석 연구. 「한국방재학회논문집」. 14(1): 233-245.
최병선. 1994. 위험문제의 특성과 전략적 대응. 「한국행정연구」. 3(4): 27-49.
최연홍・최길수. 2002. 환경정책의 인식에 관한 연구: 환경전문가 집단을 중심으로. 「한국지방자치학회보」. 14(1): 145-158.
최준환. 2011. 지자체의 재정위기와 관리방안. 군산대학교 대학원 석사학위 논문.
최현재・김종업. 2012. 한・일 지방정부의 위기관리 체계에 관한연구: 업무연속성계획(BCP)을 중심으로. 「한국위기관리논집」. 8(2): 48-71.
한국건설기술연구원. 2012. 국가기반체계 보호전략 개발연구. 행정안전부.
한국방재학회. 2012. 「방재학」. 서울: 구미서관.
한국언론연구원. 1995. 「일본의 위기대응 체제와 행위에 관한 연구」. 서울: 한국언론연구원.
한국행정연구원. 2015. 안전의식 제고를 위한 안전문화운동의 현황 및 개선방안 연구.
한동우. 2004. 우리나라 재해구호체계의 실태와 개선방안, 「우리나라 재난관리 및 재해구호체계의 실태와 개선방안」. 서울: 강남대학교 사회복지연구소.
한상대. 2004. 「지방자치단체 재난관리체제에 관한 연구」. 아주대학교 공공정책대학원 석사학위 논문.
합동참모본부. 2006. 「합동・연합작전 군사용어사전」.
행정안전부. 2020. 국무총리훈령 제759호, 「비상대비훈련 예규」.

_____. 2017. 재난대응역량 강화 방안 마련 및 교육 콘텐츠 개발 연구.

_____. 2018. 제1차 국민안전교육 기본계획.

_____. 2018. 중앙-지방 협력체계 강화 제도 개선에 관한 연구.

_____. 2018. 국가기반체계 보호제도 발전방안 연구(요약본). 행정안전부.

_____. 2018. 기능연속성계획 수립지침(안). 행정안전부.

_____. 2018. 기능연속성계획 수립지침-부록. 행정안전부.

_____. 2019. 재난 분야 예경보 제도 실태분석 및 체계 정립 방안 연구.

_____. 2019. 제4차 국가안전관리 기본계획.

행정안전부예규 제50호(2018.11.21.), 재난대비훈련지침.

행정자치부. 2002. 「2003년도 방재집행계획」. 서울: 행정자치부 중앙재해대책본부.

감염병의 예방 및 관리에 관한 법률[법률 제15534호, 2018. 3. 27, 일부 개정].

교통안전법[법률 제15530호, 2018. 3. 27, 타법 개정].

국립국어원 표준국어대사전(http://stdweb2.korean.go.kr).

국민 보호와 공공안전을 위한 테러방지법[법률 제15608호, 2018. 4. 17, 타법 개정].

국토용어해설 https://library.krihs.re.kr/bbs/content/2_759

소방기본법[법률 제15301호, 2017. 12. 26, 타법 개정].

자연재해대책법[법률 제16172호, 2018. 12. 31, 타법 개정].

재난및안전관리기본법(2019.12.03.개정)

재난및안전관리기본법[법률 제16301호, 2019. 3. 26, 일부 개정].

재난및안전관리기본법 시행규칙(2020.01.07.개정)

재난및안전관리기본법 시행령(2020.01.07.개정)

지진·화산재해대책법[법률 제15460호, 2018. 3. 13, 타법 개정].

행정안전부 https://www.mois.go.kr

NSC 사무처. 2018. 참여정부정책보고서 3-21: 새로운 도전, 국가위기관리.대통령자문 정책기획위원회.

http://www.cern.us
http://www.fema.org
http://www.ifrc.org
http://www.nvoad.org

[국외 문헌]

Adar, E., & Wuchner, A. 2005. Risk management for critical infrastructure protection (CIP): Challenges, best practices & tools [PDF Document]. Retrieved January, 3, 2009.

Alexander, D. 2005. An Interpretation of Disaster in terms of Changes in Culture, Society and International Relations, in Ronald W. Perry & E. L. Quarantelli(ed.). *What is a Disaster?: New Answers to Old Questions*. Delaware: Xlibris.

Barca, Valentina, & Beazley, Rodolfo. 2019. Building on Government Systems for Shock Preparedness and Response: The Role of Social Assistance Data and Information Systems, Department of Foreign Affairs and Trade, Australia, January 2019.

Barr, Robert C. & Eversole, Jhon M.(2003). *The Fire Chief's Handbook*, 6th ed. Dallas, TX: Pennwell Publications.

Barton, A. H. 1963. *Social Organization Under Stress: A Sociological Review of Disaster Studies*. Washington: NAS-NRC.

Benoit, W. L.. 1995. *Accounts, Excuses, apologies: A Theory of Image Restoration Strategies*. Albany, New York: State University of New York Press.

Bernard, Vincent. 1996. How government fiscal concessions can strengthen Red Cross and Red Crescent Societies. International Review of the Red Cross no 313, International Committee of the Red Cross.

Brunacini, Alan V. 2002. *Fire Command*. 2th ed., Quincy, MA: National Fire Protection Association.

Bullock, J. A., Haddow, G. D., & Coppola, D. P. 2017. Introduction to emergency management. Butterworth-Heinemann.

Cal OES. 2017. State of California Emergency Plan. California.

Carter, Harry R. 1998. *Fire Fighting strategy and tactics, stillwater*, OK: Fire Protection Publications.

_____. 2011. Approaches to leadership: The Application of Theory to the Development of a Fire Service-Specific Leadership Style. *International Fire Service Journal of Leadership and Management*.

Casimir, Gian. 2001. Combinative aspects of leadership style: The ordering and temporal spacing of leadership behaviors, *The Leadership Quarterly*. 12(3).

Chapter 166A. North Carolina Emergency Management Act.

Clark, W. F. 1991. *Firefighting principles and practices*, Saddle Brook, NJ: Fire Engineering Texts.

Clary, Bruce B. 1985. The Evolution and Structure of Natural Hazard Policies. *Public Administration Review*, 45(Special Issue, Jan.): 20-28.

Coleman, R. J. 1978. *Management for fire service operations*. Duxbury, MA: Wadsworth Publishing Company.

Comfort, L. K. 1988. Designing Policy for Action: The Emergency Management System, L. K. Comfort(ed.). *Managing Disaster*, Dorham, North Caroliana: Duke University Press.

Coombs, W. T.. 1999. *On Going Crisis Communication: Planning, Managing and Responding*. Thousand Oaks, CA: Sage.

_____. 2000. Designing Post-crisis Messages: Lessons for Crisis Response Strategies. *Review of Business*. 21: 37-41.

_____. 2001. Teaching the Crisis Management: Communication Course. *Public Relations Review*. 27: 89-101.

Coombs, W. T., Hazleton, V., Holladay, S. J., & Chandler, R. C.. 1995. The Crisis Grid: Theory and Application in Crisis Management. In L. Barton(eds). *New avenues in risk and crisis management*. 4: 30-39, Las Vegas, NV: UNLV Small Business Development Center.

De Bruijne, M., & Van Eeten, M. 2007. Systems that should have failed: critical infrastructure protection in an institutionally fragmented environment. *Journal of Contingencies and Crisis Management*, 15(1): 18–29.

Deloitte. 2018. 기능연속성(COOP)의 도입. For information, contact Deloitte BCM Center.

_____. 2019. 기능연속성계획(COOP), 무엇을 준비해야 하는가?. For information, contact Deloitte Anjin LLC.

Department of Homeland Securty(DHS). 2006c. Civil Defense and Homeland Security: A Short History of National Preparedness Efforts, Homeland Security National Preparedness Task Force, 2006.

_____. 2008. National Infrastructure Protection Plan: 2007/2008 Update.

_____. 2009. National Infrastructure Protection Plan: Partnering to Enhance Protection and Resiliency.

_____. 2016a. Overview of the Federal Interagency Operational Plans. DHS.

_____. 2016b. Response Federal Interagency Operational Plans. DHS.

_____. 2018. Countering False Information on Social Media in Disasters and Emergencies, Social Media Working Group for Emergency Services and Disaster Management, March 2018.

_____. 2019a. National Response Framework. DHS.

_____. 2019b. The DHS Strategic plan, Fiscal Years 2020–2024. DHS.

_____. 2013. National Infrastructure Protection Plan: Partnering for Security and Resilience.

Drabek, Thomas E. 1985. Managing the Emergency Response. *Public Administration Review*, 45(Special Issue, Jan.): 85–92.

_____. 1991. The Evolution of Emergency Management. Thomas E. Drabek & Gerard J. Hoetmer (eds.). *Emergency Management: Principles and Practice for Local Government*. Washington. DC: International City Management Association.

Fearn-Banks, K.. 1996. *Crisis communication: A casebook approach*. Mahwah, New Jersey: Lawrence Erlbaum.

FEMA. 2008. FEMA. Prepared, Responsive, Committed. FEMA.

_____. 2010a. The federal emergency management agency. FEMA.

_____. 2010b. Developing and Maintaining Emergency Operations Plans. Comprehensive Preparedness Guide 101. FEMA.

_____. 2017. National Incident Management System. FEMA.

_____. 2018. Public Assistance Program and Policy Guide. FEMA.

Fink, S.. 1986. *Crisis Management: Planing for the inevitable*, New York: AMACOM. 최양호 · 이명천 옮김. 2006. 「위기 PR: 위기를 어떻게 관리할 것인가?」. 서울: 커뮤니케이션북스.

Fritz, C. 1961. Disasters, in R. Merton & R. Nisbeet(eds.). *Social Problems*. New York: Harcourt Brace.

GFDRR. 2018. Machine Learning for Disaster Risk Management. Washington, DC.

_____. 2018. Using UASs to Assess Disaster Risk in Fiji & Tonga, Developing the capacity and readiness of Pacific island countries, October, 2018.

Gherardi, Silvia, Nicolini, Davide, & Odella, Francesca. 1998. What Do You Mean By Safety? Conflicting Perspectives on Accident Causation and Safety Management in a Construction Firm. *Journal of Contingencies and Crisis Management*. 6(4): 202–213.

Godschalk, David. 1991. Disaster Mitigation and Hazard Management, in Thomas E. Drabek & Gerard J. Hoetmer(eds.). *Emergency Management: Principles and Practice for Local Government*, Washington, DC: International City

Management Association.

Godschalk, David & Brower, David. 1985. Mitigation Strategies and Integrated Emergency Management. *Public Administration Review*. 45(Special Issue): 64–71.

Grunig, J. E.. 1993. Image and Substance: From Symbolic to Behavioral Relations. *Public Relations Review*. 19(2): 80–98.

Haddow, George D. , Bullock Jane A., & Coppola, Damon P., 2014. *Emergency management*. Elsvier.

Hainesworth, B. E.. 1990. The Distribution of Advantages and Disadvantages. *Public Relations Review*. 16: 33–39.

Heide, Erik Auf Der. 1989. *Disaster Response : Principles of Preparation and Coordination*, the C.V. Mosby Company.

Hills, A. 1998. Seduced by recovery: The consequences of misunderstanding disaster. *Journal of Contingencies and Crisis Management*. 6(3): 162–170.

Hwang-Woo Noh et al., 2014. Concepts of Disaster Prevention Design for Safety in the Future Society. *IJoC*, 10(1): 57–59.

Hy, Ronald John & Waugh Jr., William L,1990. The Function of Emergency Management. William L. Waugh, Jr. & Ronald John Hy.(eds.). *Handbook of Emergency Management: Programs and Policies Dealing with Major Hazards and Disasters*. Westport, CT: Greenwood Press.

International Telecommunication Union, 2019. Disruptive technologies and their use in disaster risk reduction and management.

Kickert, Walter J. M. 1997. Public Governance in the Netherlands: An Alternative to Anglo-American Managerialism. *Public Administration*. Vol. 75 Winter.

Knabe, Wolfgang M. 1999. Leadership Issues Concerning the Los Angles City fire Department, the Executive Fire Officer Program, National Fire Academy.

Kremers, Horst, 2019. Challenges in Operational Risk Information Management Strategy Report, Berlin, Germany.

McLoughlin, David. 1985. A Framework for Integrated Emergency Management. *Public Administration Review*. 45(Special Issue): 165–172.

Meyers, G. C. & Holusha, J.. 1986. *When It Hits the Fan: Managing the Nine Crises of Business*. Boston: Houghton Mifflin.

Mitroff, I. I. & Anagnos, G. 2001. *Managing Crisis before They Happen: What Every Executive and Manager Needs to Know about Crisis Management*. New York: AMACOM.

Moore County. 2014. Moore County "All hazards" Emergency Operations Plan. Moore County.

Mulder, M. J., R. van Eck,, Ritsema, & Jong, R. D. 1970. An Organization in Crisis and Non-crisis Situations, *Human Relations*. 24.

Mushkatel, A. H. & Weschler, L. F. 1985. Emergency System. *Public Administration Review*, 45.

National Disaster Management Authority, 2012. Government of India National Disaster Management Guidelines National Disaster Management Information and Communication System, February 2012.

NCEM. 2017. 2017 North Carolina Emergency Operations Plan.

NIRAPAD. 2017. Understanding Information & Communication Needs: A study with disaster prone communities in Riverine and Coastal areas, July, 2017.

Olivero, S. et. al. 2019. The RESCULT project: a new European interoperable database for improving the resilience of cultural heritage subject to disasters. P.30 . Contributing Paper to GAR 2019.

Pallot, M. 2009. The Living Lab Approach: A User Centered Open Innovation Ecosystem, Webergence   Blog, http://www.

creprojects.eu/pub/bscw.cgi/715404.

Pearson, C. M. & Mitroff, I. I.. 1993. *From Crisis Prone to Crisis Prepared: A Framework for Crisis Management*. The Executive. 7: 48–59.

Perry, Ronald. 1985. *Comprehensive Emergency Management: Evacuating Threatened Populations*. Greenwich, CT: JAI Press Inc.

Petak, William J. 1985. Emergency Management : A Challenge for Public Administraton, *Public Administrative Review*. Vol. 45, Special Issue.

Pfeffer, Jeffrey & Salancik, Gerald. R. 1975. *The External Control of Organizations: A Resource Dependence Perspective*. New York: Harper and Row.

Quarantelli, Enrico L. 1995. Technological and natural disasters and ecological problems: Similarities and differences in planning for and managing them. in *Memorial del Coloquio Internacional: El Reto de Desastres Technologicosy Ecologicos*. Mexico City: Academia Mexicana de Ingenieria.

Rinaldi, S. A., Peerenboom, J. P., & Kelly, T. K. 2001. Identifying, Understanding, and Analyzing Critical Infrastructure Interdependencies. *IEEE Control Systems Magazine*. 21(6): 11–25.

Robert T. Stafford Disaster Relief and Emergency Assistance Act.

Rossi, C. et al. 2019. Advanced cyber technologies to improve resilience to emergencies. Contributing Paper to GAR 2019.

Rost, Joseph C. 1991. *Leadership for the Twenty-First Century*, New York: Praeger.

Rubin, Claire B. 1982. Managing the Recovery from a Natural Disaster. *Management Information Service Report*. Vol. 14. International City Management Association.

_____. 1991. Recovery from Disaster, in Thomas E. Drabek & Gerard J. Hoetmer (eds.). *Emergency Management: Principles and Practice for Local Government*. Washington, DC: International City Management Association.

Sakurai, Mihoko & Murayama, Yuko. 2019. Information technologies and disaster management – Benefits and issues. *Progress in Disaster Science 2*, 100012

Schneider, Saundra K. 1992. Governmental Response to Disasters: The Conflict Between Bureaucratic Procedures and Emergent Norms. *Public Administration Review*. 52(2): 135–145.

Sigel, Gilbert. 1985. Human Resource Development for Emergency Management, *Public Administration Review*. 45(Special Issue): 107–117.

Suzuki, Koji, Makoto Ikeda, & Shiro Kawakita. (2019). Development of Sentinel Asia as a Platform to Facilitate Space-Based Technology Application to Disaster Management Operations, Contributing paper to GAR 2019.

The White House. 2003. The National Strategy for the Physical Protection of Critical Infrastructures and Key Assets.

Threat and Hazard Identification and Risk Assessment(THIRA) and Stakeholder Preparedness Review (SPR) Guide / Comprehensive Preparedness Guide(CPG) 201 3rd Edition May 2018.

Tierney, Kathleen. 1985. Emergency Medical Preparedness and Response in Disaster: The Need for Interorganizational Coordination. *Public Administration Review*. 45(Special Issue): 77–84.

Turner, B. A. 1978. *Man-Made Disasters*. London: Wykeham Science Press.

UN ESCAP, 2017. *Sharing Space-based Information: Procedural Guidelines for Disaster Emergency Response in ASEAN Countries*, United Nations Publication.

United Nations Development Programme(UNDP), 2018. Five approaches to build functional early warning systems.

UNOOSA/UN-SPIDER, GP-STAR (The Global Partnership Using Space-based Technology Applications for Disaster Risk Reduction), p. 65.

Vera, D. & Crossan, M. 2004. Strategic leadership and organizational learning. *The Academy of Management Review*. 29(2).

Von Schell, Adolf. 1932, *Battle leadership:: Some personal experiences of a junior officer of the German Army with observations on battle tactics and the psychological reactions of troops in campaign*, Fort Benning, Ga: Benning Herald.

Wallace, William A. & Balogh, Frank De. 1985. Decision Support Systems for Disaster Management. *Public Administration Review*, 45(Special Issue): 134-146.

Ware, R. E. & Linkugel, W. A.. 1973. They Spoke in Defense of Themselves: On the Generic Criticism of Apologia. *Quarterly Journal of Speech*. 59: 273-288.

Waugh, Jr. William L. 2000. Living with hazard, dealing with disasters: an introduction to emergency management. Armonk, N.Y.: M. E. Sharpe.

Winner, P. 1987. *Effective PR Management: A Guide to Corporate Survival*. London: Kogan Page Ltd.

Zimmerman, Rae. 1985. The Relationship of Emergency Management to Governmental Policies on Man-Made Technological Disasters. *Public Administration Review*. 45(Special Issue): 29-39.

http://un-spider.org/network/gp-star-brochure

https://www.preventionweb.net/files/65869_f223suzukidevelopmentofsentinelasia.pdf

高知県, 高知県災害時における要配慮者の避難支援ガイドライン, 平成 26年 3月

菅磨志保, 阪神・淡路大震災以降の概念の広がりと対応の変化を中心に,日本都市学会年報 2000. 都市とガバナンス, 第34巻. http://www.waseda.jp/prj-sustain/kaken2000-01/kaken01-ax3.pdf

内閣府, 2005. 災害時要援護者への対応,阪神・淡路大震災教訓情報資料集, 2005年度 増補.

＿＿＿. 2016.「平成28年版 高齢者社会白書」.

＿＿＿. 2019.「令和元年版 防災白書」.

内閣府(防災担当), 災害対策基本法, 最終改定：平成 28年 5月 20日 法律第47号http://law.e-gov.go.jp/htmldata/S36/S36HO223.html

＿＿＿. 災害対策基本法施行令, 最終改定：平成 28年 5月 20日 政令 第225号http://law.e-gov.go.jp/htmldata/S37/S37SE288.html

＿＿＿. 避難行動要支援者の避難行動支援に関する取組指針, 平成 25 年8月

内閣府政策総括官(防災担当). 2015. 日本の災害対策.

林春男, 1996. 災害弱者のための災害対 応システム,神戸都市問題研究所,「都市政策」, 第84号,

立木茂雄, 災害時における要援護者支援と実際, ボランティアコーディネーターコース講義資料,人と防災未来センター, pp.43–50.

寶馨. 戸田圭一. 橋本学 編, 京都大学防災研究所 監修. 2011.「自然災害と防災の事典」, 丸善出版株式会社.

社会福祉法人全国社会福祉協議会, 大規模災害対策基本方針, 2016年 10月 12日, http://www.shakyo.or.jp/news/20130329.pdf

社会福祉法人全国社会福祉協議会, 全社協 Action Report(熊本地震 第14報), 2016年10月12日, http://www.shakyo.or.jp/news/2016/actionreport_161012.pdf

三船康道. 1998.「防災と市民ネツトワーク」. 京都市: 學藝出版社.

愛知県, 市町村のための災害時要配慮者支援体制構築マニュアル, 2014年 12月.

野田隆. 1997.「災害と社會システム」. 東京都: 恒星社厚生閣.

斉藤容子. 2001. 国際復興プラットフォーム, 渋谷弘延, Margaret Arnold, 災害弱者支援, 教訓ノート3–6 (3 · 緊急対応), 世界銀行.

佐々木晶二. 2013. 大規模災害からの復興に関する法律と復興まちづくりについて, 民間都市開発推進機構都市研究センター,「Urban study」. 57: 41–50.

Digester

재난관리론

찾아보기

Management

[ㄱ]

감염병의 예방 및 관리에 관한 법률	50
개별 네트워크	154
계획적 재난	14
공공안전통신(PPDR)	159
공익	103
공중전화교환망(PSTN)	153
관료적 규범	60
교통안전법	49
국가대응계획	69
국가대응 프레임워크(NRF)	69
국가사고 관리체계(NIMS)	72
국가안전관리 기본계획	36
국가재난 관리기준	33
국가재난관리정보시스템(NDMS)	158
국가핵심기반	38, 165, 166
국가핵심기반 보호계획	170
국민 보호와 공공안전을 위한 테러방지법	51
국민 안전교육 진흥 기본법	237
국민안전체험관	240
국제표준화	162, 251
국토안보부(DHS)	12, 75, 233
극심 재해	84
기능연속성 계획(COOP)	173
기술적인 사고(technical incident)	21
기후성 재난	14
긴급구조	32
긴급구조기관	32
긴급구조지원기관	33
긴급대응단	115
긴급재해대책본부	88

[ㄴ]

누적성	17
뉴스 가치	197

[ㄷ]

다기관 조정그룹	72
대규모 재해 진흥법	84
대비	22, 24, 58, 109
대응	22, 24, 59, 109
대재앙(catastrophe)	21, 223
데이터	142
도상연습	120, 125
동일본대지진	81
드라벡(Thomas E. Drabek)	18

[ㄹ]

루빈(Claire B. Rubin)	24, 55
리더십	95, 102

[ㅁ]

맥롤린(David McLoughlin)	54, 56
무선 가입자 회선	154
미국 국토안보부	12

[ㅂ]

방재기본계획	80
방재 디자인	219
방재회의	86, 89
범죄 예방 디자인(CPTED)	220
벡(Ulrich Beck)	232
보도자료	196
복구	22, 24
복구지원단	118
복잡성	19
복지대피소	83
볼런티어센터(Volunteer Center)	112
분산관리 방식	28
불확실성	18
브누아(W.L. Benoit)	187
비상재해	84

비상재해대책본부	87

[ㅅ]

사고성 재난	14
사회재난	13, 32, 43
생물학적 재난	14
생애주기별 안전교육 지도	238
세계 위험 보고서 2019	207
센다이(仙臺) 프레임워크(SFDRR)	234, 255
소방기본법	49
소방단	90
수명주기	146
슈나이더	60
스태퍼드 법(The Stafford Act)	65
신뢰	102
실제훈련	121, 125, 131

[ㅇ]

아네스(Br. J. Anesth)	13
안전	16
안전공동체	236
안전관리	25, 32
안전 기준	32
안전문화	33, 43, 235
안전산업	209
안전정책조정위원회	34
안전취약계층	33
언론 관계	189, 194
언론 브리핑	194
연방대응계획(FRP)	69
연방재난관리청(FEMA)	12, 28, 71, 77
연방정부 간 운영계획(FIOP)	73
예방·완화(mitigation)	22
위기경보	244
위기관리 표준 매뉴얼	40, 244, 247
위기대응 실무 매뉴얼	40

위험도 평가	148, 177
위험사회	232
유니버셜 디자인	222
유엔재해경감사무국(UNDRR)	255
의용소방대	90
이동통신	152
인위재난	14
인지성	21

[ㅈ]

자연재난	12, 14, 32
자연재해대책법	45
자원관리	152
자율방재조직	91, 115
재난	12
재난관리	21, 22, 27, 32, 201, 233, 249, 253
재난관리자원	39
재난관리정	33
재난관리 정보	33
재난관리 주관기관	32
재난관리 책임기관	32
재난관리 커뮤니케이션	182, 184, 189
재난대비단	115
재난대비훈련	117
재난대응활동계획	40
재난 및 안전관리 기본법	12, 31, 210
재난보도	193
재난상황실	72
재난안전산업	207, 211, 217, 223
재난예방단	115
재난운영계획(EOP)	74
재난정보	141, 144
재난현장 지휘체계	72
재해	15
재해대책기본법	80

정밀안전진단	39	통신재난	160
정보관리	155	특성이론	101
정보 표준	145	통합관리 방식	28
제프리(C. Ray Jeffery)	221	특정 대규모 재해	83
조기경보	150	특정 비상재해	83
조직문화	102		

[ㅍ]

페로(Charles Perrow)	232
페탁(William J. Petak)	54, 57, 58
포스트 코로나(post-Corona)	243

존스(David K.C. Jones)	13		
준자연재난	14		
중앙긴급구조통제단	36		
중앙방재회의	81, 86		
중앙안전관리위원회	33		
중앙재난안전대책본부	35		

[ㅎ]

해외재난	13
현장 조치 행동 매뉴얼	40
훈련 메시지	131
훈련 시나리오	130

지구물리학적 재난	14
지방방재회의	81
지역안전지수	236
지역유선전화	154
지역통제단장	42
지진성 재난	14
지진·화산재해대책법	47
짐머만(Rae Zimmerman)	57

[ㅊ]

출현적 규범	60

[ㅋ]

커뮤니티 매핑(community mapping)	153
쿰스(W. T. Coombs)	185

[ㅌ]

탐페레 협약	161
터너(Barry A. Turner)	17
토의형 연습	121, 125

CERT 프로그램	117
ICT 솔루션	144
EMSI	162
ESF	122
GEOSS	150
ISO/CD 22329	163
ISO/FDIS 22396	162
ISO/TR 22351: 2015	160
PDCA 모델	174, 176, 251
SDGs	256
SNS	201, 204
TC	292
THIRA	254

Digester

재난관리론

Management

정찬권(鄭燦權)

숭실대학교 대학원 정치학 박사
현 한국위기관리연구소 소장
전 숭실대학교 정외과 겸임교수
전 국가위기관리학회장
「국가위기관리론」(대왕사, 2010)
「국가위기관리훈련: 이론과 실제」(성진문화사, 2009)
지방자치단체 위기관리체계 발전방안 연구(「한국치안행정논집」, 2012)
국가위기관리체계 발전방안연구: 법·제도를 중심으로(「한국위기관리논집」제9권제7호, 2013)

권건주(權建周)

강원대학교 행정학 박사
현 삼척시청 근무
현 강원도인재개발원 재난안전분야 내부강사
전 강원대학교 방재전문대학원 겸임교수
「재난관리론」(공저, 대영문화사, 2006)
「한국의 재난현장 대응체계: 문제점과 향후과제」(공저, 대영문화사, 2009)
한국 지방정부 재난관리행정체제의 개선방안에 관한 연구(박사학위논문, 2003)
지역자율방재단 활성화 방안 연구(「한국위기관리논집」, 2013)

김용균(金勇均)

연세대학교 기술정책학 박사
현 행정안전부 근무
전 행정안전부 재난대응정책과장
전 국민안전처 재난관리총괄과장
「한국 재난의 특성과 재난관리」(㈜ 푸른길)
Disaster Risk Management in the Republic of Korea, (Springer, 2018)

김정아(金貞雅)

국립한밭대학교 시각디자인학과 석사
현 국립한밭대학교 디자인미래비전센터 방재디자인연구소 연구원
한국직업능력개발원 연구원, (사)한국콘텐츠학회 정회원

노황우(盧黃愚)

현 국립한밭대학교 시각디자인학과 교수
국립한밭대학교 디자인미래비전센터 방재디자인연구소 소장
(사)국가위기관리학회 부회장
(사)한국콘텐츠학회 부회장
방재디자인기반 몽골 게르지역 화장실 개선 연구 (2017)

라정일(羅貞一)

교토대학교 공학 박사
현 전국재해구호협회 재난안전연구소 부소장
전 충북대 국가위기관리연구소 소방방재센터장
전 일본 돗토리국립대 사회기반공학전공 교수
Participatory Approach to Gap Analysis between Policy and Practice Regarding Air Pollution in Ger Areas of Ulaanbaatar, Mongolia(2019)

류상일(柳賞溢)

충북대학교 행정학 박사
현 동의대학교 소방방재행정학과 교수
세한대학교 소방행정학과 교수 역임
「안전 및 재난관리의 주요이론」(윤성사, 2019)
「소방학개론(제2판)」(윤성사, 2020)
네트워크 관점에서 지방정부 재난대응 과정 분석 (「한국행정학보」, 2007)

박덕근(朴德根)

미국 코넬대학교 토목환경공학 박사
국립재난안전연구원 연구관(1998~현재)
세계은행(IBRD) 재난위험도 관리 선임전문관 (2012~2014)
「연약지반의 침하와 지반동역학적 특성 파악: 호우 및 산불로 인한 사면 붕괴 조사와 내진대책을 중심으로」(공저, 「NIPD연구보고서」, 국립방재연구소, 2000)
Evaluation of Dynamic Soil Properties: Strain Amplitude Effects on Shear Modulus and Damping Ratio(1998)

백진숙(白珍淑)

경희대학교 언론학 박사
현 혜전대학교 창의교양학부 겸임교수, 청운대/한서대 외래교수
현 (사)한국사회복지정책연구회 수석연구위원 겸 사무국장
「NCS 기반 의사소통과 대화」(도서출판 영민, 2017)
「창의적 글쓰기」(도서출판 영민, 2019)
「NCS 기반 진로 탐색 및 취업과 창업」(개정판) (도서출판 영민, 2019)
「스토리텔링과 생활」(한서대학교출판부, 2020)

성기환(成基環)

서울시립대학교 행정학 박사
현 서일대학교 사회복지학과 교수
현 행정안전부 중앙안전관리민관협력위원회 위원
현 한국방재학회 보건복지방재위원회 위원장
『재난관리와 파트너쉽』(한국학술정보주식회사, 2006)
『재난구호개론』(국립방재교육연구원, 2009)
『재난관리 자원봉사자의 임파워먼트』(공저, 대영문화사, 2009)

양기근(梁奇根)

경희대학교 행정학 박사
현 원광대학교 소방행정학과 교수
『소방학개론』(동화기술, 2012)
『소방행정학개론』(제3판)(공저, 대영문화사, 2016)
『재난관리론』(개정판)(공저, 대영문화사, 2016)
재난관리의 조직학습 사례연구(2004, 『한국행정학보』)

오재호(吳載鎬)

미국 오리건 주립대학교 이학박사
현 부경대학교 환경대기과학과 명예교수
전 기후변화 행동연구소 이사장
전 국가위기관리학회 회장
전 한국기상학회장
2013년 국가과학기술훈장 수상
『더워지는 지구 얼어붙는 지구』(아르케, 2001)
Oh, JH., Woo, S., & Yang, SI., 2017: Ship Accessibility Predictions for the Arctic Ocean Based on IPCC CO2 Emission Scenarios. Asia-Pac. J. Atmos. Sci., 53: 43. doi:10.1007/s13143-017-0003-x

이범준(李範俊)

한국방송통신대 학사
현 행정안전부 상황담당관
전 행정안전부 재난관리정책과, 국민안전처 안전기획과
지역안전지수 등급과 시군구 특징분석(『대한국토계획학회지』, 2016)

이주호(李朱祜)

충북대학교 행정학 박사
현 세한대학교 소방행정학과 교수
국무조정실 일자리/국정과제 평가위원(2019)
(사) 이재민사랑본 상임이사
도시공간 특성과 대형화재 발생의 인과지도 분석 (Crisisonomy, 2019)